TEUBNER-TEXTE zur Informatik   Band 21

K. Heidtmann

Zuverlässigkeitsbewertung technischer Systeme

TEUBNER-TEXTE zur Informatik

Herausgegeben von
Prof. Dr. Johannes Buchmann, Darmstadt
Prof. Dr. Udo Lipeck, Hannover
Prof. Dr. Franz J. Rammig, Paderborn
Prof. Dr. Gerd Wechsung, Jena

Als relativ junge Wissenschaft lebt die Informatik ganz wesentlich von aktuellen Beiträgen. Viele Ideen und Konzepte werden in Originalarbeiten, Vorlesungsskripten und Konferenzberichten behandelt und sind damit nur einem eingeschränkten Leserkreis zugänglich. Lehrbücher stehen zwar zur Verfügung, können aber wegen der schnellen Entwicklung der Wissenschaft oft nicht den neuesten Stand wiedergeben.

Die Reihe „TEUBNER-TEXTE zur Informatik" soll ein Forum für Einzel- und Sammelbeiträge zu aktuellen Themen aus dem gesamten Bereich der Informatik sein. Gedacht ist dabei insbesondere an herausragende Dissertationen und Habilitationsschriften, spezielle Vorlesungsskripten sowie wissenschaftlich aufbereitete Abschlußberichte bedeutender Forschungsprojekte. Auf eine verständliche Darstellung der theoretischen Fundierung und der Perspektiven für Anwendungen wird besonderer Wert gelegt. Das Programm der Reihe reicht von klassischen Themen aus neuen Blickwinkeln bis hin zur Beschreibung neuartiger, noch nicht etablierter Verfahrensansätze. Dabei werden bewußt eine gewisse Vorläufigkeit und Unvollständigkeit der Stoffauswahl und Darstellung in Kauf genommen, weil so die Lebendigkeit und Originalität von Vorlesungen und Forschungsseminaren beibehalten und weitergehende Studien angeregt und erleichtert werden können.

TEUBNER-TEXTE erscheinen in deutscher oder englischer Sprache.

Zuverlässigkeitsbewertung technischer Systeme

Modelle für Zuverlässigkeitsstrukturen
und ihre analytische Auswertung

Von Dr. Klaus Heidtmann

Universität Hamburg

B. G. Teubner Verlagsgesellschaft
Stuttgart · Leipzig 1997

Dr. Klaus Heidtmann

Geboren 1952 in Duisburg. Diplom in Mathematik mit Nebenfach Physik an der Westfälischen Wilhelms-Universität zu Münster 1977, danach Wissenschaftlicher Assistent im Fach Informatik an der Fernuniversität Hagen und 1981 Promotion im Fach Informatik dort. 1986 Akademischer Rat an der Universität Trier im Arbeitsbereich Praktische Informatik/Verteilte Systeme, seit 1987 als Akademischer Oberrat Leiter des Rechnersystemlabors im Arbeitsbereich Rechnerorganisation am Fachbereich Informatik der Universität Hamburg und 1995 Habilitation im Fach Informatik dort. Seit 1996 Vertretungsprofessur am Institut für Telematik der Medizinischen Universität zu Lübeck.

Arbeitsgebiete: Zuverlässigkeits- und Leistungsbewertung von Rechen- und Kommunikationssystemen, Fehlertoleranz, Sicherheit, Rechnerarchitektur, Rechnernetze, Verteilte Systeme, Telematik.

Gedruckt auf chlorfrei gebleichtem Papier.

Die Deutsche Bibliothek – CIP-Einheitsaufnahme

Heidtmann, Klaus:
Zuverlässigkeitsbewertung technischer Systeme : Modelle für
Zuverlässigkeitsstrukturen und ihre analytische Auswertung /
von Klaus Heidtmann. – Stuttgart ; Leipzig : Teubner, 1997
   (Teubner-Texte zur Informatik ; Bd. 21)
     ISBN 978-3-8154-2306-6   ISBN 978-3-322-95379-7 (eBook)
     DOI 10.1007/978-3-322-95379-7
NE: GT

Umschlaggestaltung: E. Kretschmer, Leipzig

Vorwort

Technik besitzt stets einen ausgeprägten gesellschaftlichen Bezug, da sie die gesellschaftlich relevante Umsetzung wissenschaftlicher Erkenntnisse darstellt. Dies führt zu Problemen, die oft im Kontext der wissenschaftlichen Forschung unterschätzt oder gar ignoriert werden. Eines davon ist, daß an jede Technik Mindestanforderungen gestellt werden, um ihren Einsatz rechtfertigen zu können. Dazu gehört durchweg ihre Zuverlässigkeit häufig sogar mit höchster Priorität. Ein anderes damit zusammenhängendes Problem bildet die Akzeptanz technischer Systeme. Hierbei kann die Zuverlässigkeitsbewertung sicherlich sinnvolle Hilfestellungen leisten, aber leider auch mißbraucht werden.

Eine Reihe technischer und insbesondere informationstechnischer Systeme erfüllen Aufgaben, bei denen der Zuverlässigkeitsaspekt sowohl aus rein technischer als auch aus gesellschaftlicher Sicht dominiert. Zahlreiche technische Systeme werden jedoch in Bereichen eingesetzt, in denen ihre Zuverlässigkeit nicht so spektakulär ist, aber Störungen ihres Betriebs für mehr oder weniger starke finanzielle Einbußen, mitunter sogar für einen Firmenruin verantwortlich sind. Ein Bedarf nach zuverlässigen technischen Systemen ist also auch aus dieser Sicht vorhanden und nimmt mit dem verstärkten Einsatz immer komplexerer Systeme weiterhin zu. Die Technik kann sich nur dann als vertrauenswürdig erweisen, wenn die Zuverlässigkeit ihrer Systeme ausreichend beachtet, korrekt bewertet und infolgedessen durch entsprechende Maßnahmen in erforderlichem Maße sichergestellt wird.

Leider hat im Anschluß an die für die Zuverlässigkeitstheorie grundlegenden Arbeiten von Neumann und Shannon die Kürze der Innovationszyklen und die Verbesserung der Zuverlässigkeit allein schon durch den Einsatz neuer Technologien in einigen technischen Bereichen, z.B. der Informatik, eine langfristige theoretische Auseinandersetzung mit der Zuverlässigkeit und ihrer Bewertung als nebensächlich erscheinen lassen. Da die genannten Zuverlässigkeitsverbesserungen einzelner Systemkomponenten durch die zunehmende Komplexität der Systeme jedoch häufig wieder relativiert werden und letztendlich allein nicht ausreichen, muß diesem Problemkreis ein verstärktes Interesse entgegengebracht werden. Die vorliegende Publikation soll durch die Darstellung und Verbreitung der Zuverlässigkeitsbeschreibungs- und -berechnungsmethoden einen wesentlichen Beitrag zu diesem wichtigen Gebiet leisten. Denn je mehr technische Systeme eingesetzt werden und dabei kritische Funktionen übernehmen, desto größer wird das Potential negativer Folgen aufgrund unzulänglicher Einschätzung ihrer Zuverlässigkeit.

Zunächst wird in der Einleitung die Bedeutung der Zuverlässigkeit technischer Systeme sowie ihrer Bewertung herausgearbeitet. Es folgt eine Darstellung des Konzepts der Verläßlichkeit und der damit verbundenen Terminologie als Grundlage für das gesamte Gebiet der Zuverlässigkeitsbewertung. Im zweiten Kapitel werden grundlegende Zuverlässigkeitsstrukturen diskutiert, die häufig in der Praxis vorkommen, deren Zuverlässigkeitskenngrößen sich besonders effizient berechnen lassen und die deshalb zur Approximation komplexer Systemstrukturen eingesetzt werden können. Im dritten Kapitel wird, stets veranschaulicht an Beispielen, die erweiterte Boolesche Zuverlässigkeitstheorie mit Hilfe zuverlässigkeitsrelevanter Mengen entwickelt. Die dabei vorgestellten verschiedenen Methoden zur Zuverlässigkeitsberechnung werden im vierten Kapitel auf netzartig strukturierte Systeme angewendet und um spezielle Verfahren für diese Systemklasse ergänzt. Im letzten Kapitel wird gezeigt, wie Zuverlässigkeitseigenschaften mit temporaler Logik modelliert und bewertet werden können.

Das vorliegende Buch enthält Teile meiner Habilitationsschrift. Diese wurden in den beiden ersten Kapiteln um Abschnitte ergänzt, die auch dem mit der Zuverlässigkeitstheorie nicht vertrauten Leser den Einstieg ermöglichen. In den letzten drei Kapiteln wurden die entsprechenden Teile der Schrift um Passagen gekürzt, die für ein grundlegenderes Werk wie das vorliegende schon zu speziell sind, z.B. ausführliche Vergleichsuntersuchungen der Verfahren zur Zuverlässigkeitsberechnung im dritten Kapitel, Zuverlässigkeitsbewertungen verschiedener Ringnetze im vierten Kapitel, Zuverlässigkeitsanalyse spezieller dynamischer Fehlertoleranzverfahren und Leistungsbewertung mit Hilfe des temporallogischen Modells im Schlußkapitel. Im Zusammenhang mit der genannten Schrift möchte ich Herrn Prof. Dr. Eike Jessen und Herrn Prof. Dr. Friedrich Vogt für wertvolle Hinweise und Anregungen danken.

Über die Grenzen des speziellen Fachgebiets hinauszuschauen und dabei auch die gesellschaftliche Bedeutung zu erkennen und entsprechend zu beurteilen, ermöglichten mir u.a. meine Stellung inmitten einer Generationenfolge und die damit verbundenen Erfahrungen. Daher widme ich dieses Buch meinen lieben Vor- und Nachfahren Maria und Johann, Anna und Winfried, Viola und Florestan.

Hamburg, im Januar 1997   Klaus Heidtmann

Inhalt

1 Einleitung

Zunächst wird das Problem des verantwortungsvollen Einsatzes und Umgangs mit Zuverlässigkeitsbewertungen thematisiert. Danach werden Beispiele und Gründe für die große Bedeutung der Zuverlässigkeit als Qualitätsmerkmal technischer und insbesondere informationstechnischer Systeme erörtert. Daraus ergibt sich, daß Zuverlässigkeitsanforderungen in den verschiedenen Phasen des Systemlebenslaufs berücksichtigt werden müssen und ihre Erfüllung auf der Grundlage entsprechender Modellierungs- und Berechnungsverfahren sichergestellt werden muß. Besondere Aufmerksamkeit wird in diesem Zusammenhang im zweiten Abschnitt dem Entwicklungsprozeß gewidmet. Es folgt zum Schluß dieses Kapitels eine Darstellung des Konzepts der Verläßlichkeit und der damit verbundenen Terminologie.

1.1 Bedeutung der Zuverlässigkeit und ihrer Berechnung

Der Erfolg moderner Wissenschaft und Technik beruht nach Kemp, 1992, u.a. darauf, daß Menschen sich damit schützen und u.U. mögliche Risiken beherrschen können. Nicht zuletzt durch mathematische Berechnungen möchte man die Wahrscheinlichkeit und den Umfang der Konsequenzen bestimmter technischer Ereignisse voraussehen. Zwar werden Wissenschaft und Technik auch des materiellen Wohlstands wegen gepriesen, zu dem sie führen können. Viele Bürger sind aber bereit, für die Sicherheit große Abstriche zu machen.

Es stellt für die moderne Gesellschaft ein ernstes Dilemma dar, daß Wissenschaft und Technik Unsicherheit schaffen: Wissenschaft und Technik, die man unterstützt hatte, damit sie die Welt sicherer machen, machen sie im Gegenteil unsicherer. Dies nicht nur durch die neuen Mammutindustrien, zu denen Wissenschaft und Technik den Grund gelegt haben. Unsicherer auch durch die eher banalen technischen Mittel, z.B. Computer und Transportsysteme wie Flugzeug, Auto und Schiff. Daß der Mensch zum Diener und möglichen Opfer der Maschine wird statt umgekehrt, macht viele ratlos und kann gerade bei denen Feindseligkeiten gegen ein wissenschaftlich- und technischorientiertes Gesellschaftssystem hervorrufen, die von ihm abhängig sind. Behörden und Experten haben in vielen Fällen durch Verschweigen oder Verharmlosen der Sicherheitsprobleme die Gefahr abzuwehren versucht.

Anfänglich hat man große Unfälle verheimlichen wollen. Das war auf Dauer unmöglich. Die Katastrophe von Seveso ließ sich als erste nicht mehr völlig verschweigen, obwohl einige damals sowie auch später im Zusammenhang mit Three Mile Island und Tschernobyl alles daran setzten, das Ausmaß des Schadens zu bagatellisieren oder gar den Vorfall zu vertuschen.

Danach versuchte man, die verunsicherte Bevölkerung mit Wahrscheinlichkeitsrechnungen zu beruhigen, d.h. Mathematisierung von Risiko, um den Leuten weiszumachen, sie könnten katastrophale technische Unfälle praktisch vergessen. Letztere ereignen sich bekanntlich doch, und das Argument einer geringen Risikowahrscheinlichkeit erscheint heute als typischer Ausdruck des naiven Glaubens, allein durch Mathematisierung Risikoprobleme größeren Ausmaßes lösen zu können. Bei der Technikfolgenabschätzung kann die Zuverlässigkeitsbewertung sicherlich sinnvolle Hilfestellungen leisten, aber leider auch mißbraucht werden. Beispielsweise kann das Risiko eines an sich unakzeptablen katastrophalen Unfalls unzulässigerweise durch eine kleine Unfallwahrscheinlichkeit relativiert werden, um es auf Grund dessen vielleicht sogar annehmbar erscheinen zu lassen.

Man hat vieles verheimlicht und doch gleichzeitig auch Wissenschaften gefördert, die Sicherheitsmaßnahmen entwickeln, um Menschen vor der Unsicherheit im Zusammenhang mit der Technik zu schützen. Ohne diese Sicherheitsforschung und ohne die mit ihrer Hilfe geschaffene Sicherheitstechnik, würden wir uns zweifellos in einer noch viel schlimmeren Situation befinden als der uns heute bekannten.

Man darf aber nicht glauben, damit ohne weiteres das Dilemma lösen zu können, in das wir geraten sind. Teils kann das Risiko einer Technik derart sein, daß viele Menschen diese Form technologischer Entwicklung gestoppt sehen wollen, egal wie umfangreich die Sicherheitsmaßnahmen für die unsicheren Systeme sind, um die berechenbare Wahrscheinlichkeit von Katastrophen zu verringern. Teils können die Behörden mit ihren Verboten, Auflagen und Kontrollen nur blindlings handeln, wenn sie nicht verstehen, wie eine breite Mehrheit der Bevölkerung über Risiko und Sicherheit denkt und fühlt. Darum kann man nur glaubwürdig sein, wenn man bereit ist, die Forschung und Entwicklung zu bremsen oder eventuell ganz einzustellen, gegen die sich viele aussprechen, und auch bereit ist, die unwissenschaftlichen Vorstellungen der Menschen von Risiko und Sicherheit zu verstehen und zu respektieren.

Es ist ein Mißverständnis zu glauben, man erhalte Sicherheit, indem man so tut, als gehe es bei dem Risiko nur darum, die Sicherheit zu berechnen und eventuell bessere Sicherheitssysteme zu konstruieren, um die berechneten Kenngrößen der Systemzuverlässigkeit zu verbessern. Wenn die Leute das Gefühl haben, ein Risiko sei unakzeptabel, kann man nicht einfach mit einigen Zahlen und Kurven zeigen wollen, daß das Risiko sehr klein oder überhaupt nicht vorhanden sei, wenn man ein bißchen an dem technischen System herumflicke. Der existentielle Mut, ein Risiko einzugehen, soll so ganz durch die Wahrscheinlichkeitsberechnungen über das Eintreten eines Unfalls oder Unglücks ersetzt. Existenz und Berechnung sind aber zwei ganz verschiedene, entgegengesetzte Aktivitäten. Will man sie miteinander verbinden, dann nur auf die Weise, daß die Berechnung eines Risikos einzig und allein als Rahmen des getroffenen existentiellen Beschlusses verstanden wird, ob man das betreffende Risiko eingehen will oder nicht. Die Berechnung kann in die Beschlußfassung einfließen, nicht aber das eigentliche Motiv für die Entscheidung sein, ob man ein Risiko eingehen will oder nicht. Wenn die Leute kein Vertrauen in die Technik haben, sind gerade technische Argumente zwecklos, z.B. auch ein extrem kleiner Wert für die berechnete Unfallwahrscheinlichkeit.

Sollen Wahrscheinlichkeiten als Grundlagen für Entscheidungen von existentieller Bedeutung überhaupt einen Wert haben, müssen die Experten klar darlegen, wie sie zu ihren Resultaten gekommen sind, z.B. unter welchen mathematischen und vor allem gesellschaftlichen Voraussetzungen. Ohne entsprechende Grundlage, z.B. in Form gesicherter Daten für Ausfallwahrscheinlichkeiten von Systemkomponenten bis eventuell hin zu fundierten bzw. realistischen Annahmen über das gesellschaftliche Umfeld des Technikeinsatzes, sind Wahrscheinlichkeitsberechnungen eher Vermutungen, egal wie mathematisch exakt sie von ihren theoretischen Grundlagen her auch sind.

In keinem Fall kann eine berechnete Wahrscheinlichkeit den Entschluß ersetzten, ein Risiko einzugehen oder nicht. Denn obwohl ein technisches Produkt gut bekannt oder über längere Zeit erprobt sein mag, verändern sich die Dinge ständig mit der Möglichkeit zu unvorhergesehenen Konsequenzen. Außerdem ist nicht auszuschließen, daß Menschen falsch damit umgehen und Katastrophen verschulden. Die Gesellschaft für Rechnersysteme ACM beschloß folgende Resolution: "Entgegen dem Mythos von der Unfehlbarkeit von Rechensystemen können diese sehr wohl versagen und tun dies auch. Folglich kann die Zuverlässigkeit rechnergestützter Systeme nicht als gesichert betrachtet werden. Die Tatsache gilt für alle solche Systeme, aber sie ist sehr wichtig für Systeme, deren Fehlverhalten ein besonderes öffentliches Risiko darstellt. Zunehmend hängen Menschenleben ab von der Zuverlässigkeit der DV-Systeme für Luftfahrt und Hochgeschwindigkeitszüge ... sowie Gesundheitsversorgung und medizinische Diagnose."

Rücksicht auf andere Menschen bedeutet übrigens, zwischen einem Risiko für einen selbst oder für andere zu unterscheiden. Ein Wissenschaftler, Techniker oder

Politiker kann sich natürlich immer damit begnügen zu sehen, welches Risiko er selbst eingehen will, um ein bestimmtes Ziel zu erreichen. Verantwortungsbewußte Entscheidungsträger und ihre Zuarbeiter müssen aber auch berücksichtigen, ob die Menschen, über die man möglicherweise großes Unglück bringt, das gleiche Risiko eingehen wollen. Es ist kaum verantwortlich zu nennen, beispielsweise ohne Befragung der Betroffenen oder gegen den Willen einer bedeutende Minderheit das Risiko einer großen Katastrophe einzugehen. Und es muß als ganz und gar verwerflich gelten, kommenden Generationen ein Risiko aufzuzwingen, daß für einen selbst zeitlebens nicht aktuell wird.

Neben den spektakulären Katastrophen, wie z.B. in Perrow, 1987, beschriebene Unfälle im Verkehrs- oder Energiesektor, findet auch die Zuverlässigkeit nicht sicherheitsrelevanter Systeme ein immer breiteres öffentliches Interesse. Die Öffentlichkeit wird sich immer mehr der Verwundbarkeit gesellschaftlicher Einrichtungen und hier insbesondere auch der Wirtschaft durch Ausfälle technischer Systeme aufgrund ihrer Unzuverlässigkeit bewußt. Selbst kurze Ausfälle von begrenztem Ausmaß wirken sich sehr negativ auf die Produktivität aus, wie Marktstudien beweisen. Lokale Rechnernetze beispielsweise arbeiten nur 94% der Zeit einwandfrei, die mittlere Dauer der Ausfälle beträgt 4,9 Stunden, und sie fallen durchschnittlich 23,6 mal pro Jahr aus. Die Schäden allein durch diese Netzausfälle belaufen sich nach Ruth, 1990, auf mehrere Millionen Dollar pro Jahr. Andere Studien ergaben, daß allein durch Ausfälle von Computersystemen die 1000 größten US-Unternehmen zusammen jährlich vier Milliarden Dollar verlieren.

Durch die zunehmende Nutzung technischer Systeme und insbesondere die Abhängigkeit ganzer Betriebe vom reibungslosen Funktionieren solcher meist sehr komplexen Gebilde erhält deren Zuverlässigkeit einen immer höheren Stellenwert. Noch wichtiger allerdings ist sie bei Systemen, wie Kraftwerke, Fahrzeuge, medizinische Geräte u.a., von deren Funktionieren unter Umständen Menschenleben abhängen. In diesem Zusammenhang spricht man auch häufig von sicherheitsrelevanten Systemen. In beiden Fällen spielen Computersysteme eine immer größere Rolle.

Diese Beispiele verdeutlichen die Relevanz der Zuverlässigkeit technischer Systeme. Für ihre wachsende Bedeutung können u.a. folgende Gründe angeführt werden:

- Unzuverlässigkeit erhöht allgemein die Folgekosten, z.B. für Wartung, Schadensersatz und vorzeitige Ersatz- bzw. Neuanschaffungen.
- Durch die zunehmende Nutzung wächst auch die Abhängigkeit vom Funktionieren solcher Systeme.

- Mit wachsender Größe und Komplexität wird es schwieriger Systeme mit akzeptabler Zuverlässigkeit zu entwickeln.
- Zahlreiche Systeme werden unter schwierigen Umweltbedingungen eingesetzt, was ihre Zuverlässigkeit herabsetzt.
- Schließlich sind die Mittel, die zur Sicherung der Zuverlässigkeit aufzuwenden sind, häufig so viel billiger und vielseitiger geworden, daß Maßnahmen zur Zuverlässigkeitsverbesserung attraktiv sind.
- Es gibt bereits obligatorische Zuverlässigkeitsanforderungen, z.B. für Zulassungen oder auch in Form von Gütesiegeln, z.B.
  - Genehmigungs- bzw. Zulassungsverfahren u.a. für Kraftwerke, Flugzeuge usw.,
  - hohe Verfügbarkeit von ständig einsatzbereiten Systemen für Rettungen, Reservierungen und Buchungen,
  - hochzuverlässige Datenverarbeitung in Luftfahrt und Medizin,
  - Datenintegrität in Handel und Verwaltung.
- Zuverlässigkeit dient als Verkaufs- bzw. Werbeargument.

Generell sind die Anwendungs- und Weiterentwicklungsmöglichkeiten der Technik so vielfältig und zahlreich, daß eine beträchtliche Steigerung der Anwendungen zu erwarten ist und ein Eindringen der Technik in alle Bereiche von Wirtschaft und Verwaltung sowie in viele Bereiche des öffentlichen und privaten Lebens bereits heute Wirklichkeit geworden oder für die nahe Zukunft vorauszusehen ist. Bei dieser enormen Verbreitung und Relevanz kommt der Zuverlässigkeit als Qualitätsmerkmal der eingesetzten Produkte eine große - wenn nicht gar herausragende - Bedeutung zu.

Die Technik kann sich nur dann als vertrauenswürdig erweisen, wenn die Zuverlässigkeit in allen Phasen des Lebenslaufs ihrer Systeme ausreichend beachtet, korrekt bewertet und infolgedessen durch entsprechende Maßnahmen in erforderlichem Maße sichergestellt wird, angefangen vom Planungsstadium über die Spezifikations-, Entwicklungs-, Herstellungs-, Verkaufs- und Installationsphase sowie später während des Betriebs bei der Nutzung und Wartung.

In allen Phasen des Lebenslaufs technischer Systeme spielt die Zuverlässigkeit also eine wichtige Rolle. Im Planungsstadium soll dem späteren Benutzer eine Orientierung zur Formulierung der Zuverlässigkeitsanforderungen an das System an die Hand gegeben werden. In der darauffolgenden Phase sollen diese Anforderungen zu Spezifikationen für die Zuverlässigkeitseigenschaften und die Wartung führen. Im Entwicklungsstadium sollen die ins Auge gefaßten Entwürfe und Bedienungsstrategien unter Berücksichtigung der Spezifikationen bewertet werden. Bei der Herstellung soll das Zuverlässigkeitskonzept einen Gesamtrahmen für Bemühungen zur Qualitätskontrolle darstellen. In der Verkaufs- und Installationsphase ermöglichen Zuverlässigkeitskenngrößen eine genauere Verständigung zwischen Lieferant und Kunden darüber, inwieweit das gelieferte Produkt seine vorgesehene Aufgabe erfüllt. Im Hinblick auf einen möglichst reibungslosen Betrieb soll das Zuverlässigkeitsmodell dazu genutzt werden, effektive Maßregeln für das Verhalten des Bedienungspersonals, insbesondere für die Reaktion auf Fehlervorkommnisse, aufzustellen. Schließlich sollen präventive Wartungsmaßnahmen bewertet und ihr Einsatz so geplant werden, daß die Beeinträchtigung der Benutzer auf ein Mindestmaß reduziert wird.

Entwickler, Hersteller, Betreiber und Benutzer sind sehr daran interessiert zu beurteilen, wie gut ihr System seine Aufgabe erfüllt bzw. erfüllen wird. Viele haben die bittere Erfahrung gemacht, daß es nicht nur entscheidend ist, wieviel ein System leistet, sondern auch, wie oft es tatsächlich die vorgesehene Leistung erbringt. Die von den Betroffenen bewußt oder unbewußt gestellten Zuverlässigkeitsanforderungen lassen sich nicht allein mit Erfahrung, Intuition und gutem Willen erfüllen. Vielmehr wird eine wissenschaftlich begründete Theorie als Fundament für die Lösung praktischer Zuverlässigkeitsprobleme benötigt. Erhöhte Anforderungen an die Methoden zur Zuverlässigkeitsbewertung ergeben sich nämlich aus der zunehmenden Systemgröße und -komplexität sowie der Nutzung flexibler Überwachungs- und Steuerungsmechanismen beim Einsatz notwendiger Fehlertoleranzverfahren. Um diesen Anforderungen gerecht werden zu können, ist es wünschenswert, auf der Basis der Zuverlässigkeitstheorie und der daraus abgeleiteten wissenschaftlichen Methoden, wie sie hier und andernorts dargestellt werden, die Zuverlässigkeit bereits existierender und noch zu entwickelnder technischer Systeme möglichst präzise quantitativ einzuschätzen.

Im vorliegenden Buch wurden die in letzter Zeit erzielten Fortschritte auf dem Gebiet der Zuverlässigkeitsbewertung durch Erweiterungen des letztlich auf von Neumann, 1952, sowie Moore und Shannon, 1956, zurückgehenden Booleschen Zuverlässigkeitsmodells berücksichtigt. Dazu gehört u.a. die Verallgemeinerung von monotone auf allgemeine zweiwertige Systeme sowie die Integration dynamischer Aspekte und eines Zeitbezugs durch Verwendung der temporalen Logik. Mit ihrer Hilfe läßt sich eine in bestimmten Bereichen bisher eher intuitive Vorgehensweise durch eine solide Grundlage in Form eines formalen Beschreibungsverfahrens ersetzen, wodurch eine Weiterentwicklung und Anwendung der Zuverlässigkeitsbewertung auf diesem Gebiet erleichtert oder gar erst ermöglicht wird. Im größeren Rahmen ist dies ein Beispiel für die Verbindung der formalen mathematischen Vorgehensweise mit der naturwissenschaftlichen des Quantifizierens. Dies soll letztendlich dazu beitragen, technische Qualitätsprodukte in Form zuverlässiger Systeme herzustellen und optimal zu nutzen. Ihrer wichtigen Rolle kann die Technik nur dann gerecht werden, wenn ihre Produkte ein hohes Qualitätsniveau besitzen, insbesondere auch bzgl. ihrer Zuverlässigkeit. Nur bei einer entsprechenden Verläßlichkeit können die von ihr bereitgestellten Möglichkeiten auch langfristig Akzeptanz bei den Anwendern und breiten Bevölkerungsschichten finden.

Unter Zuverlässigkeit versteht man kurz die Fähigkeit, die beabsichtigte Funktion zu erbringen. Die Beurteilung der Zuverlässigkeit technischer Systeme leidet auch wesentlich darunter, daß des öfteren ihre bestimmungsgemäße Funktion praktisch weder vollständig spezifizierbar noch verifizierbar noch durch Tests überprüfbar ist. Darüber hinaus hat der von der Werbung häufig verbreitete, jedoch als solcher u.a. von Perrow, 1987, Neumann, 1995, entlarvte Mythos von der Unfehlbarkeit die vielleicht ursprünglich vorhandene Skepsis zerstreut. Damit wurde möglicherweise einer breiten wissenschaftlichen Diskussion dieses Themas von vornherein eine Grundlage entzogen.

Ein Bedarf an verbesserten Methoden zur Zuverlässigkeitsbewertung ergibt sich allein schon aus der zunehmenden Systemgröße und -komplexität. Senkt man beispielsweise die Ausfallwahrscheinlichkeit von Komponenten um zwei Zehnerpotenzen, verwendet jedoch in einem System tausend solcher Einheiten ohne eine fehlertolerierende Zuverlässigkeitsstruktur, so ergibt sich insgesamt trotz der Verbesserung der Komponenten eine höhere Wahrscheinlichkeit für einen Systemausfall als bei einem einkomponentigen System. Ferner werden zur Bewertung von immer zahlreicher angewendeten Zuverlässigkeitsverbesserungsverfahren und zur Beurteilung neuer technologischer Möglichkeiten entsprechende Methoden benötigt. Beispielsweise bedeutet der Übergang von Kupfer- zu weniger störanfälligem Glasfaserkabel zweifellos eine Verbesserung der Leitungen. Die hohe Übertragungskapazität der Glasfaser auf einzelnen Strecken kann allerdings dazu führen, daß einige im Kupferkabelnetz vorhandene Strecken eingespart werden. Dies bedeutet, daß kaum Ausweich- bzw. Umleitungsmöglichkeiten beim Ausfall einzelner Netzteile bestehen. Dadurch wird das gesamte Kommunikationssystem unzuverlässiger, obwohl einzelne Komponenten an sich zuverlässiger werden. An diesem Beispiel erkennt man, daß aufgrund der höheren Übertragungskapazität ein einzelnes Kabel eine enorme Wichtigkeit erlangen und damit zu einem besonderen Risiko werden kann. Um z.B. solche Effekte zu erkennen und ihnen gezielt entgegenwirken zu können, müssen entsprechende Modellierungs- und Berechnungsverfahren bereitgestellt und eingesetzt werden.

Eine wichtige Anforderung an solche Verfahren besteht sicherlich darin, auch Systeme aus sehr verschiedenartigen Teilen in mehrfacher Hinsicht bewerten zu können. Insbesondere muß es möglich sein, solche heterogenen Systeme auch als Einheit zu modellieren und zu analysieren. Denn bereits heute bilden verschiedenartige technische Geräte integrale Bestandteile umfassender technischer Systeme, z.B. Rechen- und Antriebssysteme in Fahrzeugen. Insgesamt machen die wachsenden Anforderungen an die Zuverlässigkeitsmodellierung neben der Nutzung vorhandener auch die Schaffung neuer Methoden notwendig. (vgl. Beichelt, 1993, Misra, 1992, 1993)

Zuverlässigkeitsaspekte müssen sowohl bei bereits existierenden als auch beim Entwurf neuer Systeme berücksichtigt werden. Sollte der Entwurf eines neuen oder die Modifikation eines bereits betriebenen technischen Systems nicht den Anforderungen genügen, müssen die Schwachstellen gefunden und möglichst kostengünstig beseitigt oder alternative Systemstrukturen entwickelt werden, z.B. andere Topologien für Verbindungs- und Versorgungsnetze. Die entsprechenden Informationen liefert die Zuverlässigkeitsbewertung. Prinzipiell zwei Vorgehensweisen können dabei verfolgt werden: die analytische und die experimentelle.

Beim experimentellen Ansatz kommen sowohl Simulationsmodelle als auch Experimente und Messungen an Prototypen oder bereits produzierten Systemen in Betracht. Beide Möglichkeiten sind meist an sich schon mit erheblichem Aufwand verbunden und liefern zudem nur punktuelle Ergebnisse über einen bestimmten Systementwurf bzw. eine möglicherweise bereits abgeschlossene Systemrealisierung. Insbesondere bei der Zuverlässigkeitsbewertung kommt erschwerend hinzu, daß die relevanten Ereignisse wie Ausfälle und Fehler zumindest aus statistischer (eventuell im Gegensatz zur subjektiven) Sicht sehr selten auftreten. Selbst beim Experimentieren mit Prototypen kann unter Umständen die Seltenheit der Ereignisse oder die Tatsache, daß sie nicht oder nur schwer reproduzierbar sind, besondere Schwierigkeiten bereiten. Als ökonomischer Ersatz für die experimentelle Vorgehensweise bei Zuverlässigkeitsbewertungen bietet sich die Zuverlässigkeitsanalyse mit zusätzlichen Vorteilen an.

Bei der analytischen Methode werden die Zielgrößen mit Hilfe mathematischer Modelle berechnet. Ein Vorteil dieser Vorgehensweise liegt darin, daß sich sehr schnell Ergebnisse berechnen lassen und oft umfangreiche Modellrechnungen möglich sind. Dabei können insbesondere verschiedene alternative Entwürfe bzw. Modifikationen ohne großen Aufwand miteinander verglichen werden. Darüber hinaus liefert die analytische Modellierung im Idealfall wesentliche Einblicke in Systemzusammenhänge, z.B. die Wichtigkeit einzelner Komponenten oder die Schwachstellen des Systems. Daraus können unter Umständen wichtige Erkenntnisse darüber gewonnen werden, wie sich das System gezielt und kostengünstig bzgl. seiner Zuverlässigkeit verbessern läßt. Nachteilig ist, daß die analytischen Modelle - um noch mathematisch handhabbar zu bleiben - oft sehr idealisierte Annahmen über das zu beschreibende System machen müssen. Ein häufig auftretendes Beispiel bildet die Annahme der statistischen Unabhängigkeit von Ausfällen sowie die Exponentialverteilung von Zufallsgrößen.

In den ersten Phasen des Entwurfs oder Modifikationsprozesses eines Systems wird man sich daher weitgehend mit analytischen Modellen und ihrer Auswertung begnügen müssen. Erst wenn man sich für einen bestimmten Entwurf entschieden hat, können vielleicht Simulationsmodelle eingesetzt werden und Experimente an Prototypen näheren Aufschluß über das Systemverhalten bringen. Natürlich sind dann auch Rückschlüsse über die Angemessenheit der mathematischen Modelle möglich.

Bei der Modellierung der Zuverlässigkeit muß die Genauigkeit und die Handhabbarkeit des Modells in Einklang gebracht werden. Unter der Genauigkeit versteht man die Präzision, mit der das untersuchte System durch das Modell repräsentiert wird. Da Modelle durchweg Abstraktionen darstellen, müssen die Auswirkungen der vorgenommenen Vereinfachungen bei der Interpretation der Ergebnisse berücksichtigt werden. Bei der Modellierung werden verschiedene Systemaspekte ausgeklammert, um die Modelle noch handhaben zu können. Die Kunst des Modellierens besteht also darin, so zu abstrahieren, daß sich das Verhalten des realen Systems von dem des Modells in den zu untersuchenden Aspekten nicht wesentlich unterscheidet. Der Modellierer möchte mit vertretbarem Aufwand brauchbare Informationen aus dem Modell gewinnen.

Zuverlässigkeitsmodelle können genutzt werden, um

- Zuverlässigkeitsanforderungen aufzustellen und zu interpretieren,
- zu verifizieren, daß die spezifizierten Anforderungen erfüllt werden,
- die Zuverlässigkeit verschiedener Systemkonfigurationen vorauszuberechnen und zu vergleichen,

- Schwachstellen von Systemen bzgl. ihrer Zuverlässigkeit möglichst früh herauszufinden, so daß noch kostengünstige Änderungen vorgenommen werden können,
- solche Systembestandteile ausfindig zu machen, deren geringfügige Änderung eine signifikante Verbesserung des gesamten Systemverhaltens impliziert,
- einen möglichst optimalen Einsatz von Reservekomponenten sowie Reparatur- und Wartungsstrategien zu planen.

Fundierte Entscheidungen, ob, in welchem Umfang und mit welchen Mitteln die Zuverlässigkeit erhöht werden muß, können nur auf der Basis quantitativer Zuverlässigkeitsbewertungen getroffen werden. Zum Einsatz kommen sie somit

- bei der Planung neuer Systeme, z.B. zur Vorausberechnung der besten Konfiguration,
- bei der Analyse existierender Systeme, z.B. zwecks aktueller Einstellung zur nachträglichen Zuverlässigkeitsverbesserung,
- beim Vergleich bestehender Systeme, z.B. im Rahmen von Kaufentscheidungen.

Zuverlässigkeitsanalysen können nicht nur eine quantitative Hilfestellung bieten, sondern darüber hinaus auch zu einem tieferen Verständnis des Systemverhaltens führen.

Die Zuverlässigkeit fertiger Systeme läßt sich, falls überhaupt, durchweg nur mit relativ hohem zusätzlichen ökonomischen Aufwand verbessern. Daher liegt die entscheidende Phase für den Einsatz der Zuverlässigkeitsmodellierung bereits in der Periode der Systemprojektierung und -entwicklung. Hier kann neben den technischen auch den betriebswirtschaftlichen Erfordernissen eher Rechnung getragen werden. Insbesondere im Entwurfsprozeß sind Zuverlässigkeitsuntersuchungen notwendig, um einen Vergleich verschiedener Entwürfe zu ermöglichen und zur Verifikation, ob ein Entwurf die gewünschten Zuverlässigkeitscharakteristika besitzt.

1.2 Zuverlässigkeitsbewertung bei der Systementwicklung

Um Fortschritte bei der Lösung von Zuverlässigkeitsproblemen im Zusammenhang mit komplexen technischen Systemen zu erzielen, ist die Verwendung formaler Methoden zu ihrer Beschreibung auf den verschiedenen Abstraktionsebenen vorteilhaft. Entwickler solcher Systeme müssen zusätzlich die Leistung, die Komplexität, die Kosten, die Größe und andere Bedingungen berücksichtigen, die alle zur Zuverlässigkeit in Korrelation stehen. Insbesondere die Kosten müssen den Konsequenzen von Systemausfällen wie Produktionsausfälle, Reparaturkosten, Schadensersatz usw. gegenübergestellt werden, wobei die Folgen oft nur schwer richtig einzuschätzen oder gar zu quantifizieren sind (Perrow, 1987, Nelson, 1990).

Spezifikationen spielen eine zentrale Rolle im Entwicklungsprozeß. Sie dienen dazu, Systemanforderungen präzise, eindeutig und ausreichend vollständig zu erfassen. Sie sind Gegenstand der Kommunikation und vertraglicher Vereinbarungen zwischen Auftraggebern und Entwicklern. Als Vorgaben und Hilfsmittel dienen sie zur systematischen Lösung von Entwurfs-, Validierungs- und Implementierungsaufgaben und tragen zur evolutionären Weiterentwicklung im Einsatz befindlicher Systeme bei.

Um diesen Anforderungen gerecht zu werden, sollten Spezifikationen abstrakte, problemnahe Begriffsbildungen unterstützen, extrem präzise sein, einen modularen Aufbau aufweisen und einen weitgehenden Rechnereinsatz bei ihrer Konstruktion und Validierung ermöglichen. Abstraktion verbessert die Verständlichkeit von Spezifikationen und läßt Raum für Entwurfsentscheidungen und alternative Implementierungen. Präzision ist eine notwendige Voraussetzung, um Fehlinterpretationen zu vermeiden sowie Widersprüche und Mehrdeutigkeiten auszuschließen.

Aufgrund der enormen Folgekosten fehlerhafter und unvollständiger Anforderungsspezifikationen und Entwürfe sollten die bisher in der Zuverlässigkeitspraxis benutzten Methoden zu besseren und insbesondere zuverlässigeren Spezifikations- und Entwurfstechniken weiterentwickelt werden. Dies gilt vor allem für sicherheitskritische Anwendungen, an die hohe Anforderungen an Robustheit, Zuverlässigkeit und Korrektheit gestellt werden. Eigenschaften formaler Spezifikationen wie Vollständigkeit, Widerspruchsfreiheit und Eindeutigkeit verbessern die Kommunikation zwischen Entwicklern und Auftraggebern und beeinflussen entscheidend die Qualität der entwickelten Systeme. Sie sind zudem Voraussetzung für wirksame Konstruktions- und Verifikationswerkzeuge.

Beim Systementwurf bilden Zuverlässigkeitsspezifikationen und -modelle einen Teil eines umfassenderen Prozesses zur Entwicklung vor allem zuverlässiger, aber dabei auch kostengünstiger Systeme. Zunächst wird auf hoher Abstraktionsstufe ein konzeptioneller Entwurfsplan angefertigt, für den ein erstes Modell mit noch undetaillierten Subsystemen formuliert wird. Auf dieser Entwicklungsstufe kann die Zuverlässigkeit der Subsysteme nur grob geschätzt werden. Später beim Entwurf der Subsysteme können Modelle für deren Zuverlässigkeit aufgestellt und das Ergebnis zur Verbesserung des Modells auf der höheren Stufe genutzt werden. Auf diesem Weg können Subsysteme als potentielle Schwachstellen identifiziert, sorgfältig untersucht und falls notwendig durch einen neuen Entwurf verbessert werden. Dieser Prozeß kann unter Umständen auf mehreren Entwicklungsstufen eines Systems wiederholt und somit zu einer iterativen Zuverlässigkeitsmodellierung erweitert werden. Die entwurfsbegleitende Zuverlässigkeitsbewertung besteht aus den folgenden sechs Schritten, die anschließend genauer betrachtet werden.

1. Auswahl der Kenngröße im Hinblick auf die Entwurfsziele,
2. Modellerstellung,
3. Analyse des Systemmodells,
4. Hinreichende Verfeinerung des Modells,
5. Verwendung der Ergebnisse zur Verbesserung des Entwurfs,
6. Anpassung des Modells während des Entwurfsprozesses.

Die Kenngrößen der Zuverlässigkeitsbewertung sollen zu den Entwurfszielen des Systems passen. Hinweise zur richtigen Auswahl können aus der Spezifikation der Systemanforderungen ersichtlich sein, eventuell bei späteren Betreibern und Benutzern eingeholt oder aus der später intendierten Anwendung, dem Einsatz- und Aufgabenbereich gewonnen werden. Man unterscheidet zwei Arten von Zuverlässigkeitskenngrößen: deterministische und probabilistische.

Ein deterministisches Maß für die Zuverlässigkeit ist beispielsweise der Fehlertoleranzgrad eines Systems. Darunter versteht man die maximale Anzahl beliebiger Komponenten, deren Ausfall noch nicht den Systemausfall impliziert. Ist ein System imstande, k beliebige ausgefallene Komponenten zu tolerieren, so wird es auch als k-fach fehlertolerant bezeichnet. Insbesondere zur Bewertung umfangreicher Netzstrukturen werden neben dem Fehlertoleranzgrad auch die Konnektivität und der Diameter als ebenfalls deterministische Kenngrößen herangezogen. Zumeist lassen sich deterministische Maße einfacher berechnen. Mit ihnen wird allerdings nicht die Häufigkeit oder Wahrscheinlichkeit von Störungen berücksichtigt.

Dies geschieht erst bei probabilistischen Zuverlässigkeitskenngrößen, für deren Berechnung den Komponentenzuständen bestimmte Wahrscheinlichkeiten zugeordnet werden, die sich z.B. aus Verteilungsfunktionen für die Reparatur- sowie Betriebs- und Ausfallzeiten der Systemkomponenten ergeben. Stochastische Modelle werden mit Erfolg eingesetzt, obwohl die zugrundeliegenden Annahmen oft nur angenähert durch Messungen am realen System überprüft werden können. Tatsächlich wird in den meisten Fällen eine genaue Untersuchung erweisen, daß Fehler bzw. Ausfälle keinesfalls auf zufällige Ereignisse, sondern z.B. auf deterministische physikalische Mechanismen zurückführbar sind. Für einen Betrachter, der diese Ursachen nicht erkennt, ist das Auftauchen von Fehlern aber sehr wohl ein stochastischer Prozeß, um so mehr wenn nicht überwiegend eine erkennbare Ursache zu Fehlern führt, sondern eine große Menge verschiedener, unabhängiger Ursachen, deren jede mit nur geringer Häufigkeit wirksam wird.

Zumeist wird also die Zuverlässigkeit probabilistisch quantifiziert. Geläufige stochastische Zuverlässigkeitskenngrößen, wie sie bereits im Abschnitt 1.1 für lokale Rechnernetze genannt wurden, sind die Zuverlässigkeit, Verfügbarkeit (z.B. 0,94), mittlere Betriebs- bzw. Ausfalldauer (z.B. 4,9 Stunden) sowie Fehler- bzw. Ausfallhäufigkeit (z.B. 23,6 mal pro Jahr).

Zur Einschätzung der Relevanz des exakten Wertes für die probabilistischen Zuverlässigkeitskenngrößen von Systemkomponenten ist folgende Unterscheidung zu treffen. Werden im Zusammenhang mit einer Zuverlässigkeitsberechnung eher verschiedene Systeme bzgl. Redundanzstruktur, verwendeter Fehlertoleranzverfahren etc. in Form von Modellrechnungen verglichen, so ist der exakte Wert der Komponentenzuverlässigkeit nicht sonderlich relevant. Die verschiedenen Systemstrukturen werden dann nämlich meist über einen größeren Bereich, wenn nicht sogar über den Bereich des gesamten Spektrums der Komponentenzuverlässigkeit in Beziehung zueinander gesetzt. Bei der Beurteilung eines einzelnen Systems mit vorgegebener Redundanzstruktur und vorgegebenen Komponentenkenngrößen ist hingegen der exakte Wert für diese Wahrscheinlichkeiten wichtig, da hiervon das Ergebnis für die Systemkenngröße u.U. stark abhängt. Renommierte Firmen und einschlägige Behörden geben daher in regelmäßigen Abständen Tabellen mit Zuverlässigkeitskenngrößen der von ihnen hergestellten bzw. getesteten Komponenten heraus (vgl. u.a. Hedtke, 1984, Bajenescu, 1985, Birolini, 1991).

Verschiedene Anwendungen bestimmen unterschiedliche Systemanforderungen und erfordern damit auch unter Umständen verschiedene Zuverlässigkeitskenngrößen. Systementwickler können jedoch gleiche Modelltypen zur Berechnung unterschiedlicher Zuverlässigkeitskenngrößen benutzen.

Das Zuverlässigkeitsmodell wird vom Entwickler durch Analyse des realen Systems konstruiert, um die zuverlässigkeitsrelevanten Zusammenhänge zu erfassen, die dort wirken. Dieses Modell spiegelt die Zuverlässigkeitsstruktur des realen Systems wider, welche sich erheblich von der geometrischen oder physikalischen Konfiguration des untersuchten technischen Systems unterscheiden kann. Gewöhnlich werden für den Systementwurf andere Spezifikationsmethoden und -werkzeuge eingesetzt als für die Zuverlässigkeitsmodellierung. Die Entwickler müssen aus dem Entwurfsplan die für ein sinnvolles Zuverlässigkeitsmodell wichtigen Teile extrahieren.

Eine iterative und hierarchische Vorgehensweise beim Modellieren teilt den hierarchischen Entwurfsprozeß gewöhnlich in parallele Stränge. Dabei können in verschiedenen Abschnitten des Entwurfsprozesses auch unterschiedliche Modelltypen gewählt werden. Zu Beginn der Entwurfsphase können aufgrund vieler vereinfachender Annahmen die Modelle einfach sein und sollten lediglich die hauptsächlichen Zuverlässigkeitstendenzen wiedergeben. Auf späteren Entwicklungsstufen sollten detaillierte Modelle zum Einsatz kommen, die das System genauer beschreiben. Zusätzlich zur hierarchischen Entwurfsmethodik kann es vorteilhaft sein, Werkzeuge in Form von Spezifikationssprachen für Zuverlässigkeitsmodelle oder von Software zur Unterstützung der Modellkonstruktion und -auswertung zu benutzen. Einen Überblick über Softwarewerkzeuge zur Zuverlässigkeitsanalyse geben z.B. Johnson und Malek, 1988, Geist und Trivedi, 1990, Trivedi und Malhotra, 1993, sowie Trivedi et al., 1994.

Im wesentlichen unterscheidet man folgende Kategorien von Zuverlässigkeitsmodellen:

- Boolesche Modelle,
- Markoff-Modelle,
- Erneuerungsprozesse,
- Wartenetze,
- stochastische Petrinetze.

Manchmal wird eine Vereinfachung des Booleschen Zuverlässigkeitsmodells, das lediglich Näherungswerte liefert, als eigener Modelltyp genannt (parts-count model; vgl. Reibman, Veeraraghavan, 1991). Im Booleschen Modell können die Komponenten und das System zwei Zustände annehmen, die mit intakt und defekt bezeichnet werden, und der kausale Zusammenhang zwischen Komponenten- und Systemdefekt wird im allgemeinen mit aussagenlogischen Ausdrücken meist in Form einer logischen Funktion beschrieben. Da diese häufig durch ein Schaltnetz, den sogenannten Fehlerbaum, dargestellt wird, bezeichnet man die Modelle dieses Typs auch als Fehlerbaummodelle. Die logische Funktion wird schließlich in eine entsprechende probabilistische Formel überführt, die numerisch ausgewertet die gesuchten Zuverlässigkeitskenngrößen liefert. In speziellen Fällen lassen sich die probabilistischen Formeln auch mit kombinatorischen Überlegungen herleiten, weshalb in der englischsprachigen Literatur auch von kombinatorischen Modellen gesprochen wird.

Die Anwendbarkeit dieses Modelltyps wird eingeschränkt durch die Zweiwertigkeit, so daß z.B. keine unterschiedlichen Ausfallmodi berücksichtigt werden können, und durch die Monotonievoraussetzung, welche z.B. von Selbstheilungseffekten verletzt wird. Ferner können nicht ohne weiteres verschiedene zeitliche Reihenfolgen von Ereignissen, z.B. Ausfallreihenfolgen, modelliert werden. Eine besondere Einschränkung stellt das dynamische Verhalten fehlertoleranter Systeme als Reaktion auf Fehler und Teilausfälle dar, z.B. in Form von Rekonfigurations- und Wiederanlaufversuchen.

Als wesentlicher Vorteil dieses Modelltyps bleibt die reale Systemstruktur im Zuverlässigkeitsmodell meist erhalten. Diese weitgehende Übereinstimmung zwischen der realen Systemkonfiguration und der Modellstruktur sowie die Zweiwertigkeit erleichtern die Modellierung erheblich und ermöglichen, die Zuverlässigkeitskenngrößen des Systems in übersichtlicher Weise aus denjenigen der Komponenten abzuleiten. Deshalb hat von allen Teilgebieten der Zuverlässigkeitstheorie gerade diese Modellklasse die bisher größte Verbreitung gefunden. Zudem gab es zahlreiche Versuche, ihre Anwendungsmöglichkeiten zu erweitern. Beispielsweise wurde von Heidtmann, 1985, und dann ausführlicher in Reinschke, Usakov, 1988, eine Methode vorgestellt, wie mit einem modifizierten Modell auch Ausfallreihenfolgen berücksichtigt werden können. Hierzu müssen entweder mehrwertige Modelle herangezogen oder Basisereignisse verwendet werden, die bereits selbst schon als Sequenz der ursprünglichen Ereignisse definiert sind. Ferner wurde in den beiden genannten Arbeiten sowie u.a. in Reinschke, 1981, Reinschke, Klingner, 1981, Rakowsky, 1992, Janan, 1985, Wood, 1985, und Veeraraghavan, Trivedi, 1993a, 1994, letztendlich auf mehrwertiger Logik basierende Modelle benutzt, um mehr als zwei System- und Komponentenzustände zu modellieren. Mit einem ähnlichen Ansatz wie die bereits erwähnten Basisereignisse modellieren Fussell et al., 1976, Boyd, 1991, sowie Dugan et al., 1992, dynamische Systemaspekte unter Verwendung sogenannter dynamischer Fehlerbäume.

Beim Booleschen Modelltyp und seinen Varianten ist nach Reinschke und Usakov, 1988, das Systemmodell aus einer Anzahl gut voneinander unterscheidbarer, unter dem Zuverlässigkeitsaspekt wesentlicher Elemente aufgebaut. Diese Unterscheidung zwischen verschiedenen Elementen, welche die Systemzuverlässigkeit beeinflussen können, wird bei den folgenden Modelltypen fallengelassen und das reale System oder, verallgemeinert, der reale stochastische Prozeß wird als Betrachtungseinheit aufgefaßt, die unterschiedliche Zustände annehmen kann.

Markoff-Modelle gehen in diesem Sinne von einem Zustandsraum aus, der aus den möglichen Systemzuständen sowie den Übergangsmöglichkeiten besteht und als Zustandsübergangsgraph dargestellt wird. Zielgröße ist die Aufenthaltswahrscheinlichkeit in den verschiedenen Systemzuständen. Die Komponentenzustände und die darauf bezogene Systemstruktur spielen hier keine unmittelbare Rolle mehr. Somit können die Komponenten und das System mehr als zwei Zustände annehmen, z.B. aufgrund unterschiedlicher Ausfallmodi, und auch die Monotonieeigenschaft wird nicht mehr benötigt. Nachteile sind die Komplexität, z.B. in Form eines riesigen Zustandsraums, Einschränkungen bzgl. der Verteilungsfunktionen und die Inkongruenz von realer Konfiguration und abstrahierter Systemstruktur in Form des Zustandsübergangsgraphen. Werden z.B. n Komponenten mit jeweils z Zuständen berücksichtigt, so besitzt der Zustandsraum prinzipiell die Größe z^n.

Im Zusammenhang mit der Zuverlässigkeit technischer Systeme hat man oft Ereignisse zu modellieren, die sich von Zeit zu Zeit wiederholen. Solche Folgen stochastisch voneinander unabhängiger Ereignisse lassen sich mathematisch häufig durch Erneuerungsprozesse beschreiben. Dabei betrachtet man die Zeiten zwischen aufeinanderfolgenden Ereignissen als eine Zufallsvariable und berechnet beispielsweise den Erwartungswert dieser Variablen oder die mittlere Anzahl solcher Ereignisse in einem bestimmten Zeitintervall. Besonders interessant sind in diesem Zusammenhang Folgen zweier sich abwechselnder Arten von Ereignissen, z.B. (Wieder-) Inbetriebnahmen und Ausfälle. Das Verhältnis der Erwartungswerte der Betriebsdauer und der Zykluszeit aus Betriebs- und Ausfalldauer in einem solchen alternierenden Erneuerungsprozeß kann dann als Verfügbarkeit interpretiert werden. Im Gegensatz zum Markoff-Modell müssen die Zufallsvariablen nicht exponentialverteilt sein.

Häufig benötigt man Kenngrößen, die sich in einem Modell berechnen lassen als Parameter oder Eingabewerte für ein anderes Modell. So lassen sich beispielsweise die mittleren Betriebs- und Ausfalldauern von Komponenten als alternierender Erneuerungsprozeß modellieren. Die so ermittelten Werte können dann als Komponentenverfügbarkeiten innerhalb des Booleschen Modells dazu benutzt werden, die Systemverfügbarkeit zu berechnen. Ferner können auch Modelle verschiedener Kategorien ineinander überführt oder kombiniert werden. Häufig teilt man das zu modellierende Systemverhalten gemäß Geist, 1991, auf in einen strukturellen und einen dynamischen Systemaspekt und benutzt für jeden der beiden Aspekte zunächst ein anderes Modell. Vielfach wird ein Boolesches Modell für die statische Systemstruktur konstruiert, anschließend in ein Markoff-Modell transformiert, welches dann um Zustände zur Modellierung des dynamischen Verhaltens erweitert wird. Diese Erweiterung bildet u.a. nach Dugan, 1991, das sogenannte Fehlerbehandlungsmodell, welches als Ergänzung zum Strukturmodell verschiedene Fehlerarten (z.B. permanent, intermittierend, transient) und die Systemreaktion auf die Fehler bzw. Teilausfälle (z.B. Fehlererkennung und -lokalisierung, Wiederanlauf) detailliert modelliert. Als Hilfsmittel für diese Vorgehensweise existieren rechnergestützte Werkzeuge, die beispielsweise aus einem Booleschen ein Markoff-Modell generieren (vgl. Boyd, 1986, Patterson-Hine, Dugan, 1992).

Mit Warte- und stochastischen Petrinetzen (Marsan, 1990, 1995) wurde zunächst die Leistung von Rechen- und Kommunikationssystemen analysiert. Später wurden sowohl Wartenetze von Dal Cin, 1982a, Jessen, Valk, 1987, Kohlas, 1987, u.a. als auch Petrinetze von Schnieder, 1986, Lopez-Bentes, 1990, Ciardo, Muppala, 1992, Hura, 1993, Haverkort, 1993, Buchholz et al., 1994, Trivedi et al., 1994, u.a. zusätzlich zur Zuverlässigkeitsanalyse eingesetzt. Besonders anschaulich und damit benutzerfreundlich ist die graphische Darstellung dieser Modelle, weshalb sie häufig auch zur Spezifikation der Zuverlässigkeit von Systemen oder Systemteilen verwendet werden, während ihre Auswertung oft simulativ oder in einem anderen, meist abstrakteren analytischen Rahmen erfolgt. Allerdings haben sie sich bisher nicht in allen Bereichen der Zuverlässigkeitsanalyse durchgesetzt. Malhotra und Trivedi, 1994, verglichen einige der genannten Modelltypen.

Detaillierte Zuverlässigkeitsmodelle technischer Systeme sind häufig so komplex, daß die Korrektheit ihrer Implementation und die Gültigkeit der erzielten Ergebnisse nicht unmittelbar durch Erfahrungswerte oder Intuition bestätigt werden können. Wichtige, jedoch oft vernachlässigte Schritte bei der Zuverlässigkeitsmodellierung sind daher die Verifikation und die Validierung. Letztere stellt sicher, daß ein Modell eine akzeptable Repräsentation des untersuchten realen Systems ist, während die Verifikation die korrekte Implementation des konzeptionellen Modells garantiert. Ein Modell kann zumindest im Prinzip mit den gleichen Techniken wie Computerprogramme verifiziert werden. Ziel der Validierung ist nach Laprie, 1989, und Wein, Sathaye, 1990, das Vertrauen in das gewählte Modell, die verwendete Auswertungsmethode und die damit erzielten Ergebnisse zu erhöhen. Bei der N-Versionen-Modellierung wird nach Kantz, 1993, eine vorgegebene Modellierungsaufgabe mit Hilfe mehrerer verschiedener Methoden bzw. Werkzeuge zur Spezifikation und Auswertung gelöst. Bei gleichen Modellannahmen können damit sowohl die verwendeten Analyseverfahren und -werkzeuge validiert als auch Fehler bei der Modellkonstruktion erkannt werden. Unterscheiden sich die verschiedenen Modellversionen bzgl. ihrer Annahmen, so kann auch der Einfluß dieser Modellannahmen auf das Bewertungsergebnis analysiert werden.

Heimann et al., 1991, definieren vier Kategorien von Zuverlässigkeitsanalysen:

- Berechnung von Zuverlässigkeitskenngrößen,
- Sensitivitätsanalyse,
- Spezifikation von Anforderungen,
- Kosten-Nutzen-Analyse für zuverlässigkeitsverbessernde Maßnahmen.

Der deterministische Teil eines Zuverlässigkeitsmodells basiert meist auf einem zweiwertigen Zustandsmodell und gibt den kausalen Zusammenhang zwischen den Zuständen der Komponenten und des Systems wieder. Jede Kombination von Komponentenzuständen wird als Strukturzustand bezeichnet, deren Gesamtheit den Zustandsraum des Zuverlässigkeitsmodells bildet. Im probabilistischen Teil des Modells werden den Zuständen Wahrscheinlichkeiten zugeordnet, die sich z.B. aus Verteilungsfunktionen für die Reparatur sowie Betriebs- und Ausfallzeiten der Komponenten ergeben.

Ablauf einer Zuverlässigkeitsanalyse

Ausgangspunkt: Vorgegebenes System

Deterministischer Teil: Struktur bzgl. Zuverlässigkeit (Komponenten, Zustände, Zusammenhang zwischen Komponenten- und Systemzustand) Spezifikation (logische Systemstruktur) Umformung (zwecks probabilistischer Auswertung)

Probabilistischer Teil: Einsetzen der Komponentenkenngrößen Numerische Formelauswertung

Ergebnis: Kenngröße des Systems

Abb. 1: Gliederung einer Zuverlässigkeitsanalyse

Leider ist ein entsprechender deterministischer Teil der Zuverlässigkeitsanalyse für einige Arten von Systemen unbekannt. In diesen Fällen werden unmittelbar die probabilistischen Formeln ohne den Zwischenschritt der logischen Spezifikation intuitiv erkannt. Dieser Prozeß bildete eine häufige Fehlerquelle, da mehrere Systemaspekte gleichzeitig berücksichtigt werden müssen. Wünschenswert ist eine logische Spezifikationsmöglichkeit auch für diese Systeme, so daß zunächst ausschließlich die logischen Zusammenhänge erfaßt und in einem weiteren Schritt die andere Gesichtspunkte zusätzlich berücksichtigt werden könnten.

Die Berechnung probabilistischer Zuverlässigkeitsparameter wird besonders einfach, wenn man annehmen darf, daß sich die Elemente des Systems in ihrem Ausfallverhalten nicht beeinflussen. Diese Annahme der stochastischen Unabhängigkeit ist mit zwei Vorteilen verbunden. Einerseits sind die statistischen Ausgangsdaten für die Elemente leichter zu ermitteln, und andererseits vereinfacht sich die Berechnung der Systemzuverlässigkeitsparameter. Das sollte jedoch nicht darüber hinwegtäuschen, daß in realen Systemen sehr häufig stochastische Abhängigkeiten zu beobachten sind, denn Ausfälle gleicher Ursache und Folgeausfälle spielen in der Praxis eine große Rolle. Aus diesem Grund werden einige Aussagen über die Berechnung von Kenngrößen der Systemzuverlässigkeit zunächst so formuliert, daß sie auch bei stochastisch abhängigen Elementen gültig sind. Zur Auswertung der entsprechenden Formeln werden allerdings gegenüber dem Fall der Unabhängigkeit zusätzliche Informationen benötigt. Letztere wird häufig zur Approximation verwendet.

Um zu entscheiden, ob ein Modell hinreichend präzise ist, müssen die potentiellen Fehlerquellen untersucht werden. Modellierungsfehler sind zu große Ungenauigkeiten, die von den vereinfachenden Annahmen für das Modell herrühren. Hierzu gehören beispielsweise vorausgesetzte Unabhängigkeiten oder falsche Verteilungsfunktionen für bestimmte Zufallsvariablen wie Betriebs- und Ausfallzeiten. Als Spezifikationsfehler bezeichnet man Fehler in der Struktur des Modells wie fehlende oder überzählige Zustände. Parameterfehler entstehen durch falsche oder ungenaue Parameterwerte, z.B. für Ausfall- und Reparaturraten. Oft kommen die Werte aus unsicheren Quellen wie Tests oder Felddaten. In einem frühen Stadium können die Parameterwerte auch einen stark hypothetischen Charakter haben. Schließlich produzieren Näherungsverfahren und numerische Berechnungen Fehler. Für viele Algorithmen lassen sich zwar Fehlerschranken angeben oder Lösungen mit vorgegebener Genauigkeit berechnen. Höhere Genauigkeit muß gewöhnlich aber auch mit einem höheren Aufwand erkauft werden. Ziel dieses Schritts ist es, nicht alle Fehler zu eliminieren, sondern sicherzustellen, daß das Modell die wichtigen Aspekte des Systemverhaltens adäquat beschreibt.

1.3 Grundlegende Begriffe und Konzepte

Allgemein beschäftigt sich die Zuverlässigkeitstheorie mit der Messung, Modellierung, Bewertung, Erhaltung und Optimierung der Zuverlässigkeit technischer Systeme. Von zentraler Bedeutung ist dabei die wahrscheinlichkeitstheoretische Bewertung von Veränderungen der Systemstruktur infolge irgendwelcher Fehler oder Ausfälle. Aus diesem Grund erlangte die Zuverlässigkeitsbewertung bei der Untersuchung technischer Systeme besondere Aufmerksamkeit. Aus den genannten Problemkreisen thematisiert dieses Buch insbesondere die

- Beschreibung des wechselseitigen Zusammenhangs zwischen dem Ausfallverhalten des Systems und seiner Teile, die Komponenten genannten werden,
- Modellierung der Systemzuverlässigkeit,
- Berechnung der Zuverlässigkeitskenngrößen von Systemen aus derjenigen der Komponenten.

Begriffsdefinitionen mit Bezug zur Zuverlässigkeit und Fehlertoleranz sind in NTG 3004 und DIN 40041 festgelegt. Der Begriff Zuverlässigkeit (reliability) wurde früher und wird auch heute teilweise noch für zwei unterschiedliche Sachverhalte verwendet. Im engeren Sinne ist damit die Wahrscheinlichkeit als Kenngröße für das Funktionieren eines System oder einer Komponente gemeint. Im Gegensatz zu dieser quantitativen Bedeutung bezeichnet Zuverlässigkeit im weiteren Sinne eine qualitative Eigenschaft, nämlich die Fähigkeit, einen spezifizierten Dienst zu erbringen (vgl. auch DIN 40041, 1990). Um diesen Unterschied auch in der Terminologie zum Ausdruck zu bringen, wurden zwei verschiedene Vorschläge unterbreitet.

Der eine sieht vor, den quantitativen Aspekt mit dem Begriff Überlebenswahrscheinlichkeit zu belegen und Zuverlässigkeit auf die qualitative Eigenschaft zu beschränken (vgl. Reinschke und Usakov, 1988, Echtle, 1990). Der alternative Vorschlag wurde von der Arbeitsgruppe 10.4 der Internationalen Föderation für Datenverarbeitung (International Federation for Information Processing, IFIP) "Reliable Computing and Fault-Tolerance" und dem Technischen Ausschuß "Fault Tolerant Computing" der Computer Vereinigung des Instituts für Ingenieure der Elektrotechnik (Institute of Electrical and Electronics Engineers, IEEE) erarbeitet und u.a. von Laprie, 1984, 1985, veröffentlicht. Darin wird die Bezeichnung Zuverlässigkeit (reliability) für die Kenngröße beibehalten und für die qualitative Deutung der Begriff der Verläßlichkeit (dependability) eingeführt. Dieser wird jedoch über die rein technische Sichtweise hinaus allgemeiner auf das Vertrauen des Benutzers bezogen und läßt somit auch Raum für weitere Aspekte, während Zuverlässigkeit und Verfügbarkeit Maße für verschiedene Seiten der gleichen Systemeigenschaft, nämlich der Verläßlichkeit, sind.

Definition 1.3.1: Unter der *Verläßlichkeit* (dependability) eines Systems versteht man die Qualität des von ihm zu erbringenden Dienstes, insofern diesem berechtigterweise Vertrauen entgegengebracht werden kann. Der zu erbringende Dienst ist dabei das Systemverhalten, wie es von einem anderen speziellen System, nämlich dem Benutzer, bei der Interaktion beider Systeme wahrgenommen wird.

Ein technisches Versagen tritt auf, wenn der erbrachte von dem spezifizierten Dienst abweicht, wobei die Spezifikation des Dienstes eine vereinbarte Beschreibung des erwarteten Dienstes darstellt. In verschiedenen Zusammenhängen wird der Begriff des Versagens durch geläufigere ersetzt, z.B. Ausfall, Defekt, Störung, Fehler. Hierbei spielen verschiedene Fehlermodelle eine Rolle, auf die hier aber nicht eingegangen wird (vgl. Avizienis, 1982). Verläßlichkeit kann durch Fehlervermeidung und Fehlertoleranz erzielt werden. (vgl. z.B. Anderson, Lee, 1982, Echtle, 1990)

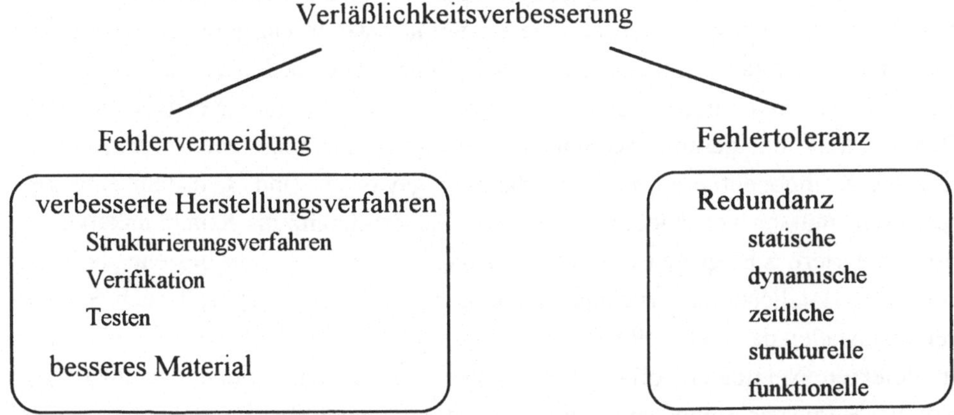

Abb. 2: Vorgehensweisen zur Verbesserung der Verläßlichkeit

Bei der Fehlervermeidung wird versucht durch konstruktive Maßnahmen oder Verifikation das Auftreten von Fehlern und Ausfällen von vornherein zu unterbinden.
Diese Perfektionierung der Komponenten läßt sich durch sorgfältigeren Entwurf,
eine erhöhte Anzahl bzw. eine Intensivierung von Tests und Verbesserungen vor
Inbetriebnahme, Verwendung von geeigneten Materialien und verbesserte Herstel-
lungstechniken anstreben. Jedoch setzen physikalische Gesetze sowie nur begrenzt
vorhandene Zeit und Mittel den Perfektionierungsbestrebungen Grenzen. Einigkeit
herrscht darüber, daß allein durch Perfektionierung meist nicht das erforderliche
Maß an Zuverlässigkeit erreicht werden kann, sondern auch Fehler toleriert werden
müssen. Im Falle der Fehlertoleranz geht man davon aus, daß sich Fehler in Teilen
eines Systems schon allein aufgrund äußerer Störeinflüsse oder Alterungsprozesse
nicht in ausreichendem Maße vermeiden lassen. Deshalb stattet man das System so
aus, daß es unbeschadet dieser Fehler die Anforderungen erfüllt.

Definition 1.3.2: Die Fähigkeit eines Systems trotz Fehlern bzw. Teilausfällen den
spezifizierten Dienst zu leisten, wird als *Fehlertoleranz* bezeichnet.

Für Kommunikationssysteme bedeutet der Übergang vom Kupfer- zum Glasfaserkabel zweifellos eine solche Verbesserung im Sinne der Fehlervermeidung, da die
optische Übertragung im Lichtleiter nicht durch äußere Störfelder beeinträchtigt
wird und weniger ausfallgefährdete Komponenten, z.B. in Form von Zwischenverstärkern, zum Einsatz kommen. Die hohe Übertragungskapazität der Glasfaser auf
einzelnen Strecken führt allerdings dazu, daß einige im Kupferkabelnetz vorhandene Strecken eingespart werden können. Somit entsteht ein geringer vermaschtes
Netz mit wesentlich weniger redundanten Wegen. Dies bedeutet, daß kaum Aus-
weich- bzw. Umleitungsmöglichkeiten beim Ausfall einzelner Netzteile bestehen.
Dadurch kann das gesamte Kommunikationsnetz unzuverlässiger werden, obwohl
einzelne Komponenten an sich zuverlässiger geworden sind. Um dem entgegen-
zuwirken, müssen verschiedene Arten von Fehlertoleranz ins Kommunikationssystem integriert, z.B. gezielt redundante Strecken eingebaut oder bestehende Strek-
ken mit zusätzlicher Reservekapazität ausgerüstet werden, so daß nach Komponentenausfällen das Netz rekonfiguriert werden kann. Der Datenverkehr wird dann
an defekten Netzteilen vorbeigeleitet, ohne intakte Netzregionen zu überlasten.
Nur bei Berücksichtigung auch dieses zweiten Aspekts der Zuverlässigkeit, nämlich der Fehlertoleranz, kann das Ergebnis ein zuverlässigeres Kommunikationssystem sein als das alte Kupferkabelnetz.

Man beachte, daß weder ein fehlertolerantes System notwendigerweise sehr verläßlich ist noch Verläßlichkeit unbedingt Fehlertoleranz voraussetzt. Die Verwendung von Fehlertoleranzverfahren ist angezeigt, wenn sich bzgl. der Verläßlichkeit eine Diskrepanz zwischen den durch die Komponenten gegebenen und den für das Gesamtsystem geforderten Werten ergibt. Fehlertolerante Systeme können beim Auftreten von Fehlern bzw. Ausfällen ihrer Komponenten nach außen hin fehlerfreies Verhalten zeigen, so daß sich die geforderten Kenngrößen nicht auf einzelne Komponenten, sondern auf Fehler beziehen, die das Gesamtsystem nicht tolerieren kann und die somit einen Funktionsausfall des Systems bewirken.

Der erste Term auf der rechten Seite der folgenden Gleichung steht für die Wahrscheinlichkeit, daß kein Fehler auftritt. Er wird maximiert durch einen fehlerintoleranten Entwurf, d.h. durch hochqualitative Komponenten, Beweis der Korrektheit und andere formale Entwurfsmethoden. Falls P{kein Fehler} so hinreichend groß gemacht werden kann, läßt sich die geforderte Intaktwahrscheinlichkeit R auch ohne Fehlertoleranz erreichen.

$$R = P\{\text{kein Fehler}\} + \sum_{i \in \text{Fehlermenge}} P\{\text{korrekter Betrieb}|\text{Fehler } i\} P\{\text{Fehler } i \text{ liegt vor}\}$$

Der Einfluß der Fehlertoleranz auf die Zuverlässigkeit wird durch den mit dem Summenzeichen zusammengefaßten zweiten Term repräsentiert, nämlich der Wahrscheinlichkeit dafür, daß ein Fehler auftritt, aber nicht zum Systemausfall führt, summiert über alle möglichen Fehler. P{korrekter Betrieb | Fehler i} wird Überdeckungsfaktor des Fehlertoleranzmechanismus genannt und ist die bedingte Wahrscheinlichkeit dafür, daß das System korrekt weiterarbeitet, obwohl ein bestimmter Fehler i vorhanden ist. Jeder Überdeckungsfaktor wird mit der entsprechenden Fehlerwahrscheinlichkeit P{Fehler i liegt vor} gewichtet, so daß ein kosteneffektiver Systementwurf sich auf die Tolerierung der am häufigsten auftretenden bzw. folgenschwersten Fehler konzentriert. Man beachte, daß bei großen Fehlerwahrscheinlichkeiten ein System sämtliche Fehler aus einer vorgegebenen Menge tolerieren und dennoch nicht hinreichend zuverlässig sein kann.

Die beiden grundlegenden Schritte eines Fehlertoleranzverfahrens, die Diagnose und die Behandlung von Fehlern, benötigen jeweils zusätzliche Mittel, die über die Erfordernisse des Nutzbetriebs hinausreichen. Zusätzliche Komponenten sind hinzuzufügen und bestehende zum Teil um zusätzliche Funktionen zu erweitern. Alle zusätzlichen Mittel eines Systems werden unter dem Begriff Redundanz zusammengefaßt. Redundanz bildet somit die Grundlage der Fehlertoleranz. Fehlertolerante Systeme verfügen in vielfältiger Weise über Redundanz. Im folgenden werden die verschiedenen Redundanzarten nur insoweit diskutiert, als sie für die Zuverlässigkeitsanalyse relevant sind.

Definition 1.3.3: *Redundanz* bezeichnet das Vorhandensein von mehr Betriebsmitteln, als für die spezifizierte Nutzfunktion eines Systems benötigt werden. Dabei wird in diesem Zusammenhang die Fehlertoleranz selbst nicht als eigentliche Nutzfunktion eines Systems angesehen. Anders herum sind unter Redundanz somit alle bei Fehlerfreiheit entbehrlichen Mittel zu verstehen.

Redundante Mittel können schon im Normalbetrieb, d.h. von Beginn des zugrundeliegenden Zeitintervalls, oder erst im Fehlerfall eine Funktion übernehmen. Entsprechend diesen beiden grundsätzlich verschiedenen Belastungen der redundanten Komponenten unterscheidet man die seit Betriebsbeginn ständig aktive *statische* Redundanz von der zunächst passiven und erst im Bedarfsfall aktivierten *dynamischen* Redundanz.

Je nach der Granularität der Modellbeschreibung und der Systemkonstruktion kann Redundanz innerhalb von Komponenten vorliegen oder durch zusätzliche Komponenten realisiert sein. Im letzten Fall, der in dieser Arbeit ausschließlich betrachtet wird, spricht man auch von *struktureller* Redundanz und unterscheidet zwischen *Primär-* und *Ersatzkomponenten.* Letztere werden auch Sekundär- oder Reservekomponenten genannt.

Beim Systementwurf ist zu beachten, daß zuviele redundante Komponenten auch kontraproduktiv sein können. Mit Hilfe der Zuverlässigkeitsbewertung soll jeweils das rechte Maß und die richtige Redundanzart gefunden werden. Für die Zuverlässigkeitsanalyse ist die Funktionsbeteiligung einer Komponente an sich im Hinblick auf die Zuverlässigkeitskenngröße nicht von Bedeutung, sondern der Betriebszustand, der das Ausfallverhalten der Komponenten bestimmt.

Definition 1.3.4: Die Dauer der Umschaltung vom Primär- zum Ersatzsystem hängt wesentlich von den ggf. erforderlichen Vorbereitungsmaßnahmen des Ersatzsystems ab. Unter Umständen muß dieses erst eingeschaltet und in den aktuellen Zustand versetzt werden. Unter diesem Gesichtspunkt unterscheidet man die sogenannte *heiße oder aktive Reserve*, bei die Reservekomponenten eingeschaltet und belastet sind, auch im Reservezustand ausfallen können sowie ggf. in bestimmten Zeitabständen oder sogar parallel vorsorglich aktualisiert werden, von der sogenannten *kalten oder passiven Reserve.* Hierbei können die ständigen Aktualisierungsmaßnahmen weitgehend entfallen. Typischerweise sind kalte Reservekomponenten bis zu ihrer Aktivierung unbelastet oder sogar ausgeschaltet und können in diesem Reservezustand auch nicht ausfallen. Man spricht von *warmer Reserve*, wenn eine Ersatzkomponente zwar bereits vor dem Ausfall der Primärkomponente ausfallen kann, jedoch in dieser Zeit noch nicht so stark belastet wird wie nach dem Ausfall der Primärkomponente. Ein typisches Beispiel ist eine zwar eingeschaltete, aber nicht oder nur gering beanspruchte Reservekomponente.

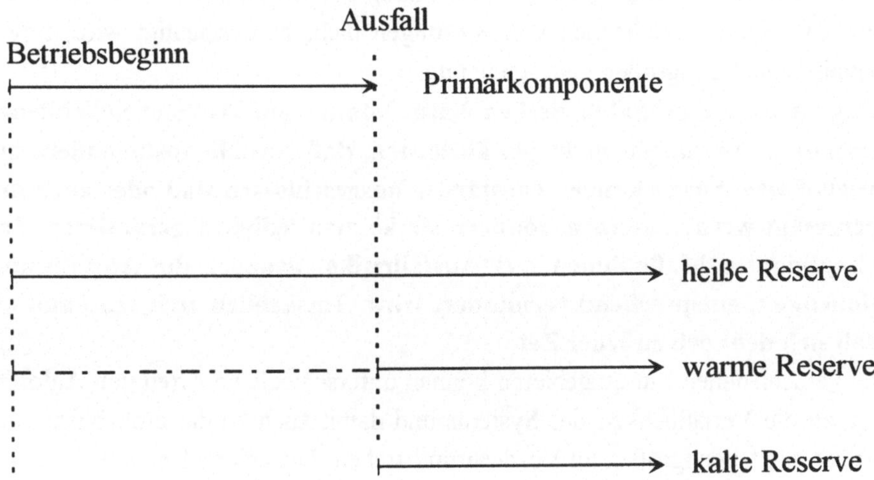

Abb. 3: Redundanzarten

Der Übergang zwischen heißer und kalter Reserve ist fließend. Der Vorteil heißer Reserve liegt in einer Verkürzung der Umschaltdauer; kalte Reserve läßt wegen der geringeren Beanspruchung eventuell eine geringere Ausfallwahrscheinlichkeit der Ersatzkomponenten erwarten.

Kalte oder passive Reserve liegt beispielsweise beim Ersatzreifen im Kofferraum vor, der erst dann in Betrieb genommen wird, wenn einer der ursprünglichen Reifen ausgefallen ist. Wenn der Reservereifen gleichzeitig mit den ursprünglichen in Betrieb genommen und belastet wird, z.B. in Form eines Doppelreifens, kann man von heißer oder aktiver Redundanz sprechen, da vor dem Ausfall des ursprünglichen Reifens der Reservereifen bereits stark beansprucht wird. Wie bereits erwähnt sind die Übergänge fließend. So kann man den Ersatzreifen im Kofferraum auch als warme Reserve interpretieren, wenn man berücksichtigt, daß er zwar nicht abnutzt, aber sein Material nach längerer Zeit ermüdet und somit seine Zuverlässigkeit auch ohne Belastung abnimmt.

Neben Methoden zur Beschreibung des kausalen Zusammenhangs zwischen Komponenten- und Systemverhalten besitzt insbesondere die Wahrscheinlichkeitstheorie eine große Bedeutung für die Zuverlässigkeitsbewertung. Der Grund hierfür liegt in den mannigfachen, deterministisch nicht oder nur unvollständig erfaßbaren Einflüssen auf das Ausfallverhalten technischer Erzeugnisse wie Abnutzung, Materialfehler und äußere Ausfallursachen in Form von Störeinflüssen oder falscher Bedienung. Während bei der Verwendung deterministischer Maße die Häufigkeit bzw. Wahrscheinlichkeit von Störungen nicht berücksichtigt wird, tragen probabilistische Kenngrößen dem Rechnung.

Aufgrund ihrer probabilistischen Natur können auf Wahrscheinlichkeiten basierende Bewertungen nicht gewährleisten, daß Ausfälle insbesondere mit katastrophalen Auswirkungen vollständig ausgeschlossen sind oder auch nur vorhergesagt werden können, sondern sie können lediglich garantieren, daß durch geeignete Maßnahmen das Ausfallrisiko, genauer die Ausfallwahrscheinlichkeit, entsprechend vermindert wird. Tatsächlich ereignen kann ein Ausfall sich dennoch zu jeder Zeit.

Bei verschiedenen Einsatzgebieten können unterschiedliche Arten von Anforderungen an die Verläßlichkeit des Systems und damit auch an die probabilistischen Zuverlässigkeitskenngrößen im Vordergrund stehen. Die beiden Hauptaspekte sind dabei die Vertrauenswürdigkeit, worunter die Fehlerfreiheit der Ergebnisse bzw. des Verhaltens nach außen verstanden wird, und die Kontinuität, mit welcher der geforderte Dienst erbracht wird bzw. zur Verfügung steht. Dem Aspekt der Stetigkeit und Kontinuität, d.h. der Fehlerfreiheit und der Ausfallsicherheit innerhalb eines vorgegebenen Zeitraums, der sogenannten Missionszeit, trägt das folgende probabilistische Maß Rechnung.

Definition 1.3.5: *Zuverlässigkeit* (reliability) ist die Wahrscheinlichkeit dafür, daß ein System bzw. eine Komponente während einer vorgegebenen Zeitdauer (*Missionszeit*) ununterbrochen seinen Dienst erfüllt. Man sagt in diesem Zusammenhang, daß das System bzw. die Komponente die Missionszeit überlebt, und spricht deshalb auch von der *Überlebenswahrscheinlichkeit*. Zur Unterscheidung verwendet man auch die Begriffe *System-* und *Komponentenzuverlässigkeit*.

Betrachtet man jedoch ein System längerfristig als ein Gerät, dessen Betriebszeiten sich mit Ausfallzeiten z.B. zwecks Reparatur oder Wartung abwechseln, so ist beispielsweise die Wahrscheinlichkeit interessant, mit der das System zu einem vorgegebenen oder beliebigen Zeitpunkt verfügbar ist.

Definition 1.3.6: *Verfügbarkeit* (availability) ist die Wahrscheinlichkeit dafür, daß ein System bzw. eine Komponente zu einem bestimmten bzw. beliebigen Zeitpunkt den spezifizierten Dienst erbringt unter Berücksichtigung der alternierenden Zeitintervalle, zu denen der Dienst erbracht (Betrieb) bzw. nicht erbracht wird (Ausfall). Man spricht auch hier wie bei der Zuverlässigkeit von *System-* bzw. *Komponentenverfügbarkeit.*

Telefonnetze sind ein typisches Beispiel für Systeme, von denen ständige Verfügbarkeit erwartet wird. Als Entwurfsziel gilt daher für diese Netze, daß die Summe aller Ausfallzeiten innerhalb einer 40jährigen Einsatzdauer zwei Stunden nicht übersteigen darf. Unglücklicherweise ereigneten sich allein in den ersten beiden Jahren dieser Dekade mehrere gravierende Störungen im Telefonnetz der USA, die nach Gray und Siewiorek, 1991, u.a. einen landesweiten Netzausfall für acht Stunden und einen Ausfall der Netzregion für den Mittelwesten von vier Tagen Dauer zur Folge hatten. Bei ISDN-Telefonen wurde beispielsweise auf eine Stromversorgung aus dem Telefonnetz, wie sie bis dahin üblich war, verzichtet. Dies bedeutet, daß diese Telefongeräte vom Stromnetz des jeweiligen Standortes abhängig sind. Gerade bei Katastrophen hat sich jedoch gezeigt, daß die örtliche Stromversorgung häufig ausfällt und somit die Unabhängigkeit der Telefongeräte davon einen wichtigen Vorteil darstellt.

Generell können automatische Fehlererkennung, Diagnose, Wartung, Reparatur und Wiederaufsetzmechanismen Ausfallzeiten verkürzen oder verhindern und somit die Verfügbarkeit erhöhen.

Differenziert man die Verläßlichkeit eines Systems auch nach dem Schweregrad bzw. den Folgen eines Ausfalls, so kommt man zur Sicherheit (safety) als einem Maß für die Zeit bis zum ersten katastrophalen Ausfall und somit zu einem besonderen Aspekt der stochastischen Verläßlichkeitskenngröße Zuverlässigkeit.

2 Elementare Zuverlässigkeitsstrukturen

Die in diesem Kapitel diskutierten elementaren Zuverlässigkeitsstrukturen sind häufig in technischen Systemen anzutreffen. Darüber hinaus spielen sie auch für die Zuverlässigkeitstheorie eine besondere Rolle als Spezialfälle allgemeinerer Zuverlässigkeitsstrukturen und als einfach zu analysierende Systeme, mit deren Hilfe sich die Zuverlässigkeitskenngrößen anderer Systemstrukturen abschätzen lassen. Diese Approximation ist besonders interessant für solche Systeme, die nur mit erheblich höherem Aufwand exakt analysiert werden können.

2.1 Modellbildung

Als System bezeichnet man eine Menge miteinander in Beziehung stehender Komponenten, die zu einem gemeinsamen Zweck integriert sind.

Definition 2.1.1: Ein *System* ist eine als Einheit betrachtete Gesamtheit von Systemteilen, die *Komponenten* genannt werden. Die Komponenten eines Systems seien mit den positiven natürlichen Zahlen von 1 bis n fortlaufend indiziert. Die Menge der Komponentenindizes bildet eine Teilmenge der natürlichen Zahlen IN und wird mit N bezeichnet,

$$N = \{\, j : j \in IN,\ 1 \le j \le n \,\}.$$

Im folgenden wird kein Unterschied mehr zwischen den Komponenten und ihren Indizes gemacht, vielmehr werden die Komponenten immer mit ihren Indizes bezeichnet, insofern wird auch die Menge N als Menge der Systemkomponenten bezeichnet.

Es handelt sich bei dieser Definition um ein zweistufiges Modell mit der System- und der Komponentenebene. Kennzeichnend ist die Atomizität der Komponenten und ihre Kombination zum System innerhalb der durch die Modellierung gerade festgelegten Sichtweise. Die beiden abstrakten Modellebenen lassen sich selbstverständlich auf verschiedene Ebenen realer Systeme abbilden. Beispielsweise kann ein Versorgungsnetz, z.B. für Telekommunikation, Wasser, Gas etc., als System und seine Verbindungsstrecken zwischen den Städten als seine Komponenten angesehen werden. Aus den Verläßlichkeitskenngrößen dieser Verbindungsstrecken als Systemteilen wird dann diejenige des Systems berechnet, wobei jede Verbindungsstrecke als Komponente in diesem Modell als Einheit aufgefaßt und nicht weiter strukturiert wird, selbst wenn sie es in der Realität offensichtlich ist. Andererseits könnte die Modellebene für die Komponenten auch so gewählt werden, daß die tatsächlichen Leitungen sowie die Zwischenstationen in Form von Zwischenverstärkern, Pumpstationen, Zwischenlagern etc. die einzelnen Komponenten des Systems darstellen. Auch das System könnte auf verschiedenen Ebenen angesiedelt werden. So könnte ein Versorgungsnetz beispielsweise aus nationaler, kontinentaler oder globaler Sicht untersucht werden.

Auf den beiden Modellebenen unterscheiden die im folgenden vorgestellten Booleschen Verläßlichkeitsmodelle jeweils zwei Zustände, die hier mit intakt und defekt bezeichnet werden, andernorts auch mit Fehler- und Sollzustand. Diese Zustände können jedoch auch andere Bedeutungen haben wie "an - aus", "aktiv - inaktiv", "ausgelastet - nicht ausgelastet", "arbeitet fehlerfrei - fehlerhaft", "dienstfähig - nicht dienstfähig", "verbunden - unterbrochen", usw. Allgemein kann man diesen Dualismus vielleicht folgendermaßen ausdrücken: Eine Komponente oder ein System erfüllt die ihm zugedachte Aufgabe oder erfüllt sie nicht.

Definition 2.1.2: Das System und jede seiner Komponenten sollen sich jeweils in einem von zwei möglichen Zuständen befinden, die als *intakt* und *defekt* bezeichnet werden.

Da die verschiedenen Verfahren zur Berechnung probabilistischer Verläßlichkeitskenngrößen sich übersichtlich mit Hilfe von Ereignissen beschreiben lassen, werden zunächst die entsprechenden Ereignisse definiert.

Definition 2.1.3: Zur Zuverlässigkeitsberechnung werden folgende Ereignisse verwendet.

$\quad$ B, A $\qquad$ Das System ist intakt, defekt;

$\quad$ b_j, a_j $\qquad$ Komponente j ist intakt, defekt, $j \in N$.

Die Ereignisse, daß sich mehrere Systemkomponenten, nämlich all jene mit $j \in J$ für eine Teilmenge J von N, im gleichen Zustand befinden, lassen sich folgendermaßen abkürzen:

$\quad$ b_J, a_J $\qquad$ Die Komponenten j mit $j \in J$ sind intakt, defekt.

Formal bedeutet dies

$$a_J = \bigcap_{j \in J} a_j \qquad \text{bzw.} \qquad b_J = \bigcap_{j \in J} b_j \, .$$

Folgerung 2.1.4: Das Ereignis, daß für beliebige $I, D \subseteq N$ die Komponenten j mit $j \in I$ intakt und diejenigen für $j \in D$ defekt sind, läßt sich nun folgendermaßen schreiben:

$$b_I \cap a_D = (\bigcap_{j \in I} b_j) \cap (\bigcap_{j \in D} a_j) \, .$$

Der Zustands- und Ereignisraum Ω aller Systemzustände wird von jedem der oben genannten Ereignispaare B, A bzw. b_j, a_j in zwei disjunkte Teilmengen zerlegt.

Definition 2.1.5: Die *Intaktwahrscheinlichkeit* R eines Systems ist die Wahrscheinlichkeit dafür, daß es intakt ist. Sei P ein Wahrscheinlichkeitsmaß $P: \wp(\Omega) \to [0,1]$, so ist

$$R = P\{B\}.$$

Sinngemäß ist die *Defektwahrscheinlichkeit* U die Wahrscheinlichkeit dafür, daß es defekt ist, also

$$U = P\{A\}.$$

Die Intakt- bzw. Defektwahrscheinlichkeit der Systemkomponenten wird für $j \in N$ folgendermaßen bezeichnet:

$$r_j = P\{b_j\} \qquad \text{und} \qquad u_j = P\{a_j\} \, .$$

Die Berechnung probabilistischer Zuverlässigkeitsparameter wird besonders einfach, wenn man annehmen darf, daß sich die Systemkomponenten in ihrem Ausfallverhalten nicht beeinflussen. Diese Annahme der stochastischen Unabhängigkeit ist mit zwei Vorteilen verbunden. Einerseits sind die statistischen Ausgangsdaten für die Elemente leichter zu ermitteln und andererseits vereinfacht sich die Berechnung der Systemzuverlässigkeitsparameter. In realen Systemen sind jedoch sehr häufig stochastische Abhängigkeiten zu beobachten, denn Ausfälle gleicher Ursache und Folgeausfälle spielen in der Praxis eine große Rolle. Dieser wichtige Fragenkomplex liegt jedoch außerhalb dieser Arbeit. Dennoch werden Aussagen über die Berechnung von Kenngrößen der Systemzuverlässigkeit zunächst so formuliert, daß sie auch bei stochastisch abhängigen Elementen gültig sind.

Definition 2.1.6: Die Ereignisse a_j, $j \in N$, heißen genau dann (statistisch, stochastisch) *unabhängig*, wenn für jedes $J \subseteq N$ gilt

$$P\{a_J\} = \prod_{j \in J} P\{a_j\} \, .$$

In diesem Falle nennt man auch die Komponenten *unabhängig*.

2.2 Serien- und Parallelsysteme

Die einfachste Art, die Zuverlässigkeit eines Gerätes zu erhöhen, besteht intuitiv darin, es zu verdoppeln. Diese Fehlertoleranztechnik wird beispielsweise bei doppelten Tanks, gespiegelten Festplatten von Computern und bei Flug- oder Fahrzeugen mit zwei Antriebsaggregaten verwendet. Warum man in diesen Fällen von zweikomponentigen Parallelsystemen spricht, veranschaulicht das folgende Beispiel.

Beispiel 2.2.1:

1. Die Beispielstruktur besteht aus den beiden Komponenten 1 und 2, d.h. N={1,2}. Sie sei intakt, solange mindestens eine der beiden Komponenten 1 oder 2 intakt ist.

   Dies gilt beispielsweise für ein Netz, das mit Hilfe zweier separater paralleler Leitungen zwei Netzknoten unmittelbar miteinander verbinden soll, wie es in der folgenden Abbildung 4 dargestellt ist.

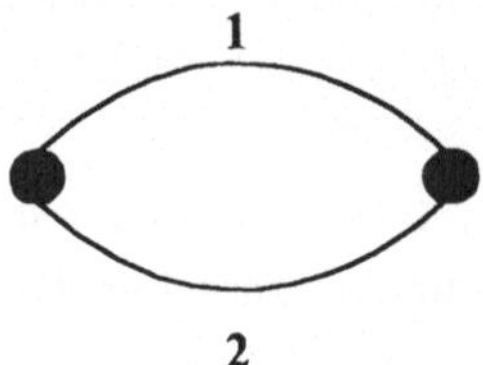

Abb. 4: Zweikomponentiges Parallelsystem

Dieses System ist also nur dann intakt, wenn mindestens eine seiner beiden (parallel angeordneten) Komponenten intakt ist. Es wird deshalb als zweikomponentiges Parallelsystem bezeichnet und besitzt folgende Darstellung mit den in 2.1.3 definierten Ereignissen:

$$B_1 = b_1 \cup b_2,$$
$$A_1 = a_1 \cap a_2 = a_{\{1,2\}}.$$

Stellt nun eine der beiden Komponenten selbst ein System aus zwei parallelen Komponenten dar, so erhält man ein Parallelsystem aus drei Komponenten. Es muß wiederum mindestens eine der drei Komponenten intakt sein, damit das dreikomponentige Gesamtsystem intakt ist. Wiederholt man dieses Verfahren, so kann man Parallelsysteme beliebiger Komponentenzahl konstruieren.

Definition 2.2.2: Ein System aus n Komponenten, das intakt ist, wenn mindestens eine der n Komponenten intakt ist, wird als *Parallelsystem* bezeichnet.

Satz 2.2.3: Daraus ergibt sich für diese Systemstruktur zusammen mit der Tatsache, daß ein Parallelsystem genau dann defekt ist, wenn sämtliche seiner n Komponenten defekt sind,

$$B = \bigcup_{j \in N} b_j \qquad \text{und} \qquad A = \bigcap_{j \in N} a_j \; .$$

Mit dem Ereignis A gilt sich somit für seine Defektwahrscheinlichkeit

$$U = P\{A\} = P\{\bigcap_{j \in N} a_j\}.$$

Im Falle unabhängiger Komponenten erhält man nach den Regeln der Wahrscheinlichkeitsrechnung die Wahrscheinlichkeit des Schnittereignisses als Produkt der Wahrscheinlichkeit der einzelnen geschnittenen Ereignisse bzw. mit den Komponentendefektwahrscheinlichkeiten u_j

$$U = \prod_{j \in N} P\{a_j\} = \prod_{j \in N} u_j \; .$$

Damit ist die Defektwahrscheinlichkeit eines Parallelsystems mit unabhängigen Komponenten gleich dem Produkt der Defektwahrscheinlichkeiten seiner Komponenten.

Beispiel 2.2.4: Für die Defektwahrscheinlichkeiten des Parallelsystem aus Beispiel 2.2.1 gilt

$$U = P\{A\} = P\{a_1 \cap a_2\}$$

bzw. bei unabhängigen Komponenten

$$U = P\{a_1\} P\{a_2\} = u_1 u_2$$

und für die Intaktwahrscheinlichkeiten

$$R = 1-U = u_1 u_2 = (1-r_1)(1-r_2).$$

Beispiel 2.2.5:

2. Das folgende Beispielsystem besteht ebenfalls aus den beiden Komponenten 1 und 2, d.h. $N=\{1,2\}$. Es ist jedoch genau dann intakt, wenn beide Komponenten, also sowohl Komponente 1 als auch Komponente 2, intakt sind. Dies gilt beispielsweise für ein Netz, das wie in der folgenden Abbildung 5 zu sehen über

zwei aufeinanderfolgende separate intakte Leitungen die beiden schwarz markierten Netzknoten miteinander verbinden soll, wobei der weiße Zwischen- und
die schwarzen Endknoten keine ausfallfähigen Systemkomponenten sein sollen.

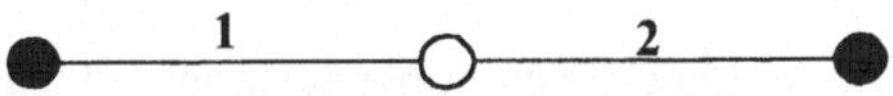

Abb. 5: Zweikomponentiges Seriensystem

Dieses zweikomponentige Systeme ist nur dann intakt, wenn beide Komponenten intakt sind, und wird Seriensystem genannt. Somit erhält man in diesem Fall

$$B_2 = b_1 \cap b_2 = b_{\{1,2\}},$$
$$A_2 = a_1 \cup a_2.$$

Stellt nun eine der beiden Komponenten selbst ein System aus zwei seriellen
Komponenten dar, so erhält man insgesamt ein Seriensystem aus drei Komponenten. Es müssen dann alle drei Komponenten intakt sein, damit das dreikomponentige Gesamtsystem intakt ist. Wiederholt man dieses Verfahren, so kann
man Seriensysteme beliebiger Komponentenzahl konstruieren. Ein anschauliches
Beispiel für diese Systemklasse bildet eine Kette mit den seriell angeordneten
Kettengliedern als Komponenten, die ja bekanntlich nur so stark ist wie ihr
schwächstes Glied.

Definition 2.2.6: Ein System aus n Komponenten, das nur dann intakt ist, wenn
sämtliche n Komponenten intakt sind, heißt *Seriensystem*.

Satz 2.2.7: Daraus ergibt sich für das Seriensystem aus n Komponenten mit Indizes aus N zusammen mit der Tatsache, daß es genau dann defekt ist, wenn mindestens eine seiner n Komponenten defekt ist,

$$B = \bigcap_{j \in N} b_j \qquad \text{und} \qquad A = \bigcup_{j \in N} a_j$$

Mit dem Ereignis B ergibt sich somit für seine Intaktwahrscheinlichkeit

$$R = P\{B\} = P\{\bigcap_{j \in N} b_j\}.$$

Im Falle unabhängiger Komponenten erhält man nach den Regeln der Wahrscheinlichkeitsrechnung die Wahrscheinlichkeit des Schnittereignisses als Produkt der

Wahrscheinlichkeiten der einzelnen geschnittenen Ereignisse bzw. mit den Komponentenintaktwahrscheinlichkeiten r_j

$$R \;=\; \prod_{j \in N} P\{b_j\} \;=\; \prod_{j \in N} r_j \,.$$

Dies bedeutet, daß die Intaktwahrscheinlichkeit eines Seriensystems mit unabhängigen Komponenten gleich dem Produkt der Intaktwahrscheinlichkeiten seiner Komponenten ist.

Beispiel 2.2.8: Für die Intaktwahrscheinlichkeiten des Seriensystems aus Beispiel 2.2.5 gilt

$$R \;=\; P\{B\} \;=\; P\{b_1 \cap b_2\}$$

und bei unabhängigen Komponenten

$$R \;=\; P\{b_1\}\,P\{b_2\} \;=\; r_1 r_2 \,.$$

Serien- und Parallelsysteme können auch als Teile umfassenderer Systeme vorkommen.

Definition 2.2.9: Bestehen die Komponenten eines Serien- oder Parallelsystems ihrerseits jeweils wieder aus Serien- oder Parallelsystemen und so weiter, so spricht man von einem Serien-Parallelsystem.

Beispiel 2.2.10: Ein insgesamt vierkomponentiges System bestehe aus einer Serienstruktur aus zwei jeweils zweikomponentigen Parallelsystemen. Im Netz der folgenden Abbildung, das die beiden schwarz markierten Netzknoten verbinden soll, bilden die Leitungen 1 und 3 sowie 2 und 4 jeweils eine Parallelstruktur. Beide Parallelstrukturen ergeben als Teilsysteme und Komponenten einer Serienstruktur das Gesamtsystem, wobei der weiße Zwischenknoten unerheblich sein soll.

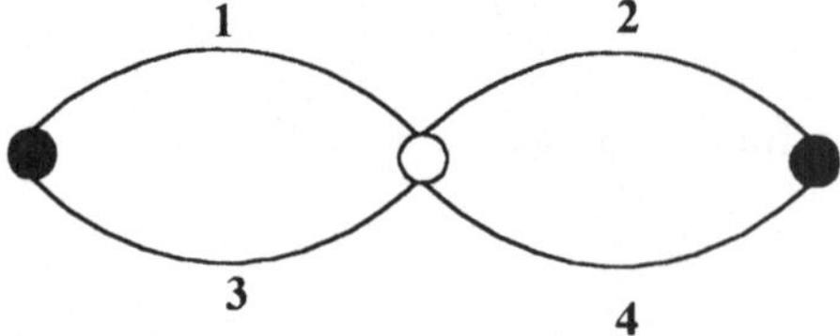

Abb. 6: Serien-Parallelsystem

2.3 k-von-n Struktur

Betrachtet man die Anzahl der für das Funktionieren eines Systems notwendigen
intakten Komponenten, so stellen Serien- und Parallelsysteme zwei Extreme dar.
Im einen Fall müssen alle n Komponenten intakt sein, im anderen lediglich mindestens eine. Diese beiden Systemstrukturen lassen sich als Spezialfälle des umfassenderen Modells der k-von-n Systeme interpretieren, bei denen mindestens k der n
Systemkomponenten für $1 \leq k \leq n$ intakt sein müssen, damit das System funktioniert.

Diese Systeme bilden eine für viele technische Gebiete besonders wichtige Klasse monotoner Zuverlässigkeitsstrukturen. Oft werden sie dazu eingesetzt, durch
eine Mehrheitsentscheidung fehlerhafte Komponenten zu überstimmen und damit
Fehler auszublenden. Man spricht in diesem Zusammenhang auch von Fehlermaskierung.

Definition 2.3.1: *k-von-n Systeme* sind genau dann intakt, wenn mindestens k der
n Systemkomponenten intakt sind.

Ein k-von-n System ist zuverlässiger als ein k'-von-n System aus den gleichen
Komponenten, wenn k<k' gilt. Ferner ist ein k-von-n System (n-k)-fach fehlertolerant.

Folgerung 2.3.2: Mit

$$N_k = \{I: I \subseteq N, |I| \geq k\}$$

gilt für die entsprechenden Ereignisse

$$B_{k,n} = \bigcup_{I \in N_k} (b_I \cap a_{N-I}).$$

Bei stochastischer Unabhängigkeit erhält man für die Intaktwahrscheinlichkeit von
k-von-n Systemen mit $B_{k,n}$

$$R_{k,n} = \sum_{I \in N_k} (\prod_{j \in I} P\{b_j\}) \prod_{j \in N-I} P\{a_j\} = \sum_{I \in N_k} (\prod_{j \in I} r_j) \prod_{j \in N-I} u_j$$

Sind zusätzlich die Komponentenintaktwahrscheinlichkeiten gleich r so erhält man für die Intaktwahrscheinlichkeit

$$R_{k,n} = \sum_{I \in N_k} r^{|I|} u^{n-|I|} = \sum_{i=k}^{n} \binom{n}{i} r^i u^{n-i}.$$

Weitere Formeln für die Intaktwahrscheinlichkeit von k-von-n Systemen findet man z.B. in Heidtmann, 1982c, und Boland, Proschan, 1983. Die numerische Auswertung solcher Formeln ist jedoch für große Systeme sehr rechenintensiv, wenn man gleichzeitig die Binomialkoeffizienten berechnen muß und sie beispielsweise nicht aus einer Tabelle abrufen kann. Einen Algorithmus, der auf der Auswertung der momentegenerierenden Funktion dieser Systeme basiert und die Intaktwahrscheinlichkeit mit linearem Aufwand berechnet, haben Barlow und Heidtmann, 1984, entwickelt. Im Anschluß daran wurden ähnliche Verfahren, die z.B. einen Zeitgewinn auf Kosten des Speicherplatzes erzielen, u.a. von Jain und Gopal, 1985b, Rai et al., 1987, Risse, 1987, Pham und Upadhyaya, 1988, Sarje und Prasad, 1989, Rushdi, 1986, 1991, Upadhyaya und Pham, 1993, Radke und Evanoff, 1994, angegeben bzw. diskutiert. Nach einem gründlichen Vergleich von Rushdi, 1993, wird dort der Algorithmus von Barlow und Heidtmann, 1984, weiterhin zur Berechnung stochastischer Verläßlichkeitskenngrößen für k-von-n Systeme empfohlen.

Da sich die Zuverlässigkeitskenngrößen von k-von-n Systemen sehr effizient berechnet lassen, werden diese Zuverlässigkeitsstrukturen häufig zur Approximation komplexerer Systeme herangezogen.

Definition 2.3.3: Der Spezialfall von k-von-n Systemen, bei dem zusätzlich k gleich der größten natürlichen Zahl kleiner gleich n/2 ist, wird als *NMR-System* (**n modular redundant**) bezeichnet.

Diese Systemklasse wird vielfach in fehlertoleranten Systemen eingesetzt. Dabei wird durch Vervielfältigung erreicht, daß der Ausfall einzelner Komponenten nicht mehr zwangsläufig zum Ausfall des Gesamtsystems führt.

Beispiel 2.3.4: Besonders häufig ist die sogenannte 2-von-3 Struktur anzutreffen, die auch *TMR-System* (**triple modular redundant**) genannt werden. Sie ist intakt, wenn mindestens zwei der drei Komponenten intakt sind. Ein wesentlicher Vorteil dieser Systemstruktur besteht in ihrer Möglichkeit einen Fehler zu erkennen, zu maskieren und ggf. zu korrigieren, solange zwei der drei Komponenten fehlerfrei arbeiten, d.h. sie ist einfach fehlertolerant. Für dieses System gilt:

$$B_{2,3} = (b_1 \cap b_2 \cap a_3) \cup (b_1 \cap a_2 \cap b_3) \cup (a_1 \cap b_2 \cap b_3) \cup (b_1 \cap b_2 \cap b_3)$$

Diese Systemstruktur weist insofern eine Symmetrie auf, als sie genau dann defekt ist, wenn mindestens zwei der drei Komponenten defekt sind.

$$A_{2,3} = (a_1 \cap a_2 \cap b_3) \cup (a_1 \cap b_2 \cap a_3) \cup (b_1 \cap a_2 \cap a_3) \cup (a_1 \cap a_2 \cap a_3)$$

Die Wahrscheinlichkeiten der geklammerten Ereignisse können bei stochastischer Unabhängigkeit durch Multiplikation berechnet werden und wegen der Disjunktheit dieser Ereignisse zur Gesamtwahrscheinlichkeit aufsummiert werden.

$$\begin{aligned} R_{2,3} &= P\{b_1\}P\{b_2\}P\{a_3\} + P\{b_1\}P\{a_2\}P\{b_3\} + P\{a_1\}P\{b_2\}P\{b_3\} \\ &\quad + P\{b_1\}P\{b_2\}P\{b_3\} \\ &= r_1\, r_2 u_3 + r_1\, u_2\, r_3 + u_1\, r_2 r_3 + r_1\, r_2 r_3 \end{aligned}$$

Definition 2.3.5: Bestehen die Komponenten eines k-von-n Systems ihrerseits jeweils aus k_i-von-n_i Systemen für i=1 bis n, so spricht man von einer iterierten oder mehrstufigen k-von-n Struktur.

Ein zweistufiges TMR-System besteht insgesamt aus neun Komponenten, die in drei disjunkte Gruppen zu je drei Komponenten aufgeteilt sind. Jede Gruppe bildet ein Teilsystem mit einer 2-von-3 Redundanzstruktur. Aus den drei Teilsystemen wird das Gesamtsystem wiederum als 2-von-3 Struktur gebildet.

Die Klasse iterierter k-von-n Strukturen enthält diejenige der Serien-Parallelsysteme. Und zwar sind Serien-Parallelsystemen iterierte k-von-n Systeme, bei denen k jeweils nur die Werte 1 oder n annimmt.

Es soll nun eine allgemeinere Klasse von Systemen, die sogenannten k-bis-s-von-n Systeme vorgestellt werden, die für s=n die k-von-n Systeme enthält. Diese Systemklasse wurde erstmals von Heidtmann, 1981, eingeführt und diskutiert sowie von zahlreichen anderen Autoren wie z.B. Jain, Gopal, 1985a, Rushdi, Dehlawi, 1987, Rushdi, 1987, Pham, 1991, Upadhyaya, Pham, 1993, u.a. weiter untersucht. Letztere gehen auch kurz auf die mögliche parallele Ausführung ihres Berechnungsverfahrens ein. Aufgrund ihrer regelmäßigen Zuverlässigkeitsstruktur lassen sich solche Systeme leicht beschreiben und untersuchen. Ferner wurden sie z.B. von Heidtmann, 1982a, zur Approximation der Verläßlichkeit anderer Systeme verwendet.

Definition 2.3.6: Ein *k-bis-s-von-n System* besteht aus n Komponenten und ist genau dann intakt, wenn mindestens k und höchstens s davon intakt sind. Ist s gleich n, so liegt ein k-von-n System vor.

Folgerung 2.3.7: Ein k-bis-s-von-n System ist zuverlässiger als ein k'-bis-s'-von-n System aus den gleichen Komponenten, wenn $k \leq k'$ und $s' \leq s$ sowie zusätzlich $k < k'$

oder $s'<s$ gilt. Ein 2-bis-3-von-4 System ist beispielsweise zuverlässiger als ein 3-bis-3-von-4 System.

3 Das Boolesche Zuverlässigkeitsmodell

In diesem Kapitel steht zunächst der sogenannte strukturelle Aspekt von Systemen bzgl. ihrer Verläßlichkeit im Vordergrund, d.h. das mit der Zeit wechselnde Verhalten bleibt vorerst unberücksichtigt. Im ersten Abschnitt wird das Boolesche Zuverlässigkeitsmodell für allgemeine zweiwertige Systeme eingeführt. Es handelt sich dabei um eine Verallgemeinerung des traditionellen Booleschen Modells für monotone Systeme, mit dem nun auch nichtmonotone Systeme modelliert und bewertet werden können. Anschließend werden im zweiten Abschnitt verschiedene Darstellungsformen der Zuverlässigkeitsstruktur allgemeiner zweiwertiger Systeme diskutiert. In diesen beiden Abschnitten wird eine auf zuverlässigkeitsrelevanten Mengen basierende und intuitiv verständliche Terminologie verwendet.

Die verschiedenen Darstellungsformen der Zuverlässigkeitsstruktur bilden dann im dritten und vierten Abschnitt die Grundlage für die Methoden zur exakten Berechnung der Intakt- und Defektwahrscheinlichkeit allgemeiner zweiwertiger und monotoner Systeme. Bisher sind hierfür nur solche Algorithmen bekannt, deren Rechenzeit ungünstigstenfalls exponentiell mit der Systemkomplexität wächst. Diese Tatsache ist nicht überraschend, da das Problem der exakten Berechnung der Systemzuverlässigkeit NP-schwierig und es daher unwahrscheinlich ist, daß polynomiale Algorithmen entwickelt werden können. Zum einen schließt dieser Umstand nicht aus, daß für gewisse durch strukturelle Besonderheiten definierte Systemklassen polynomiale Algorithmen existieren wie beispielsweise für die elementaren Zuverlässigkeitsstrukturen im vorangegangenen Kapitel oder spezielle Netzstrukturen im nächsten Kapitel. Zum anderen ist in der Praxis meist nicht der denkbar ungünstigste Fall wichtig, sondern eher die punktuelle oder gemittelte Leistungsfähigkeit bezogen auf spezielle praxisrelevante Systemstrukturen oder auf bestimmte häufig auftretende Systemklassen. Dieser Bezug kann auch bei Berechnungsverfahren gleicher Komplexität zu einer sehr unterschiedlichen Beurteilung ihrer praktischen Leistungsfähigkeit führen. Im Abschnitt 3.4 werden unter der Voraussetzung der Monotonieeigenschaft die Berechnungsverfahren vereinfacht und in dieser Form auf die spezielle Klasse der monotonen zweiwertigen Systeme angewendet.

Im letzten Abschnitt dieses Kapitels wird gezeigt, wie sich die Intaktwahrscheinlichkeit als eine der bekannten probabilistischen Verläßlichkeitskenngrößen, z.B. Zuverlässigkeit oder Verfügbarkeit, interpretieren läßt und damit die vorher diskutierten Berechnungsverfahren die entsprechende Kenngröße liefern.

3.1 Intakt- und Defektkombinationen

Der Zusammenhang zwischen Komponenten- und Systemausfall, die sogenannte System-, Zuverlässigkeits- oder Redundanzstruktur, wird in der Zuverlässigkeitstheorie durch logische Funktionen beschrieben. Lediglich für monotone Systeme wurde vereinzelt die Möglichkeit genutzt, neben der Darstellung mit diesen Strukturfunktionen die Systemstruktur auch direkt mit Teilmengen der Komponentenindizes zu spezifizieren. Im folgenden wird eine durchgängig auf den zuverlässigkeitsrelevanten Mengen basierende Darstellungsart für allgemeine zweiwertige Systeme verwendet. Dabei treten gewisse Komponentenmengen, in Form sogenannter Intakt- und Defektkombinationen, als Indexmengen für die Zustandsvariablen der Komponenten auf. Dies hat u.a. den Vorteil, daß direkt mit diesen Mengen intakter bzw. defekter Komponenten gearbeitet und der Umweg über die Strukturfunktion vermieden wird. Danach werden verschiedene Zusammenhänge und Systemeigenschaften wesentlich anschaulicher und leichter verständlich.

Wie bereits im vorangegangenen Kapitel soll das System und jede seiner Komponenten sich jeweils in einem von zwei möglichen Zuständen befinden, die als intakt und defekt bezeichnet werden. Damit bilden alle Kombinationen von intakten und defekten Zuständen für die n Komponenten den Zustands- bzw. Ereignisraum Ω des Modells. In der Modellannahme, daß jede Komponente sich in einem der beiden Zustände befindet, verbirgt sich das Problem ein Fehlermodell anzugeben sowie die hierin definierten Fehler oder Ausfälle innerhalb eines realen Systems zu erkennen und zu lokalisieren.

In der Literatur sind für die zuverlässigkeitsrelevanten Mengen monotoner Systeme die Bezeichnungen Pfad- bzw. Schnittmengen (path sets, cut sets) geläufig. Um sämtliche zweiwertigen Systemstrukturen exakt beschreiben zu können, müssen im allgemeinen Fall wegen der fehlenden Struktureigenschaft der Monotonie diese Mengen durch Mengenpaare ersetzt werden. Die folgende Terminologie aus Heidtmann, 1995, liefert eine möglichst allgemeine, aber dennoch leicht verständliche Begriffsbildung und abstrahiert von der graphischen Darstellung für bestimmte Systemklassen. Sie beschreibt mit Hilfe zuverlässigkeitsrelevanter Mengen den kausalen und logischen Zusammenhang zwischen Komponenten- und Systemzuständen.

Definition 3.1.1: Ein Mengenpaar (I,D) mit $I,D \subseteq N$ wird genau dann eine *Intaktkombination* eines Systems genannt, wenn das Intaktsein der Systemkomponenten aus I und das Defektsein derjenigen aus D die Intaktheit des Systems impliziert. *Defektkombinationen* definiert man analog, d.h. das Intaktsein der Komponenten aus I und das Defektsein derjenigen aus D impliziert die Defektheit des Systems. Die Menge aller Intaktkombinationen eines Systems wird mit $\mathcal{I}$ bezeichnet und diejenige aller Defektkombinationen mit $\mathcal{D}$. Sie bilden jeweils Teilmengen der Potenzmenge des Kartesischen Produktes NxN, d.h.

$$\mathcal{I}, \mathcal{D} \subseteq \mathcal{P}(\text{NxN}).$$

Aus der Exklusivität von Komponentenzuständen folgt, daß für jede Intakt- bzw. Defektkombination (I,D) die beiden Mengen I und D keine Komponente als gemeinsames Element besitzen können. Also gilt sowohl für Intakt- als auch für Defektkombinationen

$$I \cap D = \{\} \ .$$

Jede Systemkomponente kann somit entweder in I, in D oder in N-I-D enthalten sein, so daß es für n Komponenten genau 3^n verschiedene Intakt- bzw. Defektkombinationen gibt.

Durch die Menge $\mathcal{I}$ aller Intaktkombinationen oder diejenige $\mathcal{D}$ aller Defektkombinationen ist ein zweiwertiges System bzgl. seiner Zuverlässigkeitsstruktur zwar eindeutig und vollständig beschrieben, in fast allen Fällen ist diese Darstellungsweise aber sehr redundant.

Beispiel 3.1.2: Die drei folgenden Beispielsysteme bestehen aus den beiden Komponenten 1 und 2, d.h. N=$\{1,2\}$.

1. Das zweikomponentige Parallelsystem aus Beispiel 2.2.1 ist genau dann intakt, wenn mindestens eine Komponente intakt ist. Dies bedeutet, daß genau die Mengenpaare (I,D) Intaktkombinationen sind, bei denen die Menge I mindestens eine Komponente enthält:

$$\mathcal{I}_1 = \{ (\{1\},\{\}), (\{2\},\{\}), (\{1,2\},\{\}), (\{1\},\{2\}), (\{2\},\{1\}) \},$$
$$\mathcal{D}_1 = \{ (\{\},\{1,2\}) \}.$$

2. Das zweikomponentige Seriensystem ist nur dann intakt, wenn beide Komponenten intakt sind. Damit kann nur das Mengenpaar (I,D) eine Intaktkombination sein, bei dem die Menge I aus beiden Komponenten besteht:

$$\mathcal{I}_2 = \{ (\{1,2\},\{\}) \},$$
$$\mathcal{D}_2 = \{ (\{\},\{1\}), (\{\},\{2\}), (\{\},\{1,2\}), (\{1\},\{2\}), (\{2\},\{1\}) \}.$$

3. Das folgende Beispielsystem sei genau dann intakt, wenn eine der beiden Komponenten arbeitet, während die andere beispielsweise zwecks Wartung oder Reparatur pausiert. Das gleichzeitige Arbeiten beider Komponenten könnte zu fehlerhaftem Verhalten, da keine Instanz für die Koordination vorgesehen ist. Beispielsweise könnte es die Ausführung der gleichen Aktion von beiden Komponenten zur Folge haben, während die Aktion lediglich einmal, d.h. auch nur von einer einzigen Komponente, ausgeführt werden soll. Dies bedeutet implizit, daß die jeweils andere Komponente defekt sein muß. Die Mengen der Intakt- und Defektkombinationen lauten in diesem Beispiel folgendermaßen:

$$\mathcal{I}_3 \;=\; \{\,(\{1\},\{2\}),\,(\{2\},\{1\})\,\}\,,$$
$$\mathcal{D}_3 \;=\; \{\,(\{1,2\},\{\}),\,(\{\},\{1,2\})\,\}\,.$$

Diese Beispielsysteme zeichnen sich dadurch aus, daß ihr Systemzustand von jeder Komponente abhängt. Ist hingegen eine Komponente ohne Einfluß auf den Zustand des Systems, wird sie als irrelevant bezeichnet. Solche Komponenten sollen natürlich von vornherein bei Zuverlässigkeitsanalysen unberücksichtigt bleiben, um die Systembeschreibung und Rechnungen zu vereinfachen. Systeme aus lauter irrelevanten Komponenten, deren Zustand also von keiner Systemkomponente abhängt, sind natürlich für die Zuverlässigkeitsanalyse uninteressant.

Definition 3.1.3: Eine Systemkomponente $j \in N$ genau dann *relevant*, wenn es zwei disjunkte Teilmengen I und D von $N-\{j\}$ gibt, so daß $(I \cup \{j\}, D)$ eine Intakt- und $(I, D \cup \{j\})$ eine Defektkombination ist oder umgekehrt. Nicht relevante Komponenten heißen *irrelevant*. In der Literatur werden anstelle von relevant auch die Bezeichnungen wesentlich und eigentlich verwendet. Ein System ist *trivial*, wenn sämtliche Systemkomponenten irrelevant sind.

Mit Hilfe der Intakt- und Defektkombinationen lassen sich bereits deterministische Verläßlichkeitskenngrößen ableiten und verschiedene Systemstrukturen miteinander vergleichen.

Definition 3.1.4: Ein System, das trotz k beliebiger defekter Komponenten intakt bleibt, heißt *k-fach fehlertolerant*. Das größte k, für das ein System k-fach fehlertolerant ist, wird auch als sein *Fehlertoleranzgrad* bezeichnet. Da im Falle höchstens k defekter Komponenten mindestens n-k Komponenten intakt sein müssen, sind für diese Systeme alle Paare (I,D) aus disjunkten Teilmengen I und D von N

mit $|I|{\geq}n{-}k$ Intaktkombinationen. Somit ist ein System mit der Menge $\mathcal{I}$ aller Intakt-
kombinationen k-fach fehlertolerant, wenn für alle $(I,D){\in}\mathcal{I}$ gilt $|I|{\geq}n{-}k$.

Ein System mit der Menge $\mathcal{I}$ aller Intaktkombinationen heißt genau dann *(strukturell) zuverlässiger* als ein System mit der entsprechenden Menge $\mathcal{I}'$, wenn $\mathcal{I}'{\subset}\mathcal{I}$ gilt. Analog läßt sich *(strukturell) unzuverlässiger* mit Hilfe der Defektkombinationen definieren. Da es sich um eine Halbordnung handelt, können nicht einmal alle Systeme mit gleich vielen Komponenten miteinander verglichen werden. Ferner ist ein System, das nicht zuverlässiger ist als ein anderes, nicht unbedingt auch strukturell unzuverlässiger als dieses.

Beispiel 3.1.5: Das zweikomponentige Parallelsystem ist einfach fehlertolerant, da für alle Intaktkombinationen $|I|{\geq}2{-}1$ gilt. Dies bedeutet, daß in seiner Netzdarstellung die Verbindung selbst bei einer beliebigen defekten Kante intakt bleibt. Hingegen ist das zweikomponentige Seriensystem, nicht einmal einfach fehlertolerant, da die Mengenpaare mit $|I|{=}2{-}1$ keine Intaktkombinationen sind und das gleiche gilt beim dritten Beispielsystem für $I{=}\{1,2\}$ mit $|I|{=}2$. Ferner ist z.B. wegen $\mathcal{I}_2{\subset}\mathcal{I}_1$ und $\mathcal{I}_3{\subset}\mathcal{I}_1$ das Parallelsystem zuverlässiger als das Seriensystem und das dritte Beispielsystem, während sich das Seriensystem und das dritte System nach dieser Definition nicht miteinander vergleichen lassen.

Zwei Prinzipien können bei der Zuverlässigkeitsanalyse hilfreich sein: Modularität und Dualität. Letztere eröffnet die Möglichkeit, Verläßlichkeitskenngrößen der zum vorgegebenen System dualen Struktur zu berechnen, und daraus in einfacherer Weise die Kenngrößen des zu untersuchenden Systems abzuleiten. Dies ist insbesondere dann vorteilhaft, wenn das duale System mit weniger Aufwand als das ursprüngliche bewertet werden kann. Im Beispiel 3.1.2 sind lediglich die Systeme 1 und 2 dual zueinander.

Definition 3.1.6: Zwei Systeme heißen genau dann *dual* zueinander, wenn für die Menge $\mathcal{I}_D$ der Intaktkombinationen des einen und die Menge $\mathcal{D}$ der Defektkombinationen des anderen Systems gilt

$$\mathcal{I}_D \;=\; \{(D,I)\colon (I,D){\in}\mathcal{D}\}.$$

Sehr oft bestehen reale Systeme aus strukturierten Teilsystemen. Letztere können als abstrakte Einheiten auf einer Stufe zwischen der im Zusammenhang mit Definition 2.1.1 diskutierten System- und Komponentenebene aufgefaßt werden. Wenn die Komponentenmengen dieser Subsysteme paarweise disjunkt sind und die Zuverlässigkeitsstruktur des Gesamtsystems sich als Funktion der Strukturen der Teilsysteme ausdrücken läßt, spricht man auch von *modularer Zerlegung* und *Modulen*. Diese Betrachtungsweise hat große praktische Bedeutung, da sie dem tatsächlichen hierarchischen und modularen Aufbau technischer Systeme entspricht und eine Möglichkeit bietet, Zuverlässigkeitsmodelle und -berechnungen zu vereinfachen und gleichzeitig ihren Aufwand zu reduzieren. Man spaltet zunächst das System in kleinere paarweise disjunkte Komponentenmengen auf, untersucht jeweils diese als Subsysteme aufgefaßten Module und setzt die Einzelergebnisse in geeigneter Weise zum Gesamtergebnis für das System zusammen (vgl. u.a. Beichelt, 1993). Dadurch können häufig auch aufwandsarme und dennoch gute Approximationen erzielt werden. Bei dem im Beispiel 2.1.10 vorgestellten System könnte man beispielsweise die beiden zweikomponentigen Parallelstrukturen als jeweils ein Module auffassen. Das Gesamtsystem bildet dann eine Serienstruktur aus diesen beiden Parallelstrukturen als Teilsystemen. Besonders interessant sind in diesem Kontext auch sogenannte iterierte Systemstrukturen. Beispielsweise besteht das iterierte 2-von-3 System des Beispiels 2.3.6 aus neun Komponenten, die in drei disjunkte Gruppen als Teilsysteme zu je drei Komponenten aufgeteilt sind. Aus den drei Teilsystemen als Modulen wird das Gesamtsystem wiederum als 2-von-3 Struktur gebildet. Da sich die Voraussetzung der Disjunktheit der Module als sehr restriktiv erwiesen hat, verallgemeinerte Anders, 1992, den Modulbegriff grundlegend. Er untergliedert Systeme in Substrukturen und nennt diese Pseudo-Module. Sie sind durch verschiedene Strukturen auf Komponentenmengen definiert, die im Gegensatz zu den klassischen Modulen nicht paarweise disjunkt sein müssen.

3.2 Darstellungen der Zuverlässigkeitsstruktur

Ein Hauptproblem der Zuverlässigkeitsmodellierung und -bewertung komplexer Systeme bildet die formale Spezifikation und möglichst einfache Darstellung ihrer im vorangegangenen Abschnitt definierten Systemstruktur.

Zur Veranschaulichung von Intakt- und Defektkombinationen kann man z.B. das folgende geometrische Modell verwenden. Die beiden Komponentenzustände intakt und defekt werden mit 1 bzw. 0 bezeichnet und die einzelnen Eckpunkte des n-dimensionalen Einheitswürfels $\{0,1\}^n$ mit α, wobei $\alpha=(\alpha_1,...,\alpha_n)$ ist mit $\alpha_i \in \{0,1\}$ für $i \in N$. Jeder Systemstruktur wird nun die Teilmenge aller Eckpunkte des Einheitswürfels zugeordnet, für die das System intakt ist. Offenbar entspricht jeder Intaktkombination (I,D) ein Intervall des Einheitswürfels, das aus genau den

Eckpunkten besteht, deren Koordinaten α_i für $i \in I$ identisch 1, für $i \in D$ gleich 0 und deren restliche Koordinaten beliebig sind. Dieses Intervall ist geometrisch interpretiert ein Unterwürfel der Dimension n-|I|-|D|.

Beispiel 3.2.1:

4. Das betrachtete Beispielsystem bestehe aus drei Systemkomponenten, also N={1,2,3}. Der Systemzustand beziehe sich auf die Konsistenz der gespeicherten Daten. Das System sei solange intakt, wie zwei Kopien den korrekten Wert enthalten. Es müssen also zur Wahrung der Konsistenz mindestens zwei Kanäle fehlerfrei arbeiten, da über einen einzigen alleinigen intakten Kanal lediglich auch nur eine einzige Kopie aktualisiert, d.h. verändert wird. Ferner tritt auch beim Ausfall aller drei Kanäle kein Konsistenzverlust auf, da die Daten dann zunächst in ihrem alten konsistenten Zustand bleiben und erst später nach der Reparatur mit Hilfe der in einer Hilfsdatei zwischengespeicherten Informationen konsistenzerhaltend aktualisiert werden. Andersherum formuliert fällt dieses System aus, wenn genau nur eine Komponente intakt ist.

$$\mathcal{I}_4 = \{ (\{1,2\},\{\}), (\{1,2\},\{3\}), (\{1,2,3\},\{\}), (\{1,3\},\{\}), (\{1,3\},\{2\}),$$
$$(\{2,3\},\{\}), (\{2,3\},\{1\}), (\{\},\{1,2,3\})\} \;,$$
$$\mathcal{D}_4 = \{ (\{1\},\{2,3\}), (\{2\},\{1,3\}), (\{3\},\{1,2\})\} \;.$$

Die erste Menge wird durch die schwarz ausgefüllten Punkte des dreidimensionalen Würfels der Abbildung 7 veranschaulicht. Dabei repräsentiert beispielsweise der eindimensionale eingerahmte Unterwürfel aus den Punkten (1,1,1) und (1,0,1) die Intaktkombination ($\{1,3\},\{\}$) und der Nullpunkt (0,0,0) die Intaktkombination ($\{\},\{1,2,3\}$).

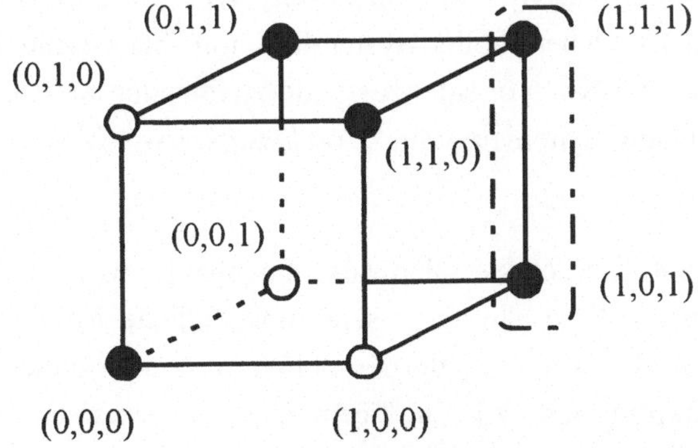

Abb. 7: Geometrische Veranschaulichung des Beispielsystems 4

Die Zweiwertigkeit der Komponentenzustände impliziert jeweils eine atomare, d.h. nicht weiter zerlegbare Aussage für jede Komponente, nämlich diese Komponente ist intakt. Diese Aussage besitzt den Wahrheitswert wahr, falls die entsprechende Komponente intakt ist, und den Wert falsch, falls sie defekt ist. Auf dieser logischen Interpretation basiert die folgende Darstellungsform des Booleschen Zuverlässigkeitsmodells.

Definition 3.1.2: Jeder Systemkomponente j wird eine Variable x_j zugeordnet für $j \in N$, die entsprechend dem zugehörigen Komponentenzustand entweder den Wert wahr oder falsch annimmt. Sie entspricht also einer atomaren Aussage und heißt auch *Indikatorvariable*, da sie den Komponentenzustand anzeigt.

Analog beschreibt eine zweiwertige Variable den Systemzustand. Sie nimmt den Wert wahr an, falls das System funktioniert, und den Wert falsch, wenn es ausgefallen ist. Man geht davon aus, daß der Systemzustand vollständig durch die Komponentenzustände bestimmt ist, so daß man die Abhängigkeit des Systemzustands von den Komponentenzuständen mit Hilfe einer logischen Funktion ausdrücken kann. Andere Bezeichnungen dafür sind binäre oder Boolesche Funktion sowie Schaltfunktion. Wenn im folgenden das Attribut logisch verwendet wird, ist damit stets die zwei- und nicht die mehrwertige Logik gemeint.

Definition 3.1.3: Sei $x = (x_1, x_2, ..., x_n)$ der Vektor der Indikatorvariablen für die Komponentenzustände und ϕ die Indikatorvariable des Systemzustands, so kann man schreiben

$$\phi = \phi(x) \; .$$

Diese logische Funktion $\phi: \{wahr, falsch\}^n \rightarrow \{wahr, falsch\}$ wird *Strukturfunktion* genannt. Andere Namen sind Überlebens- oder Systemfunktion. Sie beschreibt, in welcher Relation die System- und Komponentenzustände zueinander stehen. Man spricht in diesem Zusammenhang synonym von *Zuverlässigkeits-*, *System-* oder *Redundanzstruktur*.

Die Strukturfunktion beschreibt also den kausalen Zusammenhang zwischen Komponenten- und Systemzuständen. Eine allerdings sehr umständliche Möglichkeit, diese Funktion anzugeben, besteht darin, zu jeder Kombination von Argumentwerten den entsprechenden Funktionswert, z.B. in Form einer sogenannten Wahrheitswertetabelle, aufzulisten. Um eine kompaktere und übersichtlichere Darstellung zu erhalten, kann man aus den oben definierten Indikatorvariablen mit Hilfe logischer Verknüpfungen Ausdrücke bilden, die das Systemverhalten bzgl. seiner Verläßlichkeit charakterisieren und damit seine Zuverlässigkeitsstruktur spezifizieren. Es werden fast ausschließlich folgende logische Operatoren verwendet: $\neg$ für die Negation, $\wedge$ für die Konjunktion, ("Und"-Verknüpfung, logisches Produkt), $\vee$ für die Adjunktion ("Oder"-Verknüpfung, auch Alternation oder Disjunktion genannt), $\oplus$ für die Antivalenz ("ausschließendes Oder", auch Bisubtraktion oder exklusive Disjunktion genannt) und $\Rightarrow$ für die Implikation. Übersichtlichkeitshalber wird, um Klammern zu sparen, vereinbart, daß die angegebene Reihenfolge der Operatoren fallende Priorität wiedergibt, so daß die Negation beispielsweise die höchste Priorität besitzt. Für diese Arbeit wurde die weitverbreitete Bezeichnung Disjunktion für die "Oder"-Verknüpfung vermieden, um u.a. Verwechselungen mit der Disjunktheit vorzubeugen, z.B. in Begriffspaaren wie disjunktive und disjunkte Normalform.

Eine Möglichkeit Strukturfunktionen als logische Funktionen darzustellen und damit die Zuverlässigkeitsstruktur graphisch zu veranschaulichen bietet das aus der Informatik bekannte Schaltnetz. Angewendet auf die Zuverlässigkeit bildet sein einziger Ausgang das Hauptereignis (top event), daß das System intakt bzw. defekt ist, repräsentiert durch die Indikatorvariable ϕ für den Systemzustand. Die Eingänge des Schaltnetzes bilden die n Basisereignisse, Komponente i ist intakt bzw. defekt mit der Variablen x_i für i von 1 bis n. Die einzelnen Schaltgatter repräsentieren die logischen Verknüpfungen, welche insgesamt den kausalen und logischen Zusammenhang zwischen den Basisereignissen und dem Hauptereignis wiedergeben. Deshalb werden diese Darstellungen Ereignisbäume genannt und je nachdem, ob das Hauptereignis den Fehler- oder den Sollzustand des Systems bedeutet, als Fehler- oder Sollbaum (Funktions- oder Erfolgsbaum) bezeichnet (vgl. DIN 25424, 1981, 1990).

Beispiel 3.1.4: Die drei folgenden Beispielsysteme bestehen aus den beiden Komponenten 1 und 2, d.h. N={1,2}.

1. Die Zuverlässigkeitsstruktur des zweikomponentigen Parallelsystems aus Beispiel 2.2.1 läßt sich mit Hilfe der Adjunktion formal spezifizieren. Diese System ist genau dann intakt, wenn Komponente 1 intakt, also x_1 wahr, oder Komponente 2 intakt, also x_2 wahr ist. Somit lautet die Strukturfunktion

$$\phi_1(x) = x_1 \vee x_2.$$

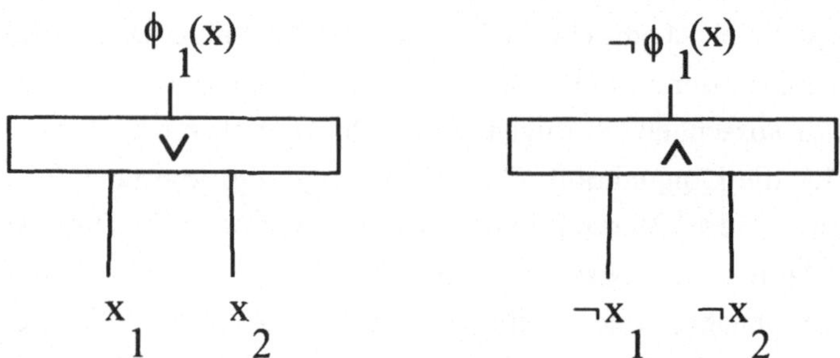

Abb. 8: Soll- und Fehlerbaum des zweikomponentigen Parallelsystems

2. Das zweikomponentige Seriensystem ist dann und nur dann intakt, wenn Komponente 1 intakt, also x_1 wahr, und Komponente 2 intakt, also x_2 wahr ist. Somit erhält man für dieses Beispiel

$$\phi_2(x) \;=\; x_1 \wedge x_2 \,.$$

Meist wird die Produktschreibweise verwendet, bei der das Konjunktionszeichen $\wedge$ weggelassen wird. Die obige Strukturfunktion des zweikomponentigen Seriensystems sieht dann folgendermaßen aus

$$\phi_2(x) \;=\; x_1 x_2.$$

3. Das dritte Beispielsystem aus zwei Komponenten sei genau dann intakt, wenn eine der beiden Komponenten arbeitet, während die andere beispielsweise zwecks Wartung oder Reparatur pausiert. Dies bedeutet implizit, daß die jeweils andere Komponente defekt und somit die entsprechende Indikatorvariable negiert sein muß.

$$\phi_3(x) \;=\; x_1 \,\neg x_2 \;\vee\; \neg x_1 \, x_2$$

Mit dem Operator für die Antivalenz verkürzt sich die Darstellung dieser Funktion:

$$\phi_3(x) \;=\; x_1 \oplus x_2.$$

Eine besondere Bedeutung haben in der Zuverlässigkeitstheorie disjunkte Intakt- bzw. Defektkombinationen und die ihnen entsprechenden Ereignisse. Deren Wahrscheinlichkeiten können dann zur Wahrscheinlichkeit des Gesamtereignisses einfach aufsummiert werden. Diese Vorgehensweise bildet die Grundlage einer Vielzahl weitverbreiteter Algorithmen zur exakten oder approximativen Berechnung der Verläßlichkeitskenngrößen von Systemen. Die wichtigsten werden in den Abschnitten 3.3, 3.4 und im nächsten Kapitel diskutiert.

Definition 3.2.5: Zwei Intakt- bzw. Defektkombinationen heißen genau dann *disjunkt*, wenn mindestens eine Komponente in der ersten Menge der einen Intakt- bzw. Defektkombination und in der zweiten Menge der anderen enthalten ist oder umgekehrt. Damit ist die Disjunktheit zweier Intaktkombination (I,D) und (I',D') definiert durch

$$(I \cap D') \cup (I' \cap D) \neq \{\} .$$

In der geometrischen Veranschaulichung bedeutet Disjunktheit, daß die entsprechenden Kombinationen keinen gemeinsamen Eckpunkt besitzen. Diese Eigenschaft wird auch als Orthogonalität bezeichnet.

Beispiel 3.2.6: Im folgenden werden disjunkte Intaktkombinationen zu den Systemen aus Beispiel 3.1.2 und 3.2.1 angegeben. Die Intaktkombinationen $(I,D)=(\{1\},\{\})$ und $(I',D')=(\{2\},\{1\})$ sind wegen $1 \in I$ und $1 \in D'$ disjunkt. Das gleiche gilt für $(\{2\},\{\})$ und $(\{1\},\{2\})$. Ferner sind die drei Intaktkombinationen $(\{1\},\{2\})$, $(\{2\},\{1\})$ und $(\{1,2\},\{\})$ paarweise disjunkt. Die für die restlichen Beispielsysteme in 3.1.2 und 3.2.1 angegebenen Intaktkombinationen sind bereits disjunkt.

Die folgenden Teilmengen der Menge aller Intakt- bzw. Defektkombinationen sind für die späteren Betrachtungen wichtig, so daß sie nun untersucht werden. Die zunächst diskutierte Kategorie von Teilmengen ist besonders als Hilfsmittel für Beweise interessant, während die andere einer möglichst minimalen Systembeschreibung dient und somit auch zu Analyseverfahren mit relativ geringem Aufwand führt.

Definition 3.2.7: Eine Intakt- bzw. Defektkombination (I,D) mit $I, D \subseteq N$ heißt genau dann *elementar*, wenn $I \cup D = N$ gilt. In diesem Fall bilden die beiden Mengen aufgrund ihrer definitionsgemäßen Exklusivität (vgl. 2.1.3) eine disjunkte Zerlegung von N. Somit kann D durch das Komplement von I bzgl. N oder I durch das Komplement von D bzgl. N ersetzt werden, so daß eine Menge, die sogenannte *elementare Intakt- bzw. Defektmenge* oder einfach *Elementarmenge*, anstelle des Mengenpaares zur exakten Beschreibung ausreicht. Sei $\underline{J}$ das Komplement von J mit $J \subseteq N$ bzgl. N, also

$$\underline{J} = \{j : j \in N, j \notin J\} = \{j : j \in N\text{-}J\}.$$

Die Menge aller elementaren Intakt- bzw. Defektmengen eines Systems soll mit EI bzw. ED bezeichnet werden.

$$\text{EI} \; = \; \{J\colon (J,\underline{J})\in\mathcal{I}\}, \qquad \text{ED} \; = \; \{J\colon (\underline{J},J)\in\mathcal{D}\}$$

Diese Mengen sind jeweils Teilmengen der Potenzmenge von N, d.h. EI, ED$\subseteq \wp(\text{N})$.

Jeder elementaren Intaktkombination $(J,\underline{J})$ oder jeder elementaren Intaktmenge J mit $J\subseteq N$ eines Systems kann in der geometrischen Interpretation genau der Eckpunkt zugeordnet werden, dessen Koordinaten α_i für $i\in J$ identisch 1 und für alle übrigen, d.h. $i\in\underline{J}$, gleich 0 sind.

Beispiel 3.2.8:

1. Die Menge der Intaktkombinationen des zweikomponentigen Parallelsystems enthält die drei elementaren Intaktkombinationen $(\{1\},\{2\})$, $(\{2\},\{1\})$ und $(\{1,2\},\{\})$. Somit gilt
$$\text{EI}_1 \; = \; \{\,\{1\},\{2\},\{1,2\}\,\}\,.$$
Der elementaren Intaktmenge $\{1\}$ entspricht die elementare Intaktkombination $(\{1\},\{2\})$ und der Eckpunkt $(1,0)$ des zweidimensionalen Einheitswürfels.
$$\text{ED}_1 \; = \; \{\,\{1,2\}\,\}$$

2. Die einzige Intaktkombination des zweikomponentigen Seriensystems ist auch elementar.
$$\text{EI}_2 \; = \; \{\,\{1,2\}\,\}$$

3. Im dritten Beispielsystem bestehen sowohl $\mathcal{I}_3$ als auch $\mathcal{D}_3$ ausschließlich aus elementaren Intakt- bzw. Defektkombinationen, d.h.
$\mathcal{I}_3=\{(I,\underline{I})\colon I\in\text{EI}_3\}$ und $\mathcal{D}_3=\{(\underline{D},D)\colon D\in\text{ED}_3\}$. Es gilt in diesem Falle z.B.
$\text{EI}_3=\{I\colon (I,D)\in\mathcal{I}_3 \text{ und } D\subseteq N\}$.

4. Die Menge $\mathcal{I}_4$ enthält die elementaren Intaktkombinationen $(\{1,2\},\{3\})$, $(\{1,2,3\},\{\})$, $(\{1,3\},\{2\})$, $(\{2,3\},\{1\})$ und $(\{\},\{1,2,3\})\}$. Damit erhält man
$\text{EI}_4 \; = \; \{\,\{1,2\},\ \{1,2,3\},\ \{1,3\},\ \{2,3\},\ \{\}\}$.
Die Menge der Defektkombinationen $\mathcal{D}_4$ besteht bereits ausschließlich aus elementaren Defektkombinationen.

Folgerung 3.2.9: Da ein System und seine Komponenten sich jeweils in genau einem der beiden Zustände intakt oder defekt befinden müssen, ist jedes Mengenpaar $(J,\underline{J})$ mit $J\subseteq N$ ist entweder eine Intakt- oder eine Defektkombination, d.h. für jedes $J\subseteq N$ gilt entweder $(J,\underline{J})\in\mathcal{I}$ oder $(J,\underline{J})\in\mathcal{D}$ und damit entweder $J\in\text{EI}$ oder $\underline{J}\in\text{ED}$. Daraus ergibt sich unmittelbar

$$\{(J,\underline{J}): J \in EI\} \quad = \quad \{(J,\underline{J}): J \subseteq N\} - \{(\underline{J},J): J \in ED\} \;,$$
$$\{(\underline{J},J): J \in ED\} \quad = \quad \{(J,\underline{J}): J \subseteq N\} - \{(J,\underline{J}): J \in EI\} \;.$$

Dies bedeutet, daß jedes System aus n Komponenten zusammen genau 2^n elementare Intakt- und Defektkombinationen besitzt repräsentiert durch die Teilmengen von N.

Dies stellt zwar schon eine Reduktion gegenüber sämtlichen 3^n Intakt- und Defektkombinationen eines n-komponentigen Systems dar. Es gibt jedoch noch kleinere als die bisher genannten Mengen EI und ED bzw. $\mathcal{I}$ und $\mathcal{D}$, welche die Zuverlässigkeitsstruktur eines Systems vollständig charakterisieren. Sie eignen sich wegen ihrer Kürze besonders gut zur Beschreibung allgemeiner zweiwertiger Systeme und dienen vielen Verfahren zur Zuverlässigkeitsberechnung als Ausgangspunkt.

Definition 3.2.10: Eine Intaktkombination (I,D) $\in \mathcal{I}$ ist genau dann *minimal*, wenn es keine andere Intaktkombination (I',D') $\in \mathcal{I}$ gibt, die in (I,D) in folgender Weise enthalten ist: $I' \subseteq I$ und $D' \subseteq D$. Analog definiert man die Minimalität von Defektkombinationen. Beide werden jeweils auch *Minimalkombinationen* genannt. Die *Menge aller minimalen Intaktkombinationen* eines Systems wird mit AI und diejenige aller minimalen Defektkombinationen mit AD bezeichnet.

Man kann diese Minimalitätsbedingung auch positiv formulieren. Eine Intaktkombination (I,D)$\in \mathcal{I}$ ist genau dann minimal, wenn für alle Intaktkombinationen (I',D')$\in \mathcal{I}$ gilt, daß aus $I' \subseteq I$ folgt $D' \not\subseteq D$ oder aus $D' \subseteq D$ folgt $I' \not\subseteq I$. Mit Hilfe der minimalen Intaktkombinationen (I,D)$\in$AI kann man sich wie folgt sämtliche elementaren Intaktmengen erzeugen:
$$EI \quad = \quad \{I': I \subseteq I' \subseteq N, D \subseteq \underline{I}' \subseteq N, (I,D) \in VI\} \;.$$

In der geometrischen Interpretation entsprechen den minimalen Intaktkombinationen genau die Intervalle, die in keinem anderen Intervall enthalten sind und deshalb auch z.B. von Shurawlew, 1980, als *maximal* bezeichnet werden. Da jedes Intervall in mindestens einem maximalen Intervall enthalten ist, bilden die maximalen Intervalle eine Überdeckung der ein System charakterisierenden Menge von Eckpunkten des n-dimensionalen Einheitswürfels.

Die Systemstruktur ist bereits durch die minimalen Intakt- oder Defektkombinationen vollständig charakterisiert. Diese Darstellung der Systemstruktur spielt eine wichtige Rolle in der Zuverlässigkeitstheorie und bildet die Grundlage für viele Verfahren zur Zuverlässigkeitsanalyse. Algorithmen zur Berechnung möglichst kleiner Mengen von Minimalkombinationen, die ein System bereits vollständig und eindeutig beschreiben, wurden im Zusammenhang mit der Schaltnetzminimierung entwickelt. Von den damit berechneten möglichst einfachen Mengen von Minimalkombinationen müssen für bestimmte Verfahren der Zuverlässigkeitsberechnung möglichst einfache Mengen disjunkter Intakt- bzw. Defektkombinationen abgeleitet werden.

Aus der Definition 3.2.10 der minimalen Intakt- bzw. Defektkombinationen ergibt sich unmittelbar die einfache Methode, durch die wiederholte Anwendung der Absorptions- und der Verkürzungsregel aus den elementaren Intakt- bzw. Defektkombinationen die minimalen abzuleiten. Der entsprechende Algorithmus besteht also aus zwei Teilen, der Absorption und der Verkürzung. Im Absorptionsteil werden alle Mengenpaare eliminiert, die bereits in einem anderen Mengenpaar enthalten sind, d.h. (I',D') wird genau dann eliminiert, wenn es ein anderes Paar (I,D) gibt mit $I \subseteq I'$ und $D \subseteq D'$. Ein Mengenpaar (I',D') wird genau dann um das Element $i \in I'$ verkürzt, wenn es ein anderes Mengenpaar (I,D) gibt mit $I \subseteq I'-\{i\}$ und $D' \subseteq D \cup \{i\}$, oder es wird um das Element $i \in D'$ verkürzt, wenn es ein anderes Mengenpaar (I,D) gibt mit $D \subseteq D'-\{i\}$ und $I' \subseteq I \cup \{i\}$.

Beispiel 3.2.11: Es werden die Elementarkombinationen der Beispielsysteme 1 bis 4 betrachtet.

1. Das Mengenpaar $(\{1\},\{2\})$ wird zu $(\{1\},\{\})$ verkürzt, da beispielsweise das Mengenpaar $(\{1,2\},\{\})$ ebenfalls vorhanden ist. Anschließend wird das letztgenannte Paar absorbiert, da es nun in dem verkürzten Mengenpaar $(\{1\},\{\})$ enthalten ist. Gleiches gilt für das Mengenpaar $(\{2\},\{1\})$, so daß lediglich die beiden minimalen Intaktkombinationen $(\{1\},\{\})$ und $(\{2\},\{\})$ übrig bleiben. Die einzige elementare Defektkombination $(\{\},\{1,2\})$ ist selbstverständlich auch minimal.

2. Analog erhält man $AI_2 = \{(\{1,2\},\{\})\}$ und $AD_2 = \{(\{1\},\{\}),(\{2\},\{\})\}$.

3. Beim dritten System sind sämtliche elementaren Kombinationen auch schon minimal.

4. Anhand dieses ausführlicheren Beispiels sei der Algorithmus genauer erläutert. Ausgangspunkt für den Algorithmus zur Konstruktion der Minimalkombinationen sind die elementaren Intaktmengen $\{1,2\}$, $\{1,2,3\}$, $\{1,3\}$, $\{2,3\}$ und $\{\}$. Die erste Absorption bringt keine Reduzierung der Anzahl zu berücksichtigender Intaktkombinationen. Die erste Verkürzung verwandelt die erste Intaktkombination $(\{1,2\},\{3\})$ in $(\{1,2\},\{\})$, da die zweite Intaktkombination

$(\{1,2,3\},\{\})$ genau die dazu notwendige Menge $\{1,2,3\}$ an erster Stelle enthält. Damit ist der Zustand der dritten Komponente in diesem Zusammenhang unbedeutend. Danach fällt bei der Absorption die zweite Intaktkombination $(\{1,2,3\},\{\})$ weg, da sie nun in der verkürzten ersten $(\{1,2\},\{\})$ enthalten ist. Im nächsten Schritt wird die folgende Intaktkombination $(\{1,3\},\{2\})$ zu $(\{1,3\},\{\})$ verkürzt, da die erste verkürzte Intaktkombination die dazu notwendige Menge $\{1,2,3\}$ an erster Stelle enthält. Der nachfolgende Absorptionsversuch bringt keine Reduzierung. Bei der dritten Verkürzung wird aus dem gleichen Grund wie bei den vorhergehenden die Intaktkombination $(\{2,3\},\{1\})$ zu $(\{2,3\},\{\})$, womit das endgültige Ergebnis vorliegt:

$$AI_4 \;=\; \{\,(\{1,2\},\{\}),\; (\{1,3\},\{\}),\; (\{2,3\},\{\}),\; (\{\},\{1,2,3\})\,\}.$$

Die Defektkombinationen sind in diesem Beispiel bereits elementar und minimal. Wenn wie in diesem Falle ein System beim Ausfall aller Komponenten in einen sicheren Zustand übergeht, d.h. $(\{\},N)\in \mathcal{I}$, spricht man auch von fail-safe Verhalten. Viele technische Systeme besitzen diese fail-safe Charakteristik. Sie hat wie im vorliegenden Beispiel häufig zur Folge, daß Systeme mit dieser Eigenschaft nicht monoton sind. Die genaue Definition der Monotonie enthält Abschnitt 3.4.

Die Darstellung nichtmonotoner Systeme durch die Menge aller minimalen Intaktkombinationen ist redundant, wenn gewisse minimale Intaktkombinationen zusammen andere enthalten. Im geometrischen Modell überdeckt dann die Vereinigung gewisser maximaler Intervalle die redundanten. Die minimalen Intaktkombinationen, auf die nicht verzichtet werden kann, werden im folgenden definiert.

Definition 3.2.12: Eine Teilmenge aller Minimalkombinationen heißt *unverkürzbar*, wenn sie nur aus solchen Minimalkombinationen besteht, die von den restlichen Minimalkombinationen dieser Menge nicht überdeckt werden. Unverkürzbare Mengen von Minimalmengen werden mit UI bzw. UD bezeichnet.

Beispiel 3.2.13: Für das System mit den elementaren Intaktkombinationen $(\{1,2\},\{3\})$, $(\{1,3\},\{2\})$, $(\{2,3\},\{1\})$, $(\{1\},\{2,3\})$, $(\{2\},\{1,3\})$ erhält man folgende minimale Intaktkombinationen $(\{2\},\{3\})$, $(\{1\},\{3\})$, $(\{1\},\{2\})$, $(\{2\},\{1\})$. Die ersten beiden werden jeweils von den übrigen überdeckt werden. Somit ergeben sich zwei unverkürzbare Mengen minimaler Intaktkombinationen, nämlich $\{(\{2\},\{3\}),\ (\{1\},\{2\}),\ (\{2\},\{1\})\}$ und $\{(\{1\},\{3\}),\ (\{1\},\{2\}),\ (\{2\},\{1\})\}$.

Aus den unverkürzbaren Mengen minimaler Intaktkombinationen lassen sich sämtliche Intaktkombinationen und die elementaren Intaktmengen des betrachteten Systems in folgender Weise ableiten:

$$\mathcal{I} = \{(I',D'): I\subseteq I' \subseteq N\text{-}D, D\subseteq D'\subseteq N\text{-}I, (I,D)\in UI\},$$
$$EI = \{I': I\subseteq I' \subseteq N\text{-}D, (I,D)\in UI\}.$$

Folgerung 3.2.14: Insbesondere die im folgenden Abschnitt 3.4 ausführlich untersuchten monotonen Systeme sowie die für s<n nicht monotonen k-bis-s-von-n Systeme besitzen beispielsweise Systemstrukturen, deren Mengen aller Minimalkombinationen nicht verkürzt werden kann, für die also AI=UI und AD=UD gilt.

Eine möglichst kurze Systembeschreibung ist als gute Basis für numerische Berechnungen wünschenswert. Darum sollte man eine möglichst kleine Menge von Minimalkombinationen berechnen, um damit zu arbeiten. Wenn also eine Menge von Minimalkombinationen vorliegt oder aus einer Systemspezifikation abgeleitet wurde, so ist es ratsam, daraus ggf. andere Mengen von Minimalkombinationen zu bestimmen und sie miteinander bzgl. ihrer Größe zu vergleichen. Beispielsweise gilt im allgemeinen gilt $|AI|\neq|AD|$ und $|UI|\neq|UD|$. Um eine Menge minimaler Defektkombinationen aus einer eben solchen minimaler Intaktkombinationen und umgekehrt herzuleiten, sind lediglich symbolische Manipulationen auszuführen. Im Gegensatz dazu erfordert die Berechnung stochastischer Verläßlichkeitskenngrößen bei großen Mengen von Minimalkombinationen langwierige und deshalb für Rundungsfehler anfällige numerische Rechnungen. Insbesondere vor umfangreichen Modellrechnungen lohnt es sich, eine möglichst kleine Mengen von minimalen Intakt- oder Defektkombinationen z.B. unter Ausnutzung des Dualitätsprinzips zu suchen.

3.3 Berechnung der Intaktwahrscheinlichkeit

Bisher richtete sich die Aufmerksamkeit auf den kausalen Zusammenhang zwischen Komponenten- und Systemzustand. Dieser Teil des Modells wird als deterministisch bezeichnet (vgl. Abbildung 1). Dabei wurden noch nicht die Häufigkeiten oder Wahrscheinlichkeiten von Defekten berücksichtigt. Dies geschieht erst im folgenden probabilistischen Teil. Dessen Grundlage bildet die Intaktwahrscheinlichkeit, welche keinen Zeitbezug aufweist und erst später im Zusammenhang mit Betriebs- und Ausfallzeiten als Verläßlichkeitskenngröße interpretiert wird, z.B. als Zuverlässigkeit oder Verfügbarkeit.

Für die Beurteilung der Berechnungsverfahren werden bisher meist die beiden folgenden Kriterien herangezogen:

- Aufwand zur Ableitung der Berechnungsformel,
- Umfang der errechneten Formel.

Das letzte Kriterium ist besonders dann wichtig, wenn umfangreiche probabilistische Modellrechnungen mit der im deterministischen Teil der Analyse abgeleiteten Berechnungsformel durchgeführt werden sollen. Häufig möchte man beispielsweise die Systemkenngröße für einen bestimmten Wertebereich der probabilistischen Komponentenkenngrößen berechnen, wozu dieser Bereich meist durch entsprechend zahlreiche Stützpunkte diskretisiert und die Formel für jeden dieser Punkte ausgewertet werden muß. Als neues Kriterium muß in Zukunft wohl auch die Parallelisierbarkeit berücksichtigt werden.

Folgerung 3.3.15: Mit den Intakt- bzw. Defektmengen gilt

$$B = \bigcup_{(I,D)\in\mathcal{I}} (b_I \cap a_D) \qquad \text{und} \qquad A = \bigcup_{(I,D)\in\mathcal{D}} (b_I \cap a_D).$$

Mit Hilfe der elementaren Intaktmengen bzw. der minimalen Intaktkombinationen können kürzere Darstellungen des Zusammenhangs zwischen den Ereignissen des Systems und derjenigen seiner Komponenten angegeben werden. Für jedes $J\subseteq N$ ist das durch eine elementare Intaktkombination $(J,\underline{J})$ bzw. -menge J charakterisierte Ereignis $b_J \cap a_{\underline{J}}$ ein Elementarereignis des Ereignisraums (Zustandsraum) aller möglichen Kombinationen von Komponentenzuständen eines Systems aus n Komponenten.

$$\Omega = \bigcup_{J\subseteq N} (b_J \cap a_{\underline{J}}) = \{\omega: \{\omega\}=b_J \cap a_{\underline{J}}, J\subseteq N\}.$$

Folgerung 3.3.16: Die elementaren Intaktmengen beschreiben genau die Elementarereignisse, die den Systemzustand intakt ausmachen, und die elementaren Defektmengen genau diejenigen, welche den Systemzustand defekt bilden. Damit gilt

$$B = \bigcup_{J\in EI} (b_J \cap a_{\underline{J}}) = \{\omega: \{\omega\}=b_J \cap a_{\underline{J}}, J\in EI\}.$$

Für viele Zwecke ist allerdings die Verwendung minimaler Intakt- bzw. Defektkombinationen aus 3.2.10 am vorteilhaftesten, so auch als Ausgangsbasis für einige
der in den folgenden Abschnitten vorgestellten Berechnungsverfahren.

Definition 3.3.17: Im folgenden wird mit *MIS* bzw. *MDS* jeweils eine Menge minimaler Intakt- bzw. Defektkombinationen eines Systems bezeichnet, die möglichst
minimal oder zumindest unverkürzbar sein sollte, um die Darstellung des Systems
und den Berechnungsaufwand für seine Zuverlässigkeitskenngrößen möglichst ge-
ring zu halten. Ferner sei $m_I = |MIS|$ und $m_D = |MDS|$. Wenn es offensichtlich ist,
welche Menge gemeint ist, wird auch häufig m für m_I, m_D oder beide verwendet.

Man verwendet also für die Berechnungsverfahren häufig folgende Darstellung:

$$B = \bigcup_{(I,D)\in MIS} (b_I \cap a_D).$$

Beispiel 3.3.18: Es wird das erste Beispielsystem betrachtet.

1. $b_{\{1\}}$ bezeichnet beispielsweise den Zustand, in dem Komponente 1 intakt ist,
   und $b_{\{1\}} \cap a_{\{2\}}$ denjenigen, in dem zusätzlich Komponente 2 defekt ist. $b_{\{1,2\}}$
   besagt, daß Komponente 1 und 2 intakt sind. Insgesamt gilt mit $\mathcal{I}_1$, EI_1,
   $MIS_1 = AI_1 = UI_1$ und $\mathcal{D}_1 = ED_1 = MDS_1$ nach den Gleichungen aus Folgerung
   3.3.15:

$$B = b_{\{1\}} \cup b_{\{2\}} \cup (b_{\{1\}} \cap a_{\{2\}}) \cup (b_{\{2\}} \cap a_{\{1\}}) \cup b_{\{1,2\}} \qquad \text{mit } \mathcal{I}_1$$
$$= (b_{\{1\}} \cap a_{\{2\}}) \cup (b_{\{2\}} \cap a_{\{1\}}) \cup b_{\{1,2\}} \qquad \text{mit } EI_1$$
$$= b_{\{1\}} \cup b_{\{2\}} \qquad \text{mit } MIS_1,$$
$$A = a_{\{1,2\}}.$$

Ferner besagt etwa $b_{\{1,2\}} \cap a_{\{2,3\}}$, daß Komponente 1 und 2 intakt sowie 2
und 3 defekt sind. Dies bedeutet, daß Komponente 2 gleichzeitig intakt und defekt sein soll und entspricht damit einem unmöglichen Ereignis.

Der Zustands- und Ereignisraum Ω aller Systemzustände wird von jedem der oben
genannten Ereignispaare B, A bzw. b_j, a_j in zwei disjunkte Teilmengen zerlegt.

Die Elementarereignisse bilden jeweils einen Sonderfall der drei folgenden Berechnungsverfahren. Benutzt man sie als Überdeckung, fallen keine weiteren
Schnittmengen an. Aufgrund ihrer Disjunktheit bilden sie eine disjunkte Zerlegung

und bei der Faktorisierung resultieren die Elementarereignisse, wenn man nach sämtlichen Systemkomponenten faktorisiert.

Folgerung 3.3.19: Mit den Elementarereignissen eines Systems gilt

$$R = \sum_{J \in EI} P\{b_J \cap a_{\underline{J}}\} \qquad \text{und} \qquad U = \sum_{J \in ED} P\{b_{\underline{J}} \cap a_J\},$$

sowie im Falle unabhängiger Komponenten

$$R = \sum_{J \in EI} \prod_{j \in J} r_j \prod_{j \in \underline{J}} u_j.$$

Beispiel 3.3.20: Für das System erste Beispielsystem gilt:

1. $R = P\{B\} = P\{b_{\{1\}} \cup b_{\{2\}} \cup (b_{\{1\}} \cap a_{\{2\}}) \cup (b_{\{2\}} \cap a_{\{1\}}) \cup b_{\{1,2\}}\}$

$\quad = P\{(b_{\{1\}} \cap a_{\{2\}}) \cup (b_{\{2\}} \cap a_{\{1\}}) \cup b_{\{1,2\}}\} = P\{b_{\{1\}} \cup b_{\{2\}}\},$

$\quad U = P\{A\} = P\{a_{\{1,2\}}\}.$

Nach Folgerung 3.3.19 erhält man mit den Elementarereignissen

$$R = P\{(b_{\{1\}} \cap a_{\{2\}})\} + P\{(b_{\{2\}} \cap a_{\{1\}})\} + P\{b_{\{1,2\}}\}$$

und im Falle unabhängiger Komponenten

$$R = r_1 u_2 + r_2 u_1 + r_1 r_2,$$
$$U = u_1 u_2.$$

Die Summation über die Elementarereignisse ist ein relativ aufwendiges Verfahren zur Berechnung der Intaktwahrscheinlichkeit darstellt. Im Extremfall müssen $2^n - 1$ Elementarereignisse und die gleiche Anzahl von Summanden aus je n Faktoren berücksichtigt werden. Für umfangreiche Systeme ist dieses Verfahren somit unbrauchbar.

Im wesentlichen unterscheidet man drei Klassen von Methoden zur Auswertung Boolescher Modelle. Eine davon verwendet eine Überdeckung des Ereignisraumes. Da einige Ereignisse in mehreren Ereignismengen auftreten, werden sie zunächst auch bei der Rechnung mehrfach berücksichtigt. Deshalb müssen dann in weiteren Schritten die Wahrscheinlichkeiten dieser mehrfach gezählten Ereignisse wieder abgezogen werden. Diese Korrekturen werden in Zerlegungsverfahren vermieden, indem zunächst die Ereignisse bzw. die entsprechenden (minimalen) Intakt- oder Defektkombinationen disjunkt gemacht werden. Dies erfordert unter Umständen zwar einen erheblichen Aufwand, jedoch wird dadurch die anschließende numerische Auswertung nach dem Additionssatz für Wahrscheinlichkeiten von disjunkten Ereignissen wesentlich vereinfacht. Durch Faktorisieren wird ein System in zwei um jeweils eine Komponente verringerte Systeme aufgeteilt.

3.3.1 Überdeckung

Für das nun diskutierte Berechnungsverfahren wird eine Menge von Ereignissen gesucht $\{E_i: i \in M\}$, die das Ereignis B, daß das System intakt ist, überdecken:

$$B = \bigcup_{i \in M} E_i .$$

Für die Berechnung der Wahrscheinlichkeit einer Vereinigung von Ereignissen kann man das Prinzip des Ein- und Ausschließens, auch Inklusion-Exklusion, Siebmethode, Formel von Poincare-Sylvester genannt, verwenden. Diese aus der Stochastik und Kombinatorik bekannte Methode findet ihre einfachste Anwendung in der Summenformel der Wahrscheinlichkeitsrechnung:

$$P\{E_1 \cup E_2\} = P\{E_1\} + P\{E_2\} - P\{E_1 \cap E_2\}.$$

Wie der Name ausdrücken soll, werden bei diesem Verfahren die Wahrscheinlichkeiten solcher Ereignisse, welche zunächst zu oft berücksichtigt (eingeschlossen) werden, später wieder abgezogen (ausgeschlossen). Im obigen Beispiel wird die Schnittmenge der beiden Ereignisse mit den einzelnen Ereignissen zunächst doppelt berücksichtigt, so daß ihre Wahrscheinlichkeit dann wieder einmal subtrahiert werden muß. Im allgemeinen gilt:

$$P\{B\} = \sum_{\{\} \subset J \subseteq M} (-1)^{|J|-1} P\{\bigcap_{i \in J} E_i\}.$$

Wenn m Ereignisse zu berücksichtigen sind, ergeben sich 2^m-1 Schnittmengen und somit besitzt diese Summe 2^m-1 Summanden.

Sind jedoch zwei Ereignisse disjunkt, so sind sämtliche Schnittmengen, die mit ihnen gebildet werden, leer und liefern also keinen Beitrag zur Summe. Sie können somit von vornherein unberücksichtigt bleiben.

Ergeben sich gleiche Schnittmengen, so können die entsprechenden Summanden zusammengefaßt werden. Dabei können sich diese Summanden aufgrund entgegengesetzter Vorzeichen zu Null addieren, so daß diese identischen Schnittmengen insgesamt keinen Beitrag liefern, oder ihre Summe ist verschieden von Null und kann aufgrund der Identität als ein Summand berücksichtigt werden.

Man beginnt bei der Summation mit den ursprünglichen Ereignissen, bildet dann paarweise Schnittmengen und anschließend Mengen aus einer immer größeren Anzahl sich schneidender Ereignisse. Mit $M(j)=\{J\subseteq N: |J|=j\}$ erhält man dafür

$$P\{B\} = \sum_{j=1}^{m} \sum_{J\subseteq M(j)} (-1)^{j-1} P\{\bigcap_{i\in J} E_i\}.$$

Eine Menge von Ereignissen E_i mit $i\in M$ überdeckt ein Ereignis E genau dann, wenn die Vereinigung der E_i über alle $i\in M$ mit E identisch ist.

$$\bigcup_{i\in M} E_i = E$$

Dabei können sich die Elemente E_i für $i\in M$ einer Überdeckung überlappen, d.h. für $i,j\in M$ mit $i\neq j$ gilt $E_i \cap E_j \neq \{\}$.

Im folgenden werden die Rechenschritte mit Hilfe einer eingeklammerten und hochgestellten Zahl numeriert. Das Ergebnis des ersten Rechenschritts wird also beispielsweise mit $P^{(1)}$ bezeichnet. Die Ergebnisse des folgenden Satzes sind in der Literatur auch unter dem Namen Bonferronische Ungleichungen oder Formel von Poincare-Sylvester bekannt.

Satz 3.3.1.1: Sei $\{E_i: i\in M\}$ eine Überdeckung des Ereignisses E mit $|M|=m$. Definiert man M_j als die Menge aller Teilmengen von M mit j Elementen, $M(j)=\{J: J\subseteq M, |J|=j\}$, so gilt mit

$$P^{(k)} = \sum_{j=1}^{k} (-1)^{j-1} \sum_{J\in M(j)} P\{\bigcap_{i\in J} E_i\}$$

für alle k mit $0 \leq k \leq m$

$$P^{(k'')} \leq P\{E\} \leq P^{(k')}$$

für alle geraden Zahlen k" mit $0\leq k''\leq m$ und alle ungeraden k' mit $0\leq k'\leq m$. Schließlich erhält man

$$P^{(m)} = P\{E\}.$$

$P^{(k)}$ läßt sich für $1 \leq k \leq m$ mit $P^{(0)}=0$ auch folgendermaßen rekursiv berechnen:

$$P^{(k)} = P^{(k-1)} + (-1)^{k-1} \sum_{J \in M(k)} P\{ \bigcap_{i \in J} E_i \} .$$

Beispielsweise überdecken die mit den im Abschnitt 3.2 definierten minimalen Intakt- bzw. Defektkombinationen (I,D) gebildeten Ereignisse $b_I \cap a_D$ das entsprechende Ereignis für den Systemzustand, z.B. das Ereignis B. Daraus läßt sich nun folgendes Verfahren zur Berechnung der Intakt- bzw. Defektwahrscheinlichkeit allgemeiner zweiwertiger Systeme herleiten.

Hilfssatz 3.3.1.2: Für beliebige $I,D,I',D' \subseteq N$ gilt

$$(b_I \cap a_D) \cap (b_{I'} \cap a_{D'}) = b_{(I \cup I')} \cap a_{(D \cup D')}.$$

Daraus folgt, daß für jede Menge J von Mengenpaaren (I,D) mit $I,D \subseteq N$ und

$$JI = \bigcup_{(I,D) \in J} I \, ,$$

$$JD = \bigcup_{(I,D) \in J} D$$

gilt

$$\bigcap_{(I,D) \in J} (b_I \cap a_D) = b_{JI} \cap a_{JD} .$$

Aus Satz 3.3.1.1 und Hilfssatz 3.3.1.2 ergibt sich nun folgendes Verfahren zur Zuverlässigkeitsberechnung, welches zunächst Schranken und abschließend den exakten Wert der Kenngröße liefert.

Satz 3.3.1.3: MIS bzw. MDS sei die Menge der zu berücksichtigenden minimalen Intakt- bzw. Defektkombinationen. Ferner sei m_I die Anzahl zu berücksichtigender minimaler Intaktkombinationen und m_D diejenige der minimalen Defektkombinationen, also $m_I = |MIS|$ und $m_D = |MDS|$. MIS(k) bezeichne die Menge alle Teilmengen von MIS mit k Elementen und MDS(k) seien die entsprechenden Mengen bzgl. MDS. Mit $R^{(0)} = U^{(0)} = 0$ und

$$R^{(k)} = R^{(k-1)} + (-1)^{k-1} \sum_{J \in MIS(k)} P\{ b_{JI} \cap a_{JD} \}$$

$$U^{(k)} = U^{(k-1)} + (-1)^{k-1} \sum_{J \in MDS(k)} P\{ b_{JI} \cap a_{JD} \}$$

für k>0 gilt dann gemäß Satz 3.3.1.1 für gerades k" und ungerades k'

$$R^{(k'')} \leq R \leq R^{(k')},$$
$$U^{(k'')} \leq U \leq U^{(k')}$$

mit $0 \leq k'' \leq m_I$, $0 \leq k' \leq m_I$ bzw. $0 \leq k'' \leq m_D$, $0 \leq k' \leq m_D$ und

$$R = R^{(m_I)},$$
$$U = U^{(m_D)}.$$

Beispiel 3.3.1.4:

5. Zunächst sei ein neues System mit $N=\{1,2,3,4,5,6\}$ und der folgenden Menge minimaler Intaktkombinationen betrachtet.

$$MIS_5 = \{(\{1,2\},\{3\}), (\{1,4\},\{5\}), (\{1\},\{3,6\})\}.$$

Das obige Verfahren liefert nun folgende Werte:

$$R^{(1)} = R^{(0)} + P\{b_{\{1,2\}} \cap a_{\{3\}}\} + P\{b_{\{1,4\}} \cap a_{\{5\}}\} + P\{b_{\{1\}} \cap a_{\{3,6\}}\},$$

$$R^{(2)} = R^{(1)} - P\{b_{\{1,2,4\}} \cap a_{\{3,5\}}\} - P\{b_{\{1,2\}} \cap a_{\{3,6\}}\}$$
$$- P\{b_{\{1,4\}} \cap a_{\{3,5,6\}}\},$$

$$R = R^{(3)} = R^{(2)} + P\{b_{\{1,2,4\}} \cap a_{\{3,5,6\}}\}.$$

Deutet man die einzelnen Berechnungsschritte durch Klammern an, so kann man bei unabhängigen Komponenten folgendermaßen schreiben:

$$R = ((r_1 r_2 u_3 + r_1 r_4 u_5 + r_1 u_3 u_6) - r_1 r_2 u_3 r_4 u_5 - r_1 r_2 u_3 u_6 - r_1 u_3 r_4 u_5 u_6)$$
$$+ r_1 r_2 u_3 r_4 u_5 u_6$$

Im allgemeinen werden wie in diesem Beispiel 2^{m_I} bzw. 2^{m_D} Summanden erzeugt. Diese Zahl kann nur dann von vornherein reduziert werden, wenn Minimalkombinationen paarweise disjunkt sind. Die Disjunktheit von minimalen Kombinationen spielt keine besonders wichtige Rolle als Möglichkeit zur Reduzierung des Aufwands beim Verfahren des Ein- und Ausschließens, da insbesondere die Minimalmengen monotoner Systeme nicht disjunkt sein können. Auslöschungen hingegen wurden eingehend im Zusammenhang mit Netzen untersucht und bei dieser Systemklasse im Kapitel 4 zur Aufwandsreduzierung genutzt.

Fehlerabschätzungen zu dieser Methode des Ein- und Ausschließens als Approximationsverfahren findet man in Heidtmann, 1984a. Diese Untersuchung bezieht sich zwar nur auf monotone System, sie läßt sich jedoch auch auf Systeme ohne Monotonieeigenschaft entsprechend verallgemeinern.

Im obigen Verfahren der Inklusion-Exklusion werden bereits im ersten Schritt sämtliche Elemente einer Menge von Minimalkombinationen verwendet. In vielen Fällen ist es jedoch sinnvoller, erst nach der numerischen Auswertung aller Schnittmengen einer Teilmenge der auszuwertenden minimalen Kombinationen eine weitere Minimalkombination zu berücksichtigen. Diese Methode liefert monotone Schranken und wird nun vorgestellt. Ihr wesentlicher Vorteil besteht darin, daß weitere Minimalkombinationen erst dann bestimmt werden müssen, wenn die aktuelle Näherung noch nicht hinreichend genau ist. Somit wird man häufig mit einer echten Teilmenge der Minimalkombinationen auskommen und dadurch sowohl die strukturelle (symbolische) als auch die numerische Auswertung verkürzen.

Der Aufwand der Inklusions-Exklusions-Methode hängt von der Anzahl der Minimalkombinationen und von derjenigen ihrer nichtleeren Ereignisschnittmengen ab. Sind m Minimalkombinationen zu berücksichtigen und alle Ereignisschnittmengen nicht leer, so ergeben sich zunächst 2^m-1 Summanden für die Intaktwahrscheinlichkeit. Darüber hinaus können sich wie im letzten Beispiel Summanden mit gleichem Absolutwert und entgegengesetztem Vorzeichen wegheben.

3.3.2 Zerlegung

Zerlegungsverfahren können als Spezialfall der Überdeckungsverfahren angesehen werden, wenn die betrachteten Ereignisse alle paarweise disjunkt sind. Ihre Wahrscheinlichkeiten können dann einfach aufsummiert werden. Im allgemeinen liegt aber die Schwierigkeit darin, disjunkte Ereignisse zu finden oder zu konstruieren, deren Wahrscheinlichkeiten einfach zu berechnen sind. Für die Ereignisse E_i einer disjunkten Zerlegung des Ereignisses B, daß das System intakt ist, gilt:

$$B = \bigcup_{i \in M} E_i$$

und

$$E_i \cap E_j = \{\}$$

für alle $i,j \in M$ mit $i \neq j$.

Man unterscheidet zwei Vorgehensweisen bei der Berechnung disjunkter Ereignisse. Die erste besteht darin, aus irgendeiner Kenntnis der Systemstruktur heraus, direkt eine Zerlegung zu bestimmen. Man möchte dabei den Aufwand zur Herleitung der minimalen Kombinationen vermeiden. Beim zweiten Ansatz geht man von eben den durch Minimalkombinationen definierten Ereignissen aus und macht diese disjunkt. Da die minimalen Kombinationen eine kompakte Systembeschreibung darstellen, erhofft man sich von deren Auswertung einen möglichst geringen Rechenaufwand und eine kleine Anzahl resultierender disjunkter Ereignisse. In diesem Fall zerlegt man also das z.B. durch eine geeignete Menge MIS minimaler Intaktkombinationen definierte Ereignis B in disjunkte Ereignisse. In den zunächst diskutierten beiden Zerlegungsverfahren sind die den resultierenden disjunkten Ereignissen zugrundeliegenden Intaktkombinationen ebenfalls disjunkt.

Definition 3.3.2.1: Zwei Ereignisse sind genau dann disjunkt, wenn sie kein gemeinsames Elementarereignis besitzen. Die Disjunktheit von Intakt- bzw. Defektkombinationen (I,D) und (I',D') gemäß 3.2.5 impliziert diejenige der zugehörigen Ereignisse $b_I \cap a_D$ und $b_{I'} \cap a_{D'}$, d.h.

$$(b_I \cap a_D) \cap (b_{I'} \cap a_{D'}) = \{\} .$$

Diese paarweise disjunkten Intakt- bzw. Defektkombinationen werden zu einer Menge ZIS bzw. ZDS zusammengefaßt und als *(disjunkte) Zerlegung* von B bzw. A bezeichnet.

Satz 3.3.2.2: ZIS sei eine Menge von Intaktkombinationen, die eine disjunkte Zerlegung des Ereignisses B definiert. Dann kann man wegen der Additivität des Wahrscheinlichkeitsmaßes P die Intaktwahrscheinlichkeit R eines Systems folgendermaßen berechnen:

$$R = P\{B\} = P\{ \bigcup_{(I,D) \in ZIS} (b_I \cap a_D)\} = \sum_{(I,D) \in ZIS} P\{b_I \cap a_D\}.$$

Für die Defektwahrscheinlichkeit gilt mit einer disjunkten Zerlegung ZDS von A analog

$$U = P\{A\} = P\{ \bigcup_{(I,D) \in ZDS} (b_I \cap a_D)\} = \sum_{(I,D) \in ZDS} P\{b_I \cap a_D\}.$$

Im Falle unabhängiger Komponenten kann man nun in einfacher Weise die entsprechenden Produkte aufsummieren, d.h.

$$R = \sum_{(I,D) \in ZIS} r_I\, u_D \qquad \text{und} \qquad U = \sum_{(I,D) \in ZDS} r_I\, u_D .$$

Für Systeme aus unabhängigen Komponenten mit der gleichen Intakt- bzw. Defektwahrscheinlichkeit r bzw. u folgt daraus z.B. für die Intaktwahrscheinlichkeit des Systems

$$R = \sum_{(I,D)\in ZIS} r^{|I|} u^{|D|}.$$

Satz 3.3.2.3: Der durch die im Anhang aufgeführte rekursive Prozedur D-ZERLEGUNG beschriebene Algorithmus erzeugt ohne Minimalkombinationen als Ausgangspunkt eine disjunkte Zerlegung des vorgegebenen Systems. Sie wird deshalb auch als *direkte Zerlegung* bezeichnet. Initialisiert wird dabei mit $(I,D)=(\{\},\{\})$.

> **Prozedur** D-ZERLEGUNG (I,D)
> *beginn*
>   *falls* $(I,D)\in\mathcal{I}$ *dann* gib (I,D) aus
>   *sonst*
>   *falls* $N-(I\cup D)\neq\{\}$ *dann*
>   *beginn*
>   wähle $j\in N-(I\cup D)$
>   D-ZERLEGUNG $(I\cup\{j\},D)$
>   D-ZERLEGUNG $(I,D\cup\{j\})$
>   *ende*
> *ende*

Die Abfrage in der dritten Zeile der Prozedur lautet allgemein, ob (I,D) einen Intaktzustand des Systems repräsentiert, $b_I \cap a_D \in B$. Dies läßt sich auf verschiedene Art und Weise überprüfen. Eine Möglichkeit ist die in der Prozedur angegebene: Gilt $(I,D)\in\mathcal{I}$? Eine andere nutzt die Minimalkombinationen und besitzt folgende Form: Gibt es eine minimale Intaktkombination (I',D') mit $I'\subseteq I$ und $D'\subseteq D$? Diese Prüfung ist zwar aufwandsärmer, setzt jedoch voraus, daß die Minimalkombinationen bekannt bzw. vorab berechnet sind.

Beispiel 3.3.2.4: Es wird das Beispielsystem 4 aus 3.2.1 mit den drei Festplattenkanälen zur Demonstration herangezogen:

4. Es gilt $(\{\},\{\})\notin\mathcal{I}$ und $\{1,2,3\}-\{\}\neq\{\}$, so daß für j=1 die Prozedur D-ZERLEGUNG$(\{1\},\{\})$ aufgerufen wird. Wegen $(\{1\},\{\})\notin\mathcal{I}$ und $\{1,2,3\}-\{1\}=\{2,3\}\neq\{\}$ wird nun für j=2 D-ZERLEGUNG$(\{1,2\}\{\})$ ausgeführt. Da $(\{1,2\},\{\})$ eine Intaktkombination ist wird diese Menge als erstes Resultat ausgegeben.

Der Algorithmus ruft nach dem Rücksprung mit dem Mengenpaar $(\{1\},\{\})$ und $j=2$ D-ZERLEGUNG$(\{1\},\{2\})$ auf. Wegen $(\{1\},\{2\})\notin \mathcal{I}$ und $\{1,2,3\}-\{1,2\}\neq\{\}$ wird für $j=3$ D-ZERLEGUNG$(\{1,3\},\{2\})$ aufgerufen und von dieser Prozedur das zweite Resultat $(\{1,3\},\{2\})$ ausgegeben.

Nach dem Rücksprung wird wegen $j=3$ D-ZERLEGUNG$(\{1\},\{2,3\})$ ausgeführt. Wegen $(\{1\},\{2,3\})\notin \mathcal{I}$ und $N-\{1,2,3\}=\{\}$ erfolgt nun der Rücksprung zu $j=1$ und $(\{1\},\{\})$. Der Aufruf von D-ZERLEGUNG$(\{1\},\{\})$ führt wegen $(\{1\},\{\})\notin \mathcal{I}$ und $N-\{1\}\neq\{\}$ zu $j=2$ und dem Prozeduraufruf D-ZERLEGUNG$(\{2\},\{1\})$. Wegen $(\{2\},\{1\})\notin \mathcal{I}$ und $N-\{1,2\}\neq\{\}$ wird für $j=3$ D-ZERLEGUNG$(\{2,3\},\{1\})$ aufgerufen und danach als drittes Resultat $(\{2,3\},\{1\})$ ausgegeben.

Danach erfolgt ein Rücksprung und der Aufruf von D-ZERLEGUNG $(\{2\},\{1,3\})$ ohne Resultat. Danach wird mit $(\{\},\{1,2\})$ fortgefahren. Wegen $(\{\},\{1,2\})\notin \mathcal{I}$ und $N-\{1,2\}\neq\{\}$ wird $j=3$ ausgewählt und D-ZERLEGUNG $(\{3\},\{1,2\})$ aufgerufen, ohne ein Ergebnis zu liefern. Nach dem Rücksprung ergibt sich als neues Mengenpaar $(\{\},\{1,2,3\})$, das nach dem Aufruf der Prozedur D-ZERLEGUNG von dieser als letztes Resultat ausgegeben wird.

Insgesamt erhält man also für dieses Beispielsystem die disjunkte Zerlegung:

$$(\{1,2\},\{\}),\ (\{1,3\},\{2\}),\ (\{2,3\},\{1\}),\ (\{\},\{1,2,3\}).$$

Nun wird ein Verfahren angegeben, mit dem man die minimalen Intakt- bzw. Defektkombinationen so zerlegen kann, daß die resultierenden Kombinationen paarweise disjunkt sind. Man bevorzugt als Ausgangspunkt die Minimalkombinationen, da die Hoffnung besteht, so möglichst schnell eine möglichst kleine Zerlegung zu finden. Dies bedeutet, daß das Ereignis B bzw. A durch möglichst wenige und paarweise disjunkte Kombinationen von Komponentenzuständen ausgedrückt werden kann. Da dieser Algorithmus komponentenweise vorgeht, wird im folgenden auch von komponentenweiser oder Abraham-Zerlegung (abgekürzt AZ) gesprochen.

Beispiel 3.3.2.5: Man betrachte das System aus drei Komponenten mit den folgenden beiden Minimalkombinationen: $(\{1\},\{2\}),\ (\{3\},\{\})$. Dies entspricht den Ereignissen $b_{\{1\}}\cap a_{\{2\}}$ und $b_{\{3\}}$, die in der folgenden Abbildung wie in Beispiel 3.2.1 erläutert geometrisch veranschaulicht ist. Dabei entspricht die hintere Seite des Würfels dem Ereignis $b_{\{3\}}$ und die umrandeten Eckpunkte $b_{\{1\}}\cap a_{\{2\}}$.

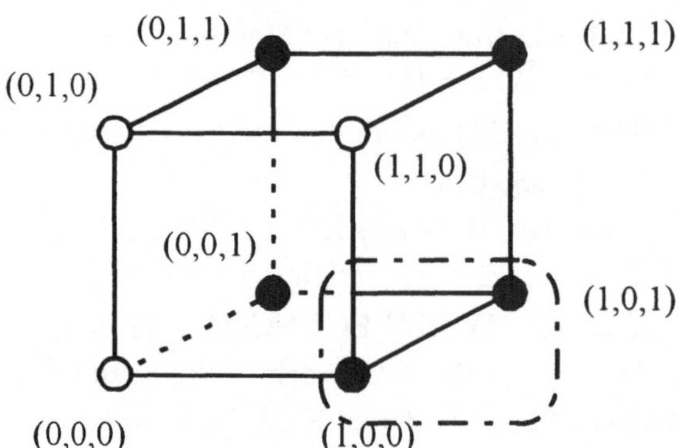

Abb. 9: Geometrische Veranschaulichung des Beispielsystems aus 3.3.2.5

Um nun das zweite Ereignis $b_{\{3\}}$ mit dem ersten $b_{\{1\}} \cap a_{\{2\}}$ disjunkt zu machen, schneidet der Abraham-Algorithmus das zweite Ereignis $b_{\{3\}}$ mit dem Komplement $a_{\{1\}}$ des Teils des ersten Ereignisses, das sich auf die Systemkomponente 1 bezieht (vgl. Abbildung 10 oben links). Daraus resultiert das zu $b_{\{1\}} \cap a_{\{2\}}$ disjunkte Teilereignis $a_{\{1\}} \cap b_{\{3\}}$ von $b_{\{3\}}$ (vgl. Abbildung 10 oben rechts). Im zweiten Schritt wird das erste Ausgangsereignis $b_{\{1\}} \cap a_{\{2\}}$ mit dem Komplement des Ereignisses für die zweite Systemkomponente versehen und somit zum Ereignis $b_{\{1\}} \cap b_{\{2\}}$ (vgl. Abbildung 10 unten links). Dieses wird mit dem zweiten Ausgangsereignis $b_{\{3\}}$ geschnitten, so daß $b_{\{1\}} \cap b_{\{2\}} \cap b_{\{3\}}$ als zweites Ergebnis resultiert (vgl. Abbildung 10 unten rechts). Beide Schritte sind in der folgenden Abbildung 10 veranschaulicht, wobei der Schnitt zweier Würfel jeweils durch zwei Pfeile angedeutet wird und genau die Eckpunkte im resultierenden Würfel schwarz ausgefüllt sind, die in den beiden Ausgangswürfeln schwarz markiert waren. Man erhält also für $b_{\{3\}}$ zwei disjunkte Ereignisse und insgesamt für das Ereignis B, daß das System intakt ist:

$$B = (b_{\{1\}} \cap a_{\{2\}}) \cup (a_{\{1\}} \cap b_{\{3\}}) \cup (b_{\{1\}} \cap b_{\{2\}} \cap b_{\{3\}}) \,.$$

Insgesamt ergibt sich für die Intaktwahrscheinlichkeit dieses kleinen Beispielsystems bei unabhängigen Komponenten folgende Summe:

$$R = r_1 u_2 + u_1 r_3 + r_1 r_2 r_3$$

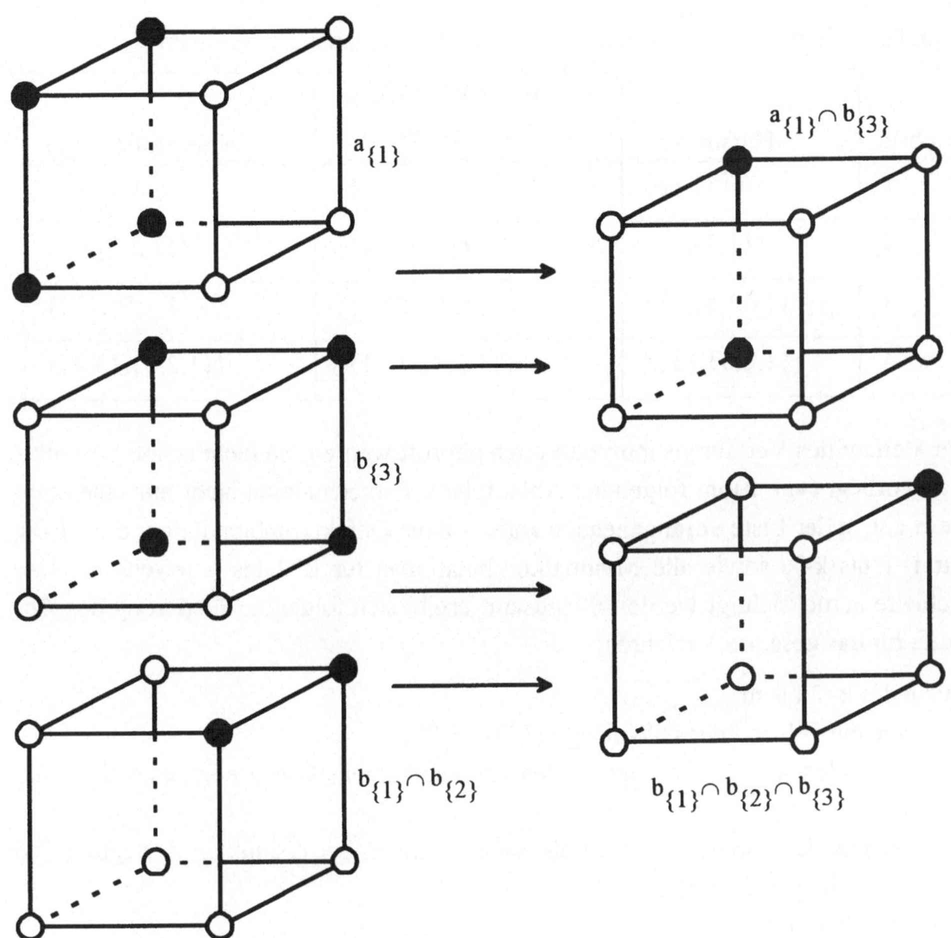

Abb. 10: Darstellung zur Zerlegung nach Abraham

Für die jeweils untere Zeile der folgenden Tabelle 1 wird die Hilfsmenge, wenn sie nur aus Komponentenindizes ohne Zustandsinformation besteht, zum Mengenpaar (I,D) und sie enthält von Anfang an die Intakt- bzw. Defektkombination die mit einer anderen disjunkt gemacht werden soll, also ({5},{}).

Tabelle 1: Generierung disjunkter Intaktkombinationen nach Abraham

Schritt	Hilfsmenge	resultierende disjunkte Intaktkombination	neue Hilfsmenge
1	({5},{})	({5},{1})	({1,5},{})
2	({1,5},{})	({1,5},{2})	({1,2,5},{})
3	({1,2,5},{})	({1,2,3,5},{})	({1,2,5},{3})
4	({1,2,5},{3})	({1,2,4,5},{3})	({1,2,5},{3,4})

Im Verlauf des Verfahrens muß nun noch geprüft werden, ob nicht schon Disjunktheit vorliegt (vgl. 2) im folgenden Ablaufplan). Ferner müssen nicht nur eine, sondern alle in der Liste vorangehenden Intakt- bzw. Defektkombinationen, d.h. $(I,D)_i$ für i=1 bis k-1, sowie alle Minimalkombinationen für k=2 bis n jeweils in einer Schleife berücksichtigt werden. Insgesamt ergibt sich folgende Gliederung des Ablaufs für das gesamte Verfahren:

Für jedes k=2 bis m.

Beginne mit i=1 und der Hilfsmenge $(I,D)=(I,D)_k$.

1) Überprüfen, ob alle vorangehenden Minimalkombinationen berücksichtigt sind: i=k?

    Wenn ja, dann speichere (I,D) als neues Element der disjunkten Zerlegung und gehe ggf. zurück nach 3).

    Sonst fahre fort mit 2).

2) Prüfen auf Disjunktheit: Ist $(I \cap D_i) \cup (D \cap I_i) \neq \{\}$?

    Wenn ja, so liegt Disjunktheit vor. Fahre bei 1) fort mit i+1 anstelle von i.

    Sonst weiter bei 3).

3) Generierung disjunkter Intakt- bzw Defektkombinationen:

    a) Absorption:

        Bilde die Menge $H=(I_i \cup D_i)-(I \cup D)$ noch zu berücksichtigender Komponenten.

    b) Aufspaltung:

        Für jedes j von 1 bis n aus H ergeben sich 2 neue Berechnungszweige:

            Falls j aus I_i, dann fahre mit $D \cup \{j\}$ anstelle von D fort bei 1) mit i+1 anstelle von i (vgl. für k=2, i=1, j=1 den oberen Teil der Abbildung 10)

> und fahre nach Rücksprung mit D-{j} und I∪{j} anstelle von D
> bzw. I fort.
>
> Falls j aus D_i, dann fahre mit I∪{j} anstelle von I fort bei 1) mit i+1 an-
> stelle von i (vgl. für k=2, i=1, j=2 den unteren Teil der Abbildung
> 10) und fahre nach Rücksprung mit I-{j} und D∪{j} anstelle von I
> bzw. D fort.

Der Algorithmus von Abraham, 1979, wird im folgenden Satz vollständig beschrieben. Anschließend wird der für dieses Verfahren charakteristische Schritt 3) als rekursive Prozedur formuliert.

Satz 3.3.2.6: Man ordne die zu berücksichtigenden Minimalkombinationen eines
Systems linear in einer Liste, z.B. $MIS^{(m_I)}=\{(I,D)_k: 1\leq k\leq m_I\}$, und mache jedes
Element der Liste $(I,D)_k$ jeweils disjunkt zu allen vorangehenden Minimalkombinationen $(I,D)_i$ mit $1\leq i<k$ in dieser Liste. Dabei ergeben sich aus einer minimalen
Kombination $(I,D)_k=(I_k,D_k)$ im allgemeinen mehrere Mengenpaare (I,D) für die
disjunkte Zerlegung. Im einzelnen gehe man paarweise folgendermaßen vor
(äußere Schleife):

Für k=2 bis m_I:

> $(I,D)=(I,D)_k$
>
> Ist $(I\cap D_i)\cup(I_i\cap D) \neq \{\}$, so sind die beiden durch (I,D) und $(I,D)_i$ definier-
> ten Ereignisse bereits disjunkt und man kann zur nächsten Vorgänger-Mini-
> malkombination $(I,D)_{i+1}$ oder, wenn kein Vorgänger mehr vorhanden ist und
> somit die disjunkte Zerlegung für diese Minimalkombination bestimmt ist, zur
> Zerlegung der nächsten minimalen Kombination übergehen (nächstes k).
>
> Andernfalls führe man für jede Komponente $j\in(I_i\cup D_i)-(I\cup D)$ folgende An-
> weisung aus (innere Schleife):
>
> > Falls $j \in I_i-(I\cup D)$ ist, bildet (I,D∪{j}) ein Mengenpaar, mit dem im
> > nächsten Schritt der äußeren Schleife fortgefahren wird. Wenn keine
> > Vorgänger-Minimalkombination mehr vorhanden ist, bildet dieses
> > Mengenpaar ein neues Element der Zerlegung. Ansonsten erweitere
> > man für alle folgenden Schritte I um das Element j, d.h. man fährt mit
> > (I∪{j},D) fort.
> >
> > Andernfalls, d.h. für $j \in D_i-(I\cup D)$, bildet (I∪{j}, D) ein Mengenpaar
> > für das weitere Vorgehen, für das man D um j erweitere, oder ein
> > neues Element der Zerlegung.

Angenommen die Liste der minimalen Kombinationen und die Nummer k der jeweils bearbeiteten stehen global zur Verfügung, die Minimalkombinationen $(I,D)_k$ werden von k=2 bis m_I bzw m_D in einer Schleife durchlaufen und jeder dieser Durchläufe wird mit i=1 und $(I,D)=(I,D)_k$ initialisiert. Dann wird die eigentliche Zerlegung von der folgenden rekursive Prozedur A-ZERLEGUNG geleistet:

> **Prozedur** A-ZERLEGUNG (I,D,i)
>   *beginn*
>   *falls* i=k
>   *dann* gib I und D aus
>   *sonst*
>   *falls* $(I \cap D_i) \cup (I_i \cap D) \neq \{\}$
>   *dann* A-ZERLEGUNG (I,D,i+1)
>   *sonst*
>   *beginn*
>   *für alle* $j \in (I_i \cup D_i) - (I \cup D)$
>   *falls* $j \in I_i$
>   *dann*
>   *beginn*
>   A-ZERLEGUNG $(I,D \cup \{j\},i+1)$
> $I = I \cup \{j\}$
>   *ende*
>   *sonst*
>   *beginn*
>   A-ZERLEGUNG $(I \cup \{j\},D,i+1)$
> $D = D \cup \{j\}$
>   *ende*
>   *en de*
>   *ende*

Beispiel 3.3.2.7: Gegeben sei das Beispielsystem 5 aus 3.3.1.4.

5. Ausgangspunkt ist $MIS_5 = \{(\{1,2\},\{3\}), (\{1,4\},\{5\}), (\{1\},\{3,6\})\}$. Die Zerlegung beginnt mit k=2 und i=1, d.h. $(I,D)_1 = (\{1,2\},\{3\})$ und $(I,D) = (I,D)_2 = (\{1,4\},\{5\})$. Mit diesen Parametern wird die Prozedur A-ZERLEGUNG aufgerufen.

   Es ist $(I \cap D_1) \cup (I_1 \cap D) = \{\}$, d.h. die beiden entsprechenden Ereignisse sind nicht disjunkt.

   Da $I_1 - (I \cup D) = \{2\}$ ist, wird zunächst für j=2 wegen i=k-1 für das Mengenpaar $(I,D \cup \{j\})$ das Resultat $(\{1,4\},\{2,5\})$ ausgegeben.

$I=I\cup\{j\}=\{1,2,4\}$

Da $D_1-(I\cup D) = \{3\}$ ist, wird für $j=3$ wegen $i=k-1$ für das Mengenpaar $(I\cup\{j\},D)$ das Resultat $(\{1,2,3,4\},\{5\})$ ausgegeben.

$D=D\cup\{j\}=\{3,5\}$

Nun wird die Bearbeitung der nächsten Minimalkombination begonnen, d.h. $k=3$, und $(I,D)=(I,D)_3=(\{1\},\{3,6\})$ sowie $i=1$.

Es ist $(I\cap D_1)\cup(I_1\cap D) = \{\}$, d.h. die beiden entsprechenden Ereignisse sind nicht disjunkt.

Da $I_1-(I\cup D)=\{2\}$ ist, wird für $j=2$ wegen $i<k-1$ und $(I,D\cup\{j\})=(\{1\},\{2,3,6\})$ die Prozedur A-ZERLEGUNG $((\{1\},\{2,3,6\}),2)$ aufgerufen.

Es ist $(I\cap D_2)\cup(I_2\cap D) = \{\}$, d.h. (I,D) muß mit $(I,D)_2$ disjunkt gemacht werden.

Da $I_2-(I\cup D) = \{4\}$ ist, wird zunächst für $j=4$ wegen $i=k-1$ für $(I,D\cup\{j\})$ das Resultat $(\{1\},\{2,3,4,6\})$ ausgegeben.

$I=I\cup\{j\}=\{1,4\}$

Da $D_2-(I\cup D) = \{5\}$ ist, wird für $j=5$ wegen $i=k-1$ für $(I\cup\{j\}, D)$ das Resultat $(\{1,4,5\},\{2,3,6\})$ ausgegeben.

$D=D\cup\{j\}=\{2,3,5,6\}$

$D_1-(I\cup D) = \{\}$

Resultierende disjunkte Zerlegung:

$(\{1,2\},\{3\}),(\{1,4\},\{2,5\}),(\{1,2,3,4\},\{5\}),(\{1\},\{2,3,4,6\}),(\{1,4,5\},\{2,3,6\}).$

Es gilt somit nach Satz 2.3.2.2

$$R = P\{b_{\{1,2\}}\cap a_{\{3\}}\} + P\{b_{\{1,4\}}\cap a_{\{2,5\}}\} + P\{b_{\{1,2,3,4\}}\cap a_{\{5\}}\}$$
$$+ P\{b_{\{1\}}\cap a_{\{2,3,4,6\}}\} + P\{b_{\{1,4,5\}}\cap a_{\{2,3,6\}}\}.$$

Bei unabhängigen Komponenten folgt daraus für die Intaktwahrscheinlichkeit des Systems

$$R = r_1 r_2 u_3 + r_1 u_2 r_4 u_5 + r_1 r_2 r_3 r_4 u_5 + r_1 u_2 u_3 u_4 u_6 + r_1 u_2 u_3 r_4 r_5 u_6.$$

Häufig produziert dieser Algorithmus zu einem Ereignis viele kleine disjunkte Ereignisse und somit viele Summanden in der Formel für die Intaktwahrscheinlichkeit. Es gibt mehrere Arbeiten in der Literatur, in denen versucht wird, diesen Nachteil zu lindern. Ein Versuch besteht in der Berechnung einer geeigneten Reihenfolge der im oben genannten Algorithmus abzuarbeitenden Liste von Minimalkombinationen. Dabei werden aber nur geringfügige Verbesserungen erzielt. Insbesondere ist darauf zu achten, daß der Aufwand zur Berechnung einer geeigneten Reihenfolge nicht unverhältnismäßig groß wird.

Alle bisher vorliegenden numerischen Ergebnisse zeigen jedoch, daß die folgende Methode von Heidtmann, 1989, wesentlich bessere Ergebnisse, d.h. noch wesentlich weniger disjunkte Ereignisse liefert. Ferner wurde in Anders, 1992, bewiesen, daß sie in keinem Falle schlechter ist, also höchstens so viele Summanden produziert wie die Zerlegungsmethode von Abraham, 1979. Ihr Ergebnis wird daher im folgenden auch als kompakte oder Heidtmann-Zerlegung bezeichnet und mit HZ abgekürzt. Dieses Verfahren von Heidtmann geht zwar ebenfalls von den Minimalkombinationen dieses Systems, verwendet aber im Gegensatz zu Abraham komplementären Ereignissen und erzeugt dadurch weniger disjunkte Ereignisse. Daraus resultieren weniger Summanden und damit eine kürzere Formel für die Intakt- oder Defektwahrscheinlichkeit des analysierten Systems. Diese Komplementbildung bildet den Ausgangspunkt zur Entwicklung des neuen Verfahrens und wird in den folgenden Beispielen veranschaulicht.

Beispiel 3.3.2.8: Zunächst ein einfaches Beispiel zur Demonstration der Vorteile des Zerlegungsverfahrens nach Heidtmann.

Nach dem Verfahren von Abraham wird $b_{\{5\}}$ zu $b_{\{1,2,3,4\}}$ disjunkt gemacht durch die Aufteilung in die folgenden Ereignisse:

$$b_{\{5\}} \cap a_{\{1\}}, \; b_{\{1,5\}} \cap a_{\{2\}}, \; b_{\{1,2,5\}} \cap a_{\{3\}}, \; b_{\{1,2,3,5\}} \cap a_{\{4\}}.$$

Daraus resultieren die vier folgenden Summanden:

$$u_1 r_5, \; r_1 u_2 r_5, \; r_1 r_2 u_3 r_5, \; r_1 r_2 r_3 u_4 r_5.$$

Ein einziges zu $b_{\{1,2,3,4\}}$ disjunktes Ereignis stellt das mit Hilfe seines Komplements

$$\Omega - b_{\{1,2,3,4\}} \; = \; a_{\{1\}} \cup a_{\{2\}} \cup a_{\{3\}} \cup a_{\{4\}}$$

gebildete Ereignis

$$b_{\{5\}} \cap (\Omega - b_{\{1,2,3,4\}})$$

dar. Dabei bezeichnet - die Differenz von Mengen bzw. der entsprechenden Ereignisse. Dieses letzte Ereignis entspricht dem einzigen Summanden $r_5(1 - r_1 r_2 r_3 r_4)$.

Ferner erhält man für das Beispiel in Tabelle 1 anstelle der vier disjunkten Ereignisse lediglich als einziges disjunktes Ereignis

$b_{\{5\}} \cap (\Omega - (b_{\{1,2\}} \cap a_{\{3,4\}}))$ und den Summanden $r_5(1 - r_1 r_2 u_3 u_4)$.

Das folgende Beispiel zeigt die Komplementbildung in einem allgemeineren Fall. Möchte man $b_{\{5\}} \cap a_{\{6\}}$ disjunkt machen zu $b_{\{1,2\}} \cap a_{\{3,4\}}$, so erhält man das Ereignis $(b_{\{5\}} \cap a_{\{6\}}) \cap (\Omega - (b_{\{1,2\}} \cap a_{\{3,4\}}))$, das dem probabilistischen Ausdruck $r_5 u_6 (1 - r_1 r_2 u_3 u_4)$ entspricht und gemeinsam durch die beiden Mengenpaare $(\{5\},\{6\})$ und $(\{1,2\},\{3,4\})$ repräsentiert wird.

Zur geometrischen Veranschaulichung dient wieder das Beispielsystem aus 3.3.2.5. Um das zweite Ereignis $b_{\{3\}}$ mit dem ersten $b_{\{1\}} \cap a_{\{2\}}$ disjunkt zu machen, schneidet der Algorithmus von Heidtmann das zweite Ereignis $b_{\{3\}}$ mit dem Komplement $\Omega - (b_{\{1\}} \cap a_{\{2\}}) = a_{\{1\}} \cup b_{\{2\}}$ des ersten $b_{\{1\}} \cap a_{\{2\}}$. Daraus resultiert wie in der folgenden Abbildung veranschaulicht das zu $b_{\{1\}} \cap a_{\{2\}}$ disjunkte Teilereignis $(a_{\{1\}} \cup b_{\{2\}}) \cap b_{\{3\}}$ von $b_{\{3\}}$. Weiterer Schritte bedarf es nicht, so daß man für $b_{\{3\}}$ nur ein einziges zu $b_{\{1\}} \cap a_{\{2\}}$ disjunktes Ereignisse erhält und insgesamt für das Ereignis B, daß das System intakt ist:

$$B = (b_{\{1\}} \cap a_{\{2\}}) \cup (\Omega - (b_{\{1\}} \cap a_{\{2\}})) \cap b_{\{3\}} .$$

Die Intaktwahrscheinlichkeit des Systems ergibt sich daraus bei unabhängigen Komponenten folgendermaßen:

$$R = r_1 u_2 + (1 - r_1 u_2) r_3 .$$

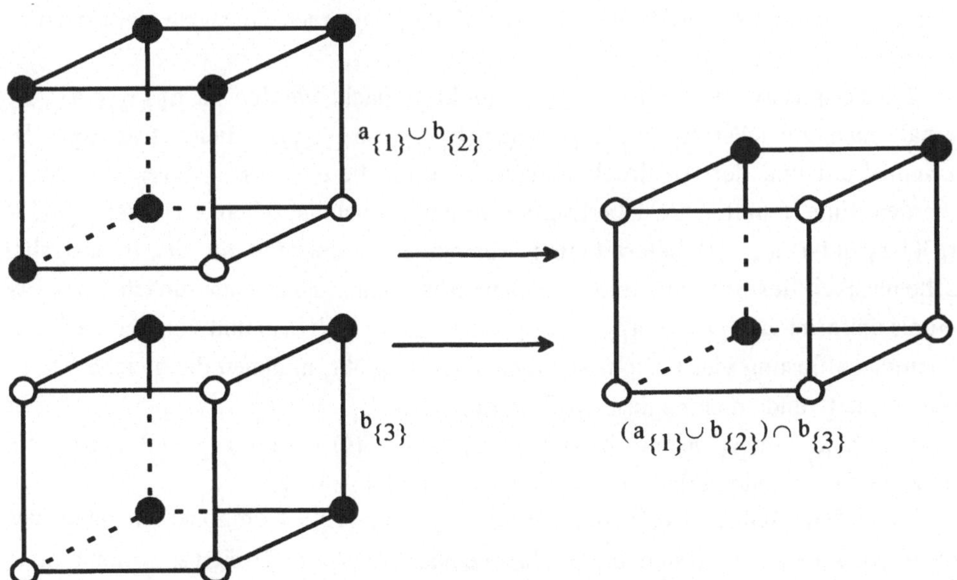

Abb. 11: Darstellung zur Zerlegung nach Heidtmann

Wie das vorangegangene Beispiel zeigt, basiert die kompaktere Zerlegung auf den Komplementen der mit den minimalen Intakt- bzw. Defektkombinationen gebildeten Ereignisse. Der wesentliche Schnitt mit dem genannten Komplement wird im folgenden Hilfssatz allgemein beschrieben.

Hilfssatz 3.3.2.9: Für jedes beliebige Ereignis E ist das Ereignis $E \cap (\Omega - E')$ disjunkt zum Ereignis E'. Sei nun speziell $E' = b_{I'} \cap a_{D'}$, so wird durch den Schnitt mit dem Komplement von E' das zu $b_{I'} \cap a_{D'}$ disjunkte Ereignis $E'' = E \cap (\Omega - (b_{I'} \cap a_{D'}))$ abgeleitet, wobei $E'' \cup E' = E$ gilt. Nach mehrmaligen Schnitten des Ausgangsereignisses $b_I \cap a_D$ mit den Komplementen $\Omega - (b_{I_\ell} \cap a_{D_\ell})$ der Ereignisse $b_{I_\ell} \cap a_{D_\ell}$ für $\ell = 1, .., i$ erhält man den zu all diesen Ereignissen disjunkten Teil des Ausgangsereignisses:

$$ (b_I \cap a_D) \cap \left(\bigcup_{\ell=1}^{i} (\Omega - (b_{I_\ell} \cap a_{D_\ell})) \right) $$

Bei der Verwendung dieser Form von Ereignissen dürfen Teile, die bereits durch andere abgedeckt sind, nicht nochmals berücksichtigt werden. Dies kann dadurch sichergestellt werden, daß jeder Index höchstens einmal in jedem Ereignis auftritt. Ein entsprechendes Verfahren soll anhand der folgenden Beispiele demonstriert werden.

Soll beispielsweise $b_{\{1,5\}} \cap a_{\{6\}}$ disjunkt gemacht werden zu $b_{\{1,2\}} \cap a_{\{3,4\}}$ erhält man zunächst $b_{\{1,5\}} \cap a_{\{6\}} \cap (\Omega - (b_{\{1,2\}} \cap a_{\{3,4\}}))$. Hierin tritt b_1 z.B. zweimal auf und der Ausdruck enthält Teile die bereits von anderen überdeckt werden. Eine unmittelbare Übertragung in den probabilistischen Ausdruck $r_1 r_5 (1 - r_6)(1 - r_1 r_2 (1 - r_3)(1 - r_4))$ liefert keinen korrekten Summanden für die Intaktwahrscheinlichkeit des Systems. Einen solchen erhält man, indem man zunächst das Ereignis umformt zu $b_{\{1,5\}} \cap a_{\{6\}} \cap (a_{\{1\}} \cup a_{\{2\}} \cup b_{\{3\}} \cup b_{\{4\}})$ und von den nach der Klammerauflösung vier Ereignissen diejenigen wegläßt, in denen die gleiche Variable negiert und nichtnegiert vorkommt, also $b_{\{1,5\}} \cap a_{\{6\}} \cap a_{\{1\}}$. Es bleibt $b_{\{1,5\}} \cap a_{\{6\}} \cap (a_{\{2\}} \cup b_{\{3\}} \cup b_{\{4\}}) = b_{\{1,5\}} \cap a_{\{6\}} \cap (\Omega - (b_{\{2\}} \cap a_{\{3,4\}}))$ übrig. Als einzigen Summanden erhält man $r_1 r_5 (1 - r_6)(1 - r_2 (1 - r_3)(1 - r_4))$.

Da in den Mengen $I, I_\ell, D,$ und D_ℓ für $\ell = 1, .., i$ einzelne Komponenten mehrmals auftreten können, läßt sich die Wahrscheinlichkeit dieses Ereignisses nicht ohne weiteres aus denjenigen für die einzelnen Komponenten berechnen. Dazu sind u.a. bestimmte Modifikationen der Mengenpaare $(I,D)_\ell$ für $\ell = 1, .., i$ notwendig. Um diese ggf. modifizierten Mengen von den ursprünglichen unterscheiden zu können, werden die Hilfsmengen I(ℓ) und D(ℓ) für $\ell=0,...,i$ eingeführt. Einzelne davon können auch leer sein und damit keine Bedeutung für die Berechnung der Intakt- bzw. Defektwahrscheinlichkeit besitzen. Man kann sie weglassen. Aus Gründen der Übersichtlichkeit soll jedoch die Umnumerierung der nachfolgenden Hilfsmengen vermieden werden, und deshalb werden in den folgenden Ausführungen die entsprechenden leeren Mengen mitgeführt. Die durch die obige Art von Schnittmengen charakterisierten Ereignisse lassen sich folgendermaßen beschreiben.

Definition 3.3.2.10: Da eine Intakt- bzw. Defektkombination (I,D) zu allen Vorgängern in der Liste, zu denen sie nicht schon von vornherein disjunkt ist, disjunkt gemacht werden muß, charakterisiert eine Folge von Mengenpaaren (I(0),D(0)), (I(1),D(1)), (I(2),D(2)),... mit I(0)=I und D(0)=D ein vorläufiges oder endgültiges Zerlegungselement. Eine Folge aus i+1 Mengenpaaren wird auch einfach folgendermaßen geschrieben: I(0),I(1),...,I(i), D(0),D(1),...,D(i). Sie repräsentiert das Ereignis

$$(^{b}I(0) \cap {}^{a}D(0)) \cap \left(\bigcup_{\ell=1}^{i} (\Omega - (^{b}I(\ell) \cap {}^{a}D(\ell))) \right).$$

Beispiel 3.3.2.11: Für die Intaktkombination ({5},{}) resultierte im Beispiel 3.3.2.8 das zur ersten Minimalkombination ({1,2},{3,4}) disjunkte Zerlegungselement ({5},{1,2},{},{3,4}). Um dieses Element auch zur zweiten Minimalkombination ({1,2,5,7,8},{3,9}) disjunkt zu machen, wird es zunächst aufgespalten in den Teil, der hierzu bereits disjunkt ist, nämlich ({5},{1,2},{},{3}), und den zu letzterem disjunkten Rest ({1,2,5},{},{3}, {4}). Dieser Rest muß nun noch zur zweiten Minimalkombination ({1,2,5,7,8},{3,9}) disjunkt gemacht werden. Dabei erhält man das zweite und letzte Element der Zerlegung nach Heidtmann

(I(0),I(1),I(2),D(0),D(1),D(2)) = ({1,2,5},{},{7,8},{3},{4},{9}).

Die Zerlegung nach Abraham enthält in diesem Fall die ersten drei resultierenden Intaktkombinationen der Tabelle 1, die bereits zur zweiten Minimalkombination disjunkt sind. Die vierte resultierende Intaktkombination dieser Tabelle muß, um zusätzlich Disjunktheit mit dieser Minimalkombination zu erzielen, in drei Intaktkombinationen aufgespalten werden. Somit besteht die Abraham-Zerlegung in diesem Beispiel wie in der folgenden Tabelle 2 aufgelistet aus 6 Intaktkombinationen, während die Zerlegung nach Heidtmann lediglich 2 Elemente besitzt.

Tabelle 2: Elemente verschiedener Zerlegungsverfahren für $(I,D)_3=(\{5\},\{\})$

Schritt i	disjunkt zu	Abraham	Heidtmann
1	$(\{1,2,5\},$ $\{3,4\})$	$(\{5\},\{1\})$ $(\{1,5\},\{2\})$ $(\{1,2,3,5\},\{\})$ $(\{1,2,4,5\},\{3\})$	$(\{5\},\{1,2\},\{\},\{3,4\})$
2	$(\{1,2,5,7,8\},$ $\{3,9\})$	$(\{5\},\{1\})$ $(\{1,5\},\{2\})$ $(\{1,2,3,5\},\{\})$ $(\{1,2,4,5\},\{3,7\})$ $(\{1,2,4,5,7\},\{3,8\})$ $(\{1,2,4,5,7,8,9\},\{3\})$	$(\{5\},\{1,2\},\{\},\{\},\{3\},\{\})$ $(\{1,2,5\},\{\},\{7,8\},\{3\},\{4\},\{9\})$

Bevor man entsprechende Ereignisse disjunkt macht, wird sinnvollerweise geprüft, ob sie nicht schon bereits disjunkt sind. Beispielsweise ist das Ereignis $b_{\{5\}}\cap a_{\{6\}}$ $\cap(\Omega-(b_{\{1,2\}}\cap a_{\{3,4\}})$ bereits disjunkt zum Ereignis $b_{\{1,2,7\}}\cap a_{\{3,4,8\}}$ oder $a_{\{5\}}$.

Es besteht auch die Möglichkeit, daß ein vorläufiges Zerlegungselement bereits zu einer Minimalkombination disjunkt ist. Ein Kriterium zur Überprüfung dieses in 3.3.2.8 bereits exemplifizierten Sachverhalts liefert der folgende Hilfssatz.

Hilfssatz 3.3.2.12: Ein vorläufiges Zerlegungselement $I(0),...,I(i-1)$, $D(0),..,D(i-1)$ einer Minimalkombination ist genau dann disjunkt zu einer (Vorgänger-) Minimalkombination $(I,D)_i$, wenn $(I(0)\cap D_i)\cup(D(0)\cap I_i)\neq\{\}$ oder es ein l gibt mit $1\leq l\leq i-1$ und $I(l)\cup D(l)\neq\{\}$ sowie $I(l)\subseteq I_i$ und $D(l)\subseteq D_i$

Im Verlauf des gesamten Zerlegungsverfahrens müssen nicht nur eine, sondern alle in der Liste vorangehenden Intakt- bzw. Defektkombinationen, d.h. $(I,D)_i$ für i=1 bis k-1, sowie alle Minimalkombinationen für k=2 bis n jeweils in einer Schleife berücksichtigt werden. Insgesamt ergibt sich folgende Gliederung des Ablaufs für das gesamte Verfahren:
Für jedes k=2 bis m.
Beginne mit i=1 und der Hilfsmenge $(I(0),D(0))=(I,D)_k$ sowie $I(l)=D(l)=\{\}$ für $l=1$ bis k.

1) Überprüfen, ob alle vorangehenden Minimalkombinationen berücksichtigt sind:
   i=k?
   Wenn ja, dann speichere (I(0),...I(k),D(0),...D(k)) als neues Element der disjunkten Zerlegung und gehe ggf. zurück nach 3).
   Sonst fahre fort mit 2).
2) Ist (I(0),...I(i-1),D(0),...,D(i-1)) disjunkt zu $(I,D)_i$ (vgl. Hilfssatz oben)?
   Wenn ja, setze I(i)=D(i)={ } und fahre bei 1) fort mit i+1 anstelle von i.
   Sonst weiter bei 3).
3) Generierung disjunkter Zerlegungselemente:
   a) Aufspaltung:
      Für jedes l von 1 bis i-1 mit $(I(l){\cap}I_i){\cup}(D(l){\cap}D_i){\neq}\{\}$ ergeben sich zwei neue Berechnungszweige:
         Gehe mit $I(l){\cap}I_i$ anstelle von I(l) und mit $D(l){\cap}D_i$ anstelle von D(l) nach 1) mit i+1 anstelle von i, und fahre nach Rücksprung mit $I(l)\text{-}I_i$ anstelle von I(l) und mit $D(l)\text{-}D_i$ anstelle von D(l) fort.
   b) Absorption:
      Setze $I(i)=I_i$ und $D(i)=D_i$ und vermindere I(i) und D(i) um die Elemente von I(l) bzw. D(l) für l von 0 bis i-1.
      Falls I(i) oder D(i) nicht leer ist,
         vermindere I(l) und D(l) für l von 1 bis i-1um die Elemente von I(i) bzw. D(i) und fahre mit i+1 anstelle von i bei 1) fort.

Im Anschluß an den folgenden Satz wird der für dieses Verfahren charakteristische Schritt 3) als rekursive Prozedur formuliert.

Satz 3.3.2.13: Man ordne die zu berücksichtigenden Minimalkombinationen eines Systems in einer Liste und mache jedes Element der Liste $(I,D)_k$ jeweils disjunkt zu allen vorangehenden minimalen Kombinationen $(I,D)_i$ für i<k. Dabei entstehen aus einer Minimalkombination $(I,D)_k$ im allgemeinen mehrere Elemente (I(0),I(1),..,I(i-1),D(0),D(1),..,D(i-1)) für die disjunkte Zerlegung. Im einzelnen gehe man paarweise so vor (äußere Schleife):
Initialisierung jeweils $I(0)=I_k$ und $D(0)=D_k$ sowie I(l)=D(l)={ } für l=1 bis k.
   Ist $(I(0){\cap}D_i){\cup}(I_i{\cap}D(0)){\neq}\{\}$ oder gibt es ein l mit $1{\leq}l{\leq}i\text{-}1$ und $I(l){\cup}D(l){\neq}\{\}$ sowie $I(l){\subseteq}I_i$ und $D(l){\subseteq}D_i$, so sind die beiden durch (I(0),I(1),...,I(i-1), D(0),D(1)),...,D(i-1)) und $(I,D)_i$ definierten Ereignisse bereits disjunkt, und

man kann mit $I(i)=D(i)=\{\}$ zur nächsten Vorgänger-Minimalkombination $(I,D)_{i+1}$ oder, wenn kein Vorgänger mehr vorhanden ist und somit die disjunkte Zerlegung für diese minimalen Kombination bestimmt ist, zur Zerlegung der nächsten Minimalkombination (I,D) übergehen.

Für jedes l von 1 bis i-1 mit $(I(l)\cap I_i)\cup(D(l)\cap D_i)\neq\{\}$ fahre mit $I(l)\cap I_i$ anstelle von $I(l)$ und mit $D(l)\cap D_i$ anstelle von $D(l)$ mit dem nächsten Schritt der äußeren Schleife fort, also mit i+1 anstelle von i.

Vermindere $I(l)$ ggf. um die Elemente von I_i, $D(l)$ um die von D_i.

Setze $I(i)=I_i$ und $D(i)=D_i$ und vermindere $I(i)$ und $D(i)$ um die Elemente von $I(l)$ bzw. $D(l)$ für l von 0 bis i-1.

Falls $I(i)$ oder $D(i)$ nicht leer ist, vermindere $I(l)$ und $D(l)$ für l von 1 bis i-1 um die Elemente von $I(i)$ bzw. $D(i)$ und fahre mit i+1 anstelle von i im nächsten Schritt der äußeren Schleife fort.

Die Liste der zu berücksichtigenden Minimalkombinationen und die Nummer k der jeweils bearbeiteten Kombination stehen global zur Verfügung. In einer äußeren Schleife werden die Minimalkombinationen $(I,D)_k$ von k=2 bis m_I bzw m_D durchlaufen. Jeder dieser Durchläufe wird mit i=1 und $I(0)=I_k$, $D(0)=D_k$ sowie $I(l)=D(l)=\{\}$ für $l=1,...,k$ initialisiert. Dann leistet folgenden rekursiven Prozedur H-ZERLEGUNG die wesentlliche Arbeit:

Prozedur H-ZERLEGUNG $(I(0),...,I(k),D(0),...,D(k),i)$
  beginn
    falls $i=k$
      dann gib $I(0),...,I(k),D(0),...,D(k)$ aus
      sonst
        falls $I(0),...,I(k),D(0),...,D(k)$ disjunkt zu $(I,D)_i$ ist
          dann H-ZERLEGUNG $(I(0),...,I(k),D(0),...,D(k),i+1)$
        sonst
          beginn
            für alle $l=0$ bis k
              beginn
                $HI(l)=I(l)$, d.h. Hilfsvariablen initialisieren
                $HD(l)=D(l)$
              ende
            für alle $l=1$ bis $i-1$
              beginn
                $HI(l)=I(l)\cap I_i$
                $HD(l)=D(l)\cap D_i$
                falls $HI(l)\neq\{\}$ oder $HD(l)\neq\{\}$
                    dann ZERLEGUNG$(HI(0),..,HI(k),HD(0),..,HD(k),i+1)$
                $HI(l)=I(l)-I_i$
                $HD(l)=D(l)-D_i$
                $HI(0)=HI(0)\cup(I(l)\cap I_i)$
                $HD(0)=HD(0)\cup(D(l)\cap D_i)$
              ende

$$HI(i)=I_i-\bigcup_{l=0}^{i-1} I(l)$$

$$HD(i)=D_i-\bigcup_{l=0}^{i-1} D(l)$$

            falls $HI(i)\neq\{\}$ oder $HD(i)\neq\{\}$ *dann*
              beginn
                für alle $l=1$ bis $i-1$
                  beginn
                    $HI(l)=HI(l)-HI(i)$
                    $HD(l)=HD(l)-HD(i)$
                ende
                H-ZERLEGUNG $(HI(0),...,HI(k),HD(0),...,HD(k),i+1)$
              ende
           ende
  ende

Beispiel 3.3.2.14: Gegeben sei das Beispielsystem 5 aus 3.3.1.4.

5. Ausgangspunkt ist wieder $MIS_5=\{(\{1,2\},\{3\}),(\{1,4\},\{5\}),(\{1\},\{3,6\})\}$.

Die Zerlegung beginnt mit k=2 und i=1, d.h. und $(I(0),D(0))=(I,D)_2=(\{1,4\},\{5\})$ und $(I,D)_1=(\{1,2\},\{3\})$. Mit diesen Parametern wird die Prozedur H-ZERLEGUNG aufgerufen.

Es ist $(I(0)\cap D_1)\cup(I_1\cap D(0)) = \{\}$, d.h. die beiden entsprechenden Ereignisse sind nicht disjunkt.

Es ist $I(1)=I_1-(I(0)\cup D(0)) = \{2\}$, $D(1)=D-(I(0)\cup D(0))=\{3\}$, und man erhält beim folgenden Aufruf von H-ZERLEGUNG $(\{1,4\},\{2\},\{5\},\{3\}$, 2) wegen i=k als neues Element der Zerlegung $(I(0),I(1),D(0),D(1))=(\{1,4\},\{2\},\{5\},\{3\})$.

Nun wird die Bearbeitung der nächsten Minimalkombination begonnen, d.h. k=3, und $(I(0),D(0))=(I,D)_3=(\{1\},\{3,6\})$ sowie i=1.

Es ist $(I(0)\cap D_1)\cup(I_1\cap D(0)) = \{\}$, d.h. die beiden entsprechenden Ereignisse sind nicht disjunkt.

Wegen $I(1)=I_1-(I(0)\cup D(0))=\{2\}$ und $D(1)=D_1-(I(0)\cup D(0))=\{\}$ wird H-ZERLEGUNG$(\{1\},\{2\},\{3,6\},\{\},1)$ aufgerufen.

Es ist $(I(0)\cap D_2)\cup(I_2\cap D(0)) = \{\}$, d.h. $(I(0),I(1),D(0),D(1))$ muß mit $(I,D)_2$ disjunkt gemacht werden.

Da $I(2)=I_2-(I(0)\cup D(0)\cup I(1)\cup D(1)) = \{4\}$ und $D(2)=D_2-(I(0)\cup D(0)\cup I(1)\cup D(1)) = \{5\}$ ist, wird wegen i=k-1 im nächsten äußeren Schritt i=k und als Resultat das neue Zerlegungselement $(\{1\},\{2\},\{4\},\{3,6\},\{\},\{5\}))$ ausgegeben.

Resultierende disjunkte Zerlegung:
$(\{1,2\},\{3\})$, $(\{1,4\},\{2\},\{5\},\{3\})$, $(\{1\},\{2\},\{4\},\{3,6\},\{\},\{5\})$
Es ergeben sich die disjunkten Ereignisse

$$b_{\{1,2\}}\cap a_{\{3\}}\ ,$$
$$(b_{\{1,4\}}\cap a_{\{5\}})\cap(\Omega-(b_{\{2\}}\cap a_{\{3\}}))\ ,$$
$$(b_{\{1\}}\cap a_{\{3,6\}})\cap(\Omega-(b_{\{2\}}))\cap(\Omega-(b_{\{4\}}\cap a_{\{5\}}))$$

und somit folgende Summe für die Intaktwahrscheinlichkeit

$$R = P\{b_{\{1,2\}}\cap a_{\{3\}}\} + P\{b_{\{1,4\}}\cap a_{\{5\}}\cap(\Omega-(b_{\{2\}}\cap a_{\{3\}}))\}$$
$$+ P\{b_{\{1\}}\cap a_{\{3,6\}}\cap(\Omega-b_{\{2\}})\cap(\Omega-(b_{\{4\}}\cap a_{\{5\}}))\}.$$

Bei unabhängigen Komponenten ist die Systemintaktwahrscheinlichkeit

$$R = r_1 r_2 u_3 + r_1 r_4 u_5 (1 - r_2 u_3) + r_1 u_3 u_6 (1 - r_2)(1 - r_4 u_5) \, .$$

Dies sind nur drei im Gegensatz zu den fünf Summanden bei der Abraham-Zerlegung im Beispiel 3.3.2.7.

3.3.3 Faktorisierung

In diesem Abschnitt werden Rechenverfahren behandelt, die auf der Regel von der totalen Wahrscheinlichkeit beruhen. Dabei wird eine Zerlegung des Stichprobenraums in zwei disjunkte Teile vorgenommen.

Satz 3.3.3.1: Sei E_i für $i=1,..,m$ eine Zerlegung des Stichprobenraums Ω. Dann gilt nach der Regel von der totalen Wahrscheinlichkeit für jedes Ereignis E aus Ω

$$P\{E\} = \sum_{i=1}^{m} P\{E_i\} \, P\{E|E_i\} \, .$$

In den Anwendungen wird dabei in den meisten Fällen eine Komponente i ausgewählt und für m=2 die beiden Ereignisse Komponente i intakt bzw. defekt betrachtet. Diese disjunkten Ereignisse bilden nämlich eine Zerlegung des Stichprobenraums, denn gemäß der Modellannahme muß eines der beiden Ereignisse ja auf jeden Fall eintreten. In beiden Fällen, wenn Komponente i intakt ist, wie wenn diese Komponente ausgefallen ist, entsteht jeweils ein neues System aus den restlichen n-1 Komponenten. Auf diese Weise ist das ursprüngliche Problem mit n Systemkomponenten in zwei kleinere Probleme mit jeweils n-1 Komponenten zerlegt worden. Meistens wird dieses Verfahren als *Faktorisierung* bezeichnet, selten auch als Shannonsche Expansion. Zur Lösung der beiden kleineren Probleme kann man dann irgend eines der genannten Verfahren heranziehen. Besonders groß ist der Vorteil jedoch, wenn die Komponente i so geschickt gewählt wird, daß die resultierenden kleineren Systeme Strukturen besitzen, die sich besonders effizient behandeln lassen. Beispiele dafür enthält das Kapitel 4. Man kann auch die beiden entstehenden Systeme wiederum faktorisieren und gelangt dann schließlich in letzter Konsequenz wie in 3.3.19 zur Summation über die Elementarereignisse.

Satz 3.3.3.2: Seien B_i+ bzw. B_i- die beiden Ereignisse, daß das System bei intakter (+) bzw. defekter (-) Komponente i intakt ist, so gilt bei unabhängigen Komponenten

$$R = r_i \, P\{B_i+\} + u_i \, P\{B_i-\} \, .$$

Beispiel 3.3.3.3: Es sei das vierte System aus Beispiel 3.2.11 betrachtet.

4. Zunächst wird nach Komponente 1 faktorisiert. Dabei entsteht wegen der Minimalmengen $(\{1,2\},\{\})$, $(\{1,3\},\{\})$ das Ereignis

$$B_1{}^+ = b_{\{2\}} \cup b_{\{3\}} \, ,$$

und wegen $(\{2,3\},\{\})$ und $(\{\},\{1,2,3\})$

$$B_1{}^- = b_{\{2,3\}} \cup a_{\{2,3\}} \, .$$

Somit gilt

$$R = r_1 \, P\{b_{\{2\}} \cup b_{\{3\}}\} + u_1 \, P\{b_{\{2,3\}} \cup a_{\{2,3\}}\} \, .$$

Wird nun weiter nach Komponente 2 faktorisiert, so erhält man

$$(B_1{}^+)_2{}^+ = b_{\{3\}} \cup a_{\{3\}} \, ,$$
$$(B_1{}^+)_2{}^- = b_{\{3\}} \, ,$$
$$(B_1{}^-)_2{}^+ = b_{\{3\}} \, ,$$
$$(B_1{}^-)_2{}^- = a_{\{3\}}$$

und schließlich besitzen nach der dritten Faktorisierung lediglich folgende Ereignisse die Wahrscheinlichkeit 1 und diejenige der übrigen verschwindet:

$$((B_1{}^+)_2{}^+)_3{}^+, \ ((B_1{}^+)_2{}^+)_3{}^-, \ ((B_1{}^+)_2{}^-)_3{}^+, \ ((B_1{}^-)_2{}^+)_3{}^+, \ ((B_1{}^-)_2{}^-)_3{}^- \, .$$

Für die Intaktwahrscheinlichkeit gilt somit

$$R = r_1 \, (r_2(r_3 + u_3) + u_2 r_3) + u_1 \, (r_2 r_3 + u_2 u_3) \, .$$

Die Faktorisierung ist nur dann von Vorteil, wenn sie nach wenigen Schritten zu Systemen führt, deren Zuverlässigkeit aufgrund ihrer Struktur leicht berechnet werden kann. Um hierfür aber den Weg zu finden, also zu entscheiden nach welchen Variablen in welcher Reihenfolge faktorisiert werden soll, wären im allgemeinen aufwendige Such- und Entscheidungsverfahren notwendig. Diese können aufwendiger sein als die Lösung des Zuverlässigkeitsproblems mit anderen Methoden. Ohne besondere Vorkehrungen und ohne eine entsprechende Redundanzstruktur liefert dieses Verfahren nach 2^n Schritten sämtliche Elementarereignisse. In diesem Fall gilt für diese Methode das bereits für die Summation über die Elementarereignisse Gesagte, nämlich daß es für sich allein bei umfangreichen Systemen zu aufwendig wird. Bei Netzstrukturen ist es hingegen sehr häufig möglich durch entsprechende Verfahren, z.B. in Form begleitender Reduktions- und Suchverfahren, die Faktorisierung gezielt und wirkungsvoll einzusetzen. Wie im folgenden Kapitel gezeigt wird, ist sie darüber hinaus bei Netzen sehr anschaulich.

Beim Vergleich der Verfahren zur Zuverlässigkeitsberechnung kann man folgende Tendenzen erkennen (vgl. Heidtmann, 1995). Läßt man spezifische Eigenschaften der Struktur von Systemen unberücksichtigt, so ist der Aufwand und das Ergebnis der Faktorisierung abhängig von der Anzahl der Systemkomponenten. Dies gilt in abgeschwächter Form auch für die direkte Zerlegung. Der Berechnungsaufwand beim Verfahren der Inklusion-Exklusion hingegen wird im wesentlichen bestimmt durch die Anzahl der zugrundeliegenden Minimalkombinationen. Die Größe der Abraham-Zerlegung hängt ebenfalls von dieser Anzahl ab. Hinzu kommt allerdings, daß bei der Generierung disjunkter Ereignisse für jede einzelne Minimalkombination insbesondere auch die Anzahl der Systemkomponenten von Bedeutung ist. Diese Abhängigkeit von der Komponentenzahl wird jedoch beim Zerlegungsverfahren nach Heidtmann vermieden.
Insgesamt legen die bisher erzielten Ergebnisse Vermutung nahe, daß auch bei nichtmonotoner Systemstruktur die Heidtmann-Zerlegung für große Systeme wesentlich weniger Summanden erzeugt, als die übrigen vier diskutierten Verfahren. Ferner sind die einzelnen Schritte dieses Verfahren unabhängig voneinander und können somit nebenläufig ausgeführt werden, wobei sich die Aufteilung wie bereits diskutiert in gewissen Grenzen sogar flexible an die gegebenen Ressourcen, z.B. die Anzahl der verfügbaren parallelen Prozessoren, anpassen läßt. Bei sehr komplexen Systemen wird aber häufig weder das eine noch das andere Verfahren ohne weiteres mit vertretbarem Aufwand eingesetzt werden können. Vielmehr müssen solche Systeme möglichst aufgeteilt, die resultierenden kleineren Subsysteme jeweils analysiert und diese einzelnen Ergebnisse zur Analyse des Gesamtsystems integriert werden. Dabei können auf die Teilsysteme auch jeweils unterschiedliche Verfahren angewendet werden. Unter Umständen kann es sich auch bei der Analyse eines Gesamtsystems als günstig erweisen die verschiedenen Verfahren zu kombinieren. Beispielsweise könnten die durch anfängliche Faktorisierungen entstehenden Teilprobleme nur noch so wenig Minimalkombinationen besitzen, daß eine anschließende disjunkte Zerlegung weniger aufwendig wäre als weiter zu faktorisieren.

3.4 Monotone Systeme

In der Praxis treten meistens Systeme auf, die folgende Eigenschaft besitzen: Der Ausfall einer weiteren Komponente verbessert den Systemzustand nicht. Ein weiterer Komponentenausfall kann also das System nicht vom Zustand defekt in den Zustand intakt versetzen. Diese Gleichgerichtetheit in dem Sinne, daß eine Verschlechterung der Komponentenzustände auch eine Verschlechterung (genauer keine Verbesserung) des Gesamtzustandes impliziert, wird als Monotonie bezeichnet. Wie bereits im Beispiel 4 in 3.2.11 angemerkt, besitzen u.a. Systeme mit failsafe Charakteristik diese Eigenschaft nicht. Zunächst wird eine auf die charakteristischen Mengen von Systemen bezogene Definition der Monotonie gegeben.

3.4.1 Monotonieeigenschaft

Als wichtigste Folgerungen aus der Monotonieeigenschaft ergibt sich, daß die Minimalmengen monotoner zweiwertiger Systeme jeweils mit einer Menge anstelle eines Mengenpaares eindeutig charakterisiert werden können. Daraus resultiert zunächst eine wesentliche einfachere Systembeschreibung.

Definition 3.4.1.1: Eine Teilmenge K der Potenzmenge von N heißt genau dann *monoton*, wenn für alle $I \in K$ und alle $J \subseteq N$ und $I \subseteq J$ folgt, daß $J \in K$ ist. Ein System wird genau dann *monoton* genannt, wenn seine Elementarmengen EI bzw. ED monoton sind. Dies bedeutet beispielsweise, daß mit jedem $I \in EI$ auch alle I' mit $I \subseteq I' \subseteq N$ Elemente aus EI sind. Ein System ist *trivial*, wenn $\mathcal{I} = \{\}$ oder $\mathcal{D} = \{\}$ gilt, d.h. es funktioniert in keinem Fall bzw. immer. Monotone und nicht triviale Systeme werden nach Birnbaum, Esary, Saunders, 1961, auch als *kohärent* (coherent) bezeichnet.

Folgerung 3.4.1.2: Die obige Definition bedeutet, daß ein System genau dann *monoton* ist, wenn für jede Intaktkombination (I,D) auch (I',D') mit $I \subseteq I'$ und $D' \subseteq D$ eine Intaktkombination bildet, wenn also aus $(I,D) \in \mathcal{I}$, $I \subseteq I' \subseteq N$ und $D' \subseteq D \subseteq N\text{-}I$ folgt $(I',D') \in \mathcal{I}$.

Definition 3.4.1.3: Die **minimalen Intakt-** bzw. **Defektkombinationen** monotoner Systeme bestehen jeweils nur noch aus einer Menge, da die jeweils leere Menge weggelassen wird. Somit lassen sich die Minimalkombinationen jeweils nur noch mit den intakten bzw. den defekten Komponenten als Minimal**mengen** beschreiben und bilden Teilmengen der Potenzmenge von N. Sie werden auch minimale Intakt- bzw. Defektmengen genannt und mit MIM und MDM bezeichnet.

$$\text{MIM} = \{I: (I,D)\in\text{MIS}\}, \qquad \text{MDM} = \{D: (I,D)\in\text{MDS}\},$$
$$\text{MIS} = \{(I,\{\}): I\in\text{MIM}\}, \qquad \text{MDS} = \{(\{\},D): D\in\text{MDM}\}.$$

Die Mengen aller Intakt- bzw. Defektkombinationen monotoner Systeme lassen sich mit Hilfe der oben definierten Mengen MIM bzw. MDM gemäß Folgerung 3.4.1.2 folgendermaßen schreiben.

$$\mathcal{I} = \{(I,D): I'\subseteq I, D\subseteq\underline{I}, I'\in\text{MIM}\}$$
$$\mathcal{D} = \{(I,D): D'\subseteq D, I\subseteq\underline{D}, D'\in\text{MDM}\}$$
$$B = \bigcup_{I\in\text{MIM}} b_I, \qquad A = \bigcup_{D\in\text{MDM}} a_D.$$

Beispiel 3.4.1.4: Die ersten beiden Beispielsysteme sind monoton, während das dritte nicht die Monotonieeigenschaft besitzt. Die Beispielsysteme 4 bis 6 sind ebenfalls nicht monoton.

1. Für jede Intaktmenge (I,D) gilt $\{1\}\subseteq I$ oder $\{2\}\subseteq I$ sowie $\{\}\subseteq D$. Somit ist für dieses System $\text{MIM}_1=\{\{1\},\{2\}\}$ und $\text{MDM}_1=\{\{1,2\}\}$.
2. Für jede Intaktkombination (I,D) gilt $\{1,2\}\subseteq I$ sowie $\{1\}\subseteq D$ oder $\{2\}\subseteq D$. Somit ist für dieses System $\text{MIM}_2=\{\{1,2\}\}$ und $\text{MDM}_2=\{\{1\},\{2\}\}$.
3. Für $I=\{1,2\}$ gilt zwar $\{1\}\subseteq I$, aber keine Intaktkombination besitzt diese Menge I.
8. Im folgenden wird häufig das folgende monotone System zu Demonstrationszwecken herangezogen:

$$\text{MIM}_8 = \{\{1,2\},\{2,4\},\{3,4\}\},$$
$$\text{MDM}_8 = \{\{1,4\},\{2,3\},\{2,4\}\}.$$

Daraus ergibt sich z.B.

$$\text{EI}_8 = \{\{1,2\},\{1,2,3\},\{1,2,4\},\{2,4\},\{2,3,4\},\{3,4\},\{1,3,4\},\{1,2,3,4\}\}.$$

Folgerung 3.4.1.5: Lediglich für $s=n$ sind die k-bis-s-von-n Systeme monoton und werden in diesem Falle auch als k-von-n oder Auswahlsysteme bezeichnet. Für sie sind alle Mengenpaare (I,D) mit $I,D\subseteq N$, $I\cap D=\{\}$ sowie $|I|\geq k$ und $|D|\leq n-k$ Intaktkombinationen.

$$\mathcal{I}_{k,n} = \{(I,D): (I,D)\subseteq N, I\cap D=\{\}, |I|\geq k \text{ und } |D|\leq n-k\}.$$

Sei (I,D) eine Intaktkombination eines k-von-n Systems. Da für jedes Mengenpaar (I',D') mit $I \subseteq I' \subseteq N$ und $D' \subseteq D \subseteq N\text{-}I$ gilt $|I'| \geq k$ und $|D'| \leq n\text{-}k$, ist auch (I',D') eine Intaktkombination dieses Systems, welches somit gemäß Folgerung 3.4.1.2 monoton ist.

3.4.2 Intaktwahrscheinlichkeit monotoner Systeme

Neben einer einfacheren Systembeschreibung eröffnet die Monotonieeigenschaft auch die Möglichkeit, die bisher genannten Verfahren zur Berechnung der Intaktwahrscheinlichkeit noch einmal speziell für monotone Systeme zu formulieren und entsprechend zu vereinfachen. Beispielsweise reduziert sich das mit der Überdeckung von $\mathcal{I}$ mit Hilfe von MIS arbeitende Verfahren mit der Menge MIM für monotone Systeme folgendermaßen.

Folgerung 3.4.2.1: Beim Überdeckungsverfahren müssen im Falle monotoner Systeme anstelle von $b_{JI} \cap a_{JD}$ in den Formeln der Satzes 3.3.1.3 nur noch Ereignisse mit ausschließlich intakten bzw. ausschließlich defekten Komponenten berücksichtigt werden, d.h. $P\{b_{JI}\}$ in den entsprechenden Formeln für die Intakt- bzw. $P\{a_{JD}\}$ in denjenigen für die Defektwahrscheinlichkeit mit

$$JI' \;=\; \bigcup_{I \in J} I \;,$$

$$JD' \;=\; \bigcup_{D \in J} D$$

für die Teilmengen J von MIM bzw. MDM. Dabei werden die Mengenpaare von MI(k) bzw. MD(k) als einfache Mengen geschrieben, da jeweils eine Menge des Paares leer ist und weggelassen werden kann.

Beispiel 3.4.2.2: Es wird nun das letzte System aus 3.4.1.4 betrachtet.
8. Mit den in Folgerung 3.4.2.1 abgeleiteten Vereinfachungen ergeben sich für die Intaktwahrscheinlichkeit des untersuchten monotonen Systems bei den Überdeckungsverfahren folgende Formeln:

$$R^{(1)} \;=\; R^{(0)} + P\{b_{\{1,2\}}\} + P\{b_{\{2,4\}}\} + P\{b_{\{3,4\}}\}$$

$$R^{(2)} \;=\; R^{(1)} - P\{b_{\{1,2,4\}}\} - P\{b_{\{1,2,3,4\}}\} - P\{b_{\{2,3,4\}}\}$$

$$R \;=\; R^{(3)} \;=\; R^{(2)} + P\{b_{\{1,2,3,4\}}\},$$

$$R = ((r_1 r_2 + r_2 r_4 + r_3 r_4) - r_1 r_2 r_4 - r_1 r_2 r_3 r_4 - r_2 r_3 r_4) + r_1 r_2 r_3 r_4 .$$

Wie man sieht kommt es in diesem Beispiel zu der Auslöschung der Summanden $\pm P\{b_{\{1,2,3,4\}}\}$ bzw. $\pm r_1 r_2 r_3 r_4$.

Manchmal ist es auch möglich, die Minimalmengen eines Systems so in kleinere Mengen aufzuspalten, daß die Vereinigung von jeweils k dieser Mengen eine Minimalmenge ergibt. Deckt man damit alle Minimalmengen ab, so kann die Intaktwahrscheinlichkeit des Systems nach dem verallgemeinerten Prinzip der Inklusion-Exklusion berechnet werden als die Wahrscheinlichkeit dafür, daß die Komponenten von mindestens k dieser Teilmengen intakt sind. Bei dieser Vorgehensweise erhält man im allgemeinen eine numerisch günstigere Formel für die Intaktwahrscheinlichkeit, d.h. weniger Summanden. In Heidtmann, 1981, 1986a, wird diese Methode zur Berechnung der Intaktwahrscheinlichkeit monotoner Systeme verwendet.

Bei der Zerlegung hat man wie bei allgemeinen zweiwertigen Systemen ebenfalls die beiden Möglichkeiten

- der direkten Zerlegung und
- der Zerlegung der durch die Minimalmengen definierten Ereignisse, komponentenweise oder kompakt.

Im ersten Fall hat man wieder den Vorteil, daß die Minimalmengen nicht benötigt werden und somit auch keine Abhängigkeit des Ergebnisses von ihrer internen Reihenfolge besteht. Im zweiten Fall erhofft man sich weniger Rechenaufwand und ein besseres Ergebnis aufgrund der Minimalität der verwendeten Systemspezifikation in Form einer kürzeren Formel für die probabilistische Auswertung. Hierbei hängt die Anzahl der resultierenden disjunkten Ereignisse von der Reihenfolge ab, in der sowohl die Komponenten, z.B. in Form ihrer Numerierung, als auch die Minimalmengen berücksichtigt werden.

Aus dem im Zusammenhang mit Satz 3.3.2.3 genannten Verfahren der direkten Zerlegung für allgemeine zweiwertige Systeme kann ein spezieller Algorithmus für monotone Systemstrukturen abgeleitet (vgl. Kohlas, 1987, Heidtmann, 1995). Im folgenden soll der jeweils an den Prozedurnamen angehängt Buchstabe M auf die Variante für monotone Systeme hinweisen.

Nun wird das Verfahren der komponentenweisen Zerlegung für allgemeine zweiwertige Systeme aus Satz 3.3.2.6 auf monotone Systeme spezialisiert. Dabei ergibt sich der ursprünglich von Abraham, 1979, lediglich für monotone System entwickelte Algorithmus.

Folgerung 3.4.2.3: Da für monotone Systeme die Minimalkombinationen jeweils nur aus einer Menge bestehen, d.h. für die minimalen Intaktkombinationen (I,D) ist jeweils D={}, kann der Algorithmus für allgemeine zweiwertige Systeme entsprechend vereinfacht und im wesentlichen durch die Prozedur A-ZERLEGUNG-M dargestellt werden. Dies bedeutet z.B. für die erste Abfrage in der Prozedur A-ZERLEGUNG $(I_i \cap D) \neq \{\}$ anstelle von $(I \cap D_i) \cup (I_i \cap D) \neq \{\}$. Außerdem fällt die zweite Schleife in der Prozedur A-ZERLEGUNG weg, da es wegen $D_i = \{\}$ keine entsprechenden Komponenten $j \in D_i$ gibt. Somit reduziert sich die Prozedur A-ZERLEGUNG für monotone Systeme auf die folgende Prozedur A-ZERLE-GUNG-M.

```
Prozedur A-ZERLEGUNG-M (I,D,i)
beginn
    falls i=k
        dann gib I und D aus
        sonst
            falls (I_i∩D)≠{}
                dann A-ZERLEGUNG-M (I,D,i+1)
                sonst
                    für alle j∈I_i-(I∪D)
                        beginn
                            A-ZERLEGUNG-M (I,D∪{j},i+1)
                            I=I∪{j}
                        ende
ende
```

Beispiel 3.4.2.4: Gegeben sei das monotone Beispielsystem 8 aus 3.4.1.4.
8. Ausgangspunkt ist $MIM_8 = \{\{1,2\}, \{2,4\}, \{3,4\}\}$.
   Die Zerlegung beginnt mit k=2 und i=1, d.h. $I_1 = \{1,2\}$ und $(I,D) = (I_2, D_2) = (\{2,4\},\{\})$. Mit diesen Parametern wird die Prozedur A-ZERLEGUNG-M aufgerufen.

   Es ist $(I_1 \cap D) = \{\}$, d.h. die beiden entsprechenden Ereignisse sind nicht disjunkt.

Da $I_1 - (I \cup D) = \{1\}$ ist, wird zunächst für $j=1$ wegen $i=k-1$ für das Mengenpaar $(I, D \cup \{j\})$ das Resultat $(\{2,4\}, \{1\})$ ausgegeben.

Nun wird die Bearbeitung der nächsten Minimalmenge begonnen, d.h. $k=3$, und $(I,D)=(I_3,\{\})=(\{3,4\},\{\})$ sowie $i=1$.

Es ist $(I_1 \cap D) = \{\}$, d.h. die beiden entsprechenden Ereignisse sind nicht disjunkt.

Da $I_1-(I \cup D)=\{1,2\}$ ist, wird für $j=1$ wegen $i<k-1$ und $(I, D \cup \{j\})=(\{3,4\},\{1\})$ die Prozedur A-ZERLEGUNG-M$((\{3,4\},\{1\}),2)$ aufgerufen.

Es ist $(I_2 \cap D) = \{\}$, d.h. (I,D) ist nicht zu $(I_2,\{\})$ disjunkt. Wegen $I_2-(I \cup D)=\{2\}$ und $i=k-1$ wird für $j=2$ $(\{3,4\},\{1,2\})$ als Resultat ausgegeben wird.

Danach erfolgt der Rücksprung, und es wird $I=\{3,4\} \cup \{1\}$ gebildet. Wegen $I_2-(I \cup D)=\{2\}$ wird für $j=2$ die Prozedur A-ZERLEGUNG-M $((\{1,3,4\},\{2\}),2)$ aufgerufen und von ihr wegen $I_2 \cap D \neq \{\}$ und $i=2$ dieses Mengenpaar als letztes Resultat ausgegeben.

Die resultierende disjunkte Zerlegung nach Abraham lautet somit insgesamt: $(\{1,2\},\{\})$, $(\{2,4\},\{1\})$, $(\{3,4\},\{1,2\})$, $(\{1,3,4\},\{2\})$.

Man erhält also

$$R=P\{b_{\{1,2\}}\} + P\{b_{\{2,4\}} \cap a_{\{1\}}\} + P\{b_{\{3,4\}} \cap a_{\{1,2\}}\} + P\{b_{\{1,3,4\}} \cap a_{\{2\}}\}$$

und bei unabhängigen Komponenten

$$R = r_1 r_2 + u_1 r_2 r_4 + u_1 u_2 r_3 r_4 + r_1 u_2 r_3 r_4.$$

Folgerung 3.4.2.5: Wie in Folgerung 3.4.2.3 können auch bei der Spezialisierung des Zerlegungsverfahrens nach Heidtmann einige Abfragen vereinfacht und bestimmte Befehle weggelassen werden. Es ergibt sich dann für monotone Systeme die folgende Prozedur H-ZERLEGUNG-M.

Prozedur H-ZERLEGUNG-M (I(0),I(1),...,I(k),i)
beginn
 falls i=k
  dann gib I(0),...,I(k-1) aus
  sonst
   falls es ein l mit $0<l<i$ und $\{\}\subset I(l)\subseteq I_i$ gibt, d.h. Disjunktheit
    dann H-ZERLEGUNG-M (I(0),...,I(k),i+1)
   sonst
    beginn
     für alle l=0 bis k HI(l)=I(l), d.h. Hilfsmengen initialisieren
     für alle l=1 bis i-1
      beginn
       HI(l)=I(l)$\cap$I$_i$
       falls HI(l)$\neq\{\}$
         dann H-ZERLEGUNG-M (HI(0),...,HI(k),i+1)
       HI(l)=I(l)-I$_i$
       HI(0)=HI(0)$\cup$(I(l)$\cap$I$_i$)
      ende

$$HI(i)=I_i-\bigcup_{l=0}^{i-1} I(l)$$

     falls HI(i)$\neq\{\}$ *dann*
      beginn
       für alle l=1 bis i-1 bilde HI(l)=HI(l)-HI(i)
       H-ZERLEGUNG-M (HI(0),...,HI(k),i+1)
      ende
    ende
ende

Beispiel 3.4.2.6: Gegeben sei das monotone Beispielsystem 8 aus 3.4.1.4.

8. Ausgangspunkt ist wiederum MIM$_8$ = {{1,2}, {2,4}, {3,4}}.

Die resultierende disjunkte Zerlegung nach Heidtmann lautet somit insgesamt:

({1,2},{}), ({2,4},{1}), ({3,4},{2}).

Man erhält also nur drei Summanden

$$R = P\{b_{\{1,2\}}\} + P\{b_{\{2,4\}}\cap a_{\{1\}}\} + P\{b_{\{3,4\}}\cap a_{\{2\}}\}.$$

und bei unabhängigen Komponenten

$$R = r_1 r_2 + u_1 r_2 r_4 + u_2 r_3 r_4.$$

Die Beispiele spiegeln den allgemeinen Trend wieder, daß die direkte Zerlegung die meisten disjunkten Ereignisse erzeugt und der Algorithmus von Heidtmann die insbesondere bei größeren Systemen mit Abstand wenigsten. In den Prozeduren für das Abraham- und Heidtmann-Verfahren werden im Gegensatz zur direkten Zerlegung keine Prozeduraufrufe bei den Varianten für monotone Systeme gegenüber denjenigen für allgemeine zweiwertige Systeme gespart.

Bei der Faktorisierung resultieren im Fall monotoner Systeme nach Satz 3.3.3.2 nur immer wieder monotone Teilsysteme und somit Ereignisse B_i^+ und B_i^-, die keine explizit defekten Komponenten enthalten, d.h. diese Ereignisse und die weiter durch Faktorisierung nach den Komponenten aus der Menge $J \subseteq N$ daraus abgeleiteten sind für $I_k \subseteq N-J$ mit $k \in M$ mit Ausnahme des sicheren und des unmöglichen Ereignisses von der Form

$$\bigcup_{k \in M} b_{I_k}.$$

Beispiel 3.4.2.7: Es sei wiederum das monotone Beispielsystem 8 aus 3.4.1.4 betrachtet.

8. Für dieses System gilt

$$B = b_{\{1,2\}} \cup b_{\{2,4\}} \cup b_{\{3,4\}}.$$

Zunächst wird nach Komponente 1 faktorisiert. Ist Komponente 1 intakt, so ist es auch das gesamte System, wenn zusätzlich Komponente 2 oder 3 und 4 intakt sind, d.h.

$$B_1^+ = b_{\{2\}} \cup b_{\{3,4\}}.$$

Ist Komponente 1 defekt, so ist das System nur dann intakt, wenn Komponente 4 sowie Komponente 3 oder 4 intakt sind, d.h.

$$B_1^- = b_{\{2,4\}} \cup b_{\{3,4\}}.$$

Die Faktorisierung nach Komponente 2 liefert nun

$$(B_1^+)_2^- = (B_1^-)_2^- = b_{\{3,4\}},$$
$$(B_1^-)_2^+ = b_{\{4\}},$$

und für $(B_1^+)_2^+$ das sichere Ereignis, so daß folgende Ereignisse die Wahrscheinlichkeit 1 besitzen:

$$(((B_1^+)_2^+)_3^+)_4^+, \; (((B_1^+)_2^+)_3^+)_4^-, \; (((B_1^+)_2^+)_3^-)_4^+, \; (((B_1^+)_2^+)_3^-)_4^-.$$

Die weitere Faktorisierung nach Komponente 3 liefert dann

$$((B_1{}^+)_2{}^-)_3{}^+ = ((B_1{}^-)_2{}^-)_3{}^+ = ((B_1{}^-)_2{}^+)_3{}^+ = ((B_1{}^-)_2{}^+)_3{}^- = b_{\{4\}} .$$

Schließlich besitzen nach der vierten Faktorisierung außer den bereits genannten noch die folgenden Ereignisse die Wahrscheinlichkeit 1 und diejenige der übrigen verschwindet:

$$(((B_1{}^+)_2{}^-)_3{}^+)_4{}^+, \ (((B_1{}^-)_2{}^-)_3{}^+)_4{}^+, \ (((B_1{}^-)_2{}^+)_3{}^+)_4{}^+, \ (((B_1{}^-)_2{}^+)_3{}^-)_4{}^+ .$$

Für die Intaktwahrscheinlichkeit erhält man somit 8 Summanden

$$R = r_1(r_2(r_3(r_4+u_4)+u_3(r_4+u_4))+u_2r_3r_4)+u_1(r_2(r_3r_4+u_3r_4)+u_2r_3r_4).$$

Erreicht man an irgendeiner Stelle das sichere oder unmögliche Ereignis, so kann man die weitere Faktorisierung in diesem Zweig des Faktorisierungsbaumes abbrechen. Bei einem unmöglichen Ereignis liefert dieser Zweig keinen Beitrag zur Intaktwahrscheinlichkeit des Systems. Für das sichere Ereignis hingegen ergeben die bisherigen Faktorisierungsschritte einen entsprechenden Beitrag zur resultierenden Intaktwahrscheinlichkeit.

Analog zum Abschnitt 3.3.1 gilt folgendes für die Überdeckungsverfahren. Sind m Minimalmengen zu berücksichtigen und alle Schnittmengen verschieden und nicht leer, so ergeben sich 2^m-1 Summanden für die Intaktwahrscheinlichkeit. Im Beispiel 3.4.2.2 werden in beiden Fällen 2^3-1 Schnittmengen gebildet, die auch allesamt nicht leer sind und somit jeweils 7 Summanden liefern.

3.5 Probabilistische Zuverlässigkeitskenngrößen

Die wichtige Zuverlässigkeitskenngröße der Intaktwahrscheinlichkeit wurde bereits definiert und mehrfach verwendet. Wir haben Systeme mit von der Zeit unabhängigen Intakt- bzw Defektwahrscheinlichkeiten betrachtet. Häufig ist es aber gerade interessant zu wissen, wie sich die Komponentenzustände und der daraus resultierende Systemzustand im Laufe der Zeit verhalten.

Zunächst sollen nur solche Systeme betrachtet werden, die weder repariert noch ausgetauscht oder auf andere Weise ganz oder teilweise ersetzt werden. In diesem Zusammenhang spricht man auch von statischer Redundanz oder von Systemen ohne Erneuerung. Dabei wird die Lebensgeschichte eines Systems von einem festgelegten Zeitpunkt t=0 an (Inbetriebnahme, Übergabe an den Betreiber, Auslieferung o.ä.) bis zum Zeitpunkt des Ausfalls verfolgt. Greift man aus einer Menge gleichartiger technischer Erzeugnisse (z.B. elektronische Geräte oder Bauteile des gleichen Typs), die unter gleichen Bedingungen hergestellt und betrieben wurden, ein bestimmtes Exemplar heraus, so läßt sich dessen Ausfallzeitpunkt bekanntlich nicht exakt vorhersagen. Er kann sogar von Exemplar zu Exemplar erheblich schwanken. Daher liegt es nahe, die Zeitdauer bis zum ersten Ausfall als Zufallsgröße zu betrachten, deren Wahrscheinlichkeitsverteilung die Arbeitsdauer des Gerätetyps charakterisiert.

Definition 3.5.1: Die Zeitspanne zwischen Betriebsbeginn und dem (ersten) Ausfall einer Einheit nennen wir *Lebensdauer*. Die *Verteilung* einer Lebensdauer $\mathscr{L}$ läßt sich durch ihre *Verteilungsfunktion*

$$\mathscr{U}(t) \ = \ P\{\mathscr{L} \le t\}$$

festlegen und wird als *Unzuverlässigkeit* $\mathscr{U}(t)$ bezeichnet. Die Wahrscheinlichkeit dafür, daß ein zur Zeit t=0 in Betrieb genommenes System mit der Lebensdauer $\mathscr{L}$ zur Zeit t>0 noch intakt ist, heißt *(System-) Zuverlässigkeit* oder *Überlebenswahrscheinlichkeit*.

$$\mathscr{R}(t) \ = \ P\{\mathscr{L} > t\} \ = \ 1 - P\{\mathscr{L} \le t\} \ = \ 1 - \mathscr{U}(t) \ .$$

Analog wird mit der Lebensdauer $\mathscr{L}_i$ oder der Aussage $x_i(t)$ über den Komponentenzustand die *(Komponenten-) Zuverlässigkeit* definiert:

$$\mathscr{R}_i(t) \ = \ P\{\mathscr{L}_i > t\} \ = \ 1 - P\{\mathscr{L} \le t\} \ = \ 1 - u_i(t).$$

Da die Lebensdauer eine nicht negative Zufallsvariable ist, setzt man $\mathscr{U}(t)=0$ für t<0. Ferner soll die Verteilung eine Dichte f(t) besitzen, für die gelten soll:

   f(t) ist eine stückweise stetige reelle Funktion,

   f(t) = 0 für t < 0 und f(t) > 0 für t≥0,

$$\int_0^\infty f(t)\, dt \ = \ 1 \ .$$

Damit gilt:

$$\mathscr{U}(t) \ = \ \int_0^t f(t)\, dt.$$

Die mittlere Lebensdauer erhält man als Erwartungswert $\mathbf{E}(\mathscr{L})$ der Lebensdauer gemäß

$$E(\ell) \;=\; \int\limits_{0}^{\infty} t\, f(t)\, dt \;=\; \int\limits_{0}^{\infty} \mathcal{G}(t)\, dt.$$

Ferner verwendet man zur Beschreibung der Abhängigkeit der Ausfallwahrscheinlichkeit vom erreichten Lebensalter die *Ausfallrate*

$$a(t) \;=\; \lim_{h\to+0} P\{\, t < \ell \le t+h \mid \ell > t \,\}/h \;=\; \mathcal{U}(t)/\mathcal{G}(t),$$

mit der bedingten Wahrscheinlichkeit dafür, daß das Gerät mit der Lebensdauer ℓ innerhalb h Zeiteinheiten nach t ausfällt, falls es das Lebensalter t erreicht hat.

Man kann zeigen, daß die Lebensdauerverteilung durch die Ausfallrate bereits vollständig bestimmt ist. In der Praxis wird man häufig zu Beginn der Lebensdauer eine verhältnismäßig hohe Ausfallrate antreffen z.B. wegen Produktionsmängeln, d.h. wegen der sogenannten Kinderkrankheiten. Später wird für längere Zeit die Ausfallrate in etwa konstant sein und erst noch später infolge der sich nun auswirkenden allgemeinen Alterserscheinungen wieder zunehmen. Dies wird veranschaulicht durch die sogenannte Badewannenkurve.

In vielen Fällen interessiert man sich auch dafür, wie lange ein Gerät vom gegenwärtigen Zeitpunkt an voraussichtlich noch funktioniert. Diese Restlebensdauer ist u.a. dann von Bedeutung, wenn es darum geht, eine Kosten-Nutzenrechnung für eine Neuanschaffung aufzustellen.

Definition 3.5.2: Falls ein Gerät mit der Lebensdauer ℓ zur Zeit t_0 noch intakt ist, bezeichnet man die Zeitspanne ℓ-t_0, die vom Zeitpunkt t_0 bis zum Ausfall vergeht, als *Restlebensdauer*.

$$\mathcal{U}_0(t) \;=\; P\{\, \ell - t_0 \le t \mid \ell > t_0 \,\}$$

ist für festes t_0 die Verteilungsfunktion der Restlebensdauer und

$$\mathcal{G}_0(t) \;=\; 1 - \mathcal{U}_0(t)$$

nennt man die *bedingte Zuverlässigkeit (bedingte Überlebenswahrscheinlichkeit)*. Aus

$$P\{\ell - t_0 \le t \mid \ell > t_0\} \;=\; P\{\ell - t_0 \le t \text{ und } \ell > t_0\}/P\{\ell > t_0\}$$

folgt für die Verteilung der Restlebensdauer

$$\mathcal{U}_0(t) \;=\; \mathcal{U}(t + t_0)/\mathcal{U}(t_0)\,.$$

Als *Verbesserungsfaktor* der mittleren Lebensdauer bezeichnet man den Quotienten aus der mittleren Lebensdauer zweier Systeme. Ist er größer als 1, so besitzt das im Zähler berücksichtigte System eine um diesen Faktor längere mittlere Lebensdauer als das im Nenner. Ein Werte kleiner als 1 kennzeichnet eine entsprechende Verkürzung der mittleren Lebensdauer.

Es werden nun die wichtigsten Lebensdauerverteilungen genannt. Dabei kommt der Exponentialverteilung eine überragende Bedeutung zu, da sie in vielen Fällen, insbesondere für elektronische Geräte und Bauteile, zumindest eine gute Näherung darstellt und gleichzeitig Eigenschaften besitzt, die ihre mathematische Handhabung erleichtern.

Die Verteilungsfunktion mit konstanter Ausfallrate λ heißt *Exponentialverteilung*. Für eine exponentialverteilte Zufallsvariable der Lebensdauer $\mathcal{L}$ ergeben sich folgende Kenngrößen:

Dichte	$f(t)$	$= \lambda e^{-\lambda t}$,
Zuverlässigkeit (Überlebenswahrscheinlichkeit)	$\mathcal{I}(t)$	$= e^{-\lambda t}$,
Erwartungswert	$\mathbf{E}(\mathcal{L})$	$= 1/\lambda$,
Verteilung der Restlebensdauer	$\mathcal{U}_0(t)$	$= 1 - e^{-\lambda t}$

Der letzte Punkt ist besonders bemerkenswert. Er besagt nämlich, daß die Restlebensdauer $\mathcal{L}$-t_0 genauso verteilt ist wie die Lebensdauer, also nicht vom erreichten Lebensalter t_0 abhängt. Man sagt auch: Geräte mit exponentialverteilter Lebensdauer altern nicht. Die Exponentialverteilung ist die einzige Verteilung mit der letztgenannten Eigenschaft. Man benutzt diese Verteilung auch deshalb häufig zu Modellrechnungen, weil das Nicht-Altern viele Überlegungen vereinfacht oder Rechnungen überhaupt erst durchführbar werden läßt. Die Weibull-Verteilung bietet durch die Wahlmöglichkeiten für ihre Parameter ein hohes Maß an Flexibilität. So kann sie z.B. die oben genannte Badewannenkurve wiedergeben und enthält als Spezialfall auch die Exponentialverteilung. Ferner spielt in der Zuverlässigkeitstheorie die *Erlangverteilung* als Summe von k unabhängigen mit λ exponentialverteilten Zufallsvariablen eine Rolle. Da eine normalverteilte Zufallsvariable auch negative Werte annehmen kann, ist die *Normalverteilung* an sich nicht geeignet, die Verteilung einer Lebensdauer zu beschreiben. Dennoch stellt sie vielfach eine gut anwendbare Näherung dar.

Wie Esary und Marshall, 1964, nachgewiesen haben, gibt es nur für monotone Systeme eine Systemlebensdauer. Diese läßt sich mit Hilfe der bisher diskutierten Verfahren folgendermaßen berechnen.

Satz 3.5.3: Die Berechnung der Verteilungsfunktion der Lebensdauer bzw. der Zuverlässigkeit eines monotonen Systems $\mathcal{L}$ aus denjenigen seiner Komponenten $\mathcal{L}_i$

mit $i \in N$ erfolgt mit Hilfe der für die Intaktwahrscheinlichkeit eines Systems hergeleiteten Verfahren und der daraus resultierenden Formeln (vgl. 3.4). Unter der Voraussetzung der Unabhängigkeit treten an die Stelle der Intakt- bzw. Defektwahrscheinlichkeiten (r_i bzw. u_i) die Überlebenswahrscheinlichkeiten $\gamma_i(t)$ bzw. die Lebensdauerverteilungen $u_i(t)$ der Komponenten für $i \in N$ (vgl. 3.5.1). Aus der Zuverlässigkeit lassen sich dann weitere Zuverlässigkeitskenngrößen des Systems ableiten.

Beispiel 3.5.4: Es soll nun anhand des Beispiels 8 aus 3.4.1.4 gezeigt werden, wie sich mit der Formel für die Intakt- bzw. Defektwahrscheinlichkeit andere Zuverlässigkeitskenngrößen berechnen lassen.

8. Nach Folgerung 3.4.1.2 ist das genannte Beispielsystem monoton und nach der Formeln des Überdeckungsverfahrens aus 3.4.2.2 für die Intaktwahrscheinlichkeit dieses Systems

$$R \quad = \quad r_1 r_2 + r_2 r_4 + r_3 r_4 - r_1 r_2 r_4 - r_2 r_3 r_4$$

erhält man für seine Zuverlässigkeit zum Zeitpunkt t

$$\gamma(t) \quad = \quad \gamma_1(t)\gamma_2(t) + \gamma_2(t)\gamma_4(t) + \gamma_3(t)\gamma_4(t) - \gamma_1(t)\gamma_2(t)\gamma_4(t) - \gamma_2(t)\gamma_3(t)\gamma_4(t)$$

Verwendet man die Formel der Zerlegung nach Heidtmann aus 3.4.2.6

$$R \quad = \quad r_1 r_2 + u_1 r_2 r_4 + u_2 r_3 r_4$$

so erhält man lediglich

$$\gamma(t) \quad = \quad \gamma_1(t)\gamma_2(t) + u_1(t)\gamma_2(t)\gamma_4(t) + u_2(t)\gamma_3(t)\gamma_4(t)$$

und bei exponentialverteilten Komponentenlebensdauern

$$\gamma(t) \quad = \quad e^{-(\lambda_1+\lambda_2)t} + (1-e^{-\lambda_1 t})e^{-(\lambda_2+\lambda_4)t} + (1-e^{-\lambda_2 t})e^{-(\lambda_3+\lambda_4)t} .$$

Im letzten Fall ergibt die Integration über die Zuverlässigkeit folgenden Ausdruck für die mittlere Systemlebensdauer

$$E(\ell) \quad = \quad (\lambda_1+\lambda_2)^{-1}+(\lambda_2+\lambda_4)^{-1}+(\lambda_3+\lambda_4)^{-1}-(\lambda_1+\lambda_2+\lambda_4)^{-1}-(\lambda_2+\lambda_3+\lambda_4)^{-1}$$

Für das System aus zwei seriellen Komponenten mit der gleichen exponentialverteilten Lebensdauer ist die mittlere Lebensdauer gleich $1/(2\lambda)$. Die mittlere Lebensdauer des oben genannten Systems bei Komponenten mit der gleichen Ausfallrate λ ist $5/(6\lambda)$. Der durch dieses letztgenannte System gegenüber dem vorhergenannten erzielte Verbesserungsfaktor ist somit 5/3. Die mittlere Lebensdauer wird also durch die redundanten Komponenten um 1/3 der ursprünglichen mittleren Lebensdauer verlängert.

Bei der Verfügbarkeit werden die alternierenden Zustände intakt und defekt berücksichtigt. Hierzu können Ergebnisse aus der Erneuerungstheorie verwendet werden. Als Grundlage dienen dabei alternierende Erneuerungprozesse aus Betriebs- und Ausfallzeiten wie sie in der folgenden Abbildung dargestellt sind.

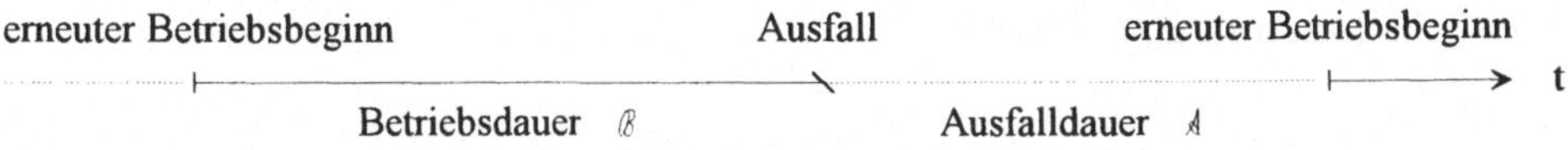

Abb. 12: Alternierender Erneuerungprozeß aus Betriebs- und Ausfallzeiten

Definition 3.5.5: Die *Verfügbarkeit* eines Systems $\mathcal{V}(t)$ bzw. einer Systemkomponente $\nu_i(t)$ für $i \in N$ ist die Wahrscheinlichkeit dafür, daß die Einheit zum Zeitpunkt t intakt ist unter Berücksichtigung der alternierenden Zeitintervalle von Betriebs- und Ausfallzeiten (vgl. Definition 1.3.7). Zuverlässigkeitsingenieure sprechen in diesem Zusammenhang auch von der augenblicklichen oder momentanen Verfügbarkeit. Hierbei wird im Gegensatz zu Satz 3.5.3 für das System nicht die Monotonieeigenschaft vorausgesetzt. Das Komplement der Verfügbarkeit wird als *Unverfügbarkeit* $\mathcal{W}(t)$ bzw. $\omega_i(t)$ bezeichnet:

$$\mathcal{W}(t) \;=\; 1 - \mathcal{V}(t) ,$$
$$\omega_i(t) \;=\; = \; 1 - \nu_i(t).$$

Existiert der Grenzwert von $\mathcal{V}(t)$ bzw. von $\nu_i(t)$ für $t \to \infty$, so bezeichnet man ihn als *asymptotische Verfügbarkeit* $\mathcal{V}$ bzw. ν.

Sind $\mathcal{A}_i$ und $\mathcal{B}_i$ die Zufallsvariablen der jeweils ununterbrochenen und voneinander unabhängigen Ausfall- bzw. Betriebsdauern der Komponente i und besitzen sie einen endlichen Erwartungswert $\mathbf{E}(\mathcal{A}_i)$ bzw. $\mathbf{E}(\mathcal{B}_i)$, so werden diese häufig mit MTTR (mean time to repair) bzw. MTTF (mean time to failure) bezeichnet und ein Ergebnis der Erneuerungstheorie lautet:

$$\nu_i \;=\; \frac{\mathbf{E}(\mathcal{B}_i)}{\mathbf{E}(\mathcal{B}_i) + \mathbf{E}(\mathcal{A}_i)} \;,$$

$$\omega_i \;=\; \frac{\mathbf{E}(\mathcal{A}_i)}{\mathbf{E}(\mathcal{B}_i) + \mathbf{E}(\mathcal{A}_i)} \;.$$

Wenn alle Komponenten voneinander unabhängige, exponentialverteilte Betriebs- und Ausfalldauern (Reparaturzeiten) mit den Raten λ_i und μ_i besitzen, gilt mit den Hilfsgrößen

$$\nu_i = \lambda_i + \mu_i$$

für die Komponentenverfügbarkeiten bzw. -unverfügbarkeiten:

$$\nu_i(t) = \frac{\mu_i + \lambda_i e^{-\nu_i t}}{\nu_i} \qquad \text{bzw.} \qquad w_i(t) = \frac{\lambda_i(1-e^{-\nu_i t})}{\nu_i}.$$

Ferner erhält man als Spezialfall

$$\nu_i(0) = 1$$

und für die asymptotische Komponentenverfügbarkeit

$$\nu = \lim_{t\to\infty} \nu_i(t) = \frac{\mu_i}{\nu_i}.$$

Wird Komponente i nicht repariert oder erneuert, so ist $\nu_i(t)=\gamma_i(t)$ und für monotone Systeme mit solchen Komponenten folgt daraus

$$\mathcal{V}(t) = \mathcal{J}(t).$$

Die Unabhängigkeit der Betriebs- und Ausfallzeiten bedeutet, daß z.B. keine gemeinsamen Ausfallursachen existieren und für jede Komponente eine eigene Reparaturinstanz vorhanden ist. Teilen sich beispielsweise mehrere Komponenten eine solche Instanz, so daß es hier zu Kapazitätsengpässen kommt müssen spezielle Verfahren z.B. von Lam, Li, 1986, oder Veeraraghavan, Trivedi, 1994, eingesetzt werden, die Abhängigkeiten des Ausfall- bzw. Reparaturverhaltens der Komponenten berücksichtigen.

Satz 3.5.6: Meistens geht man davon aus, daß die Zeitintervalle für die Betriebs- und Ausfallzeiten der Komponenten jeweils gleich verteilt sind und somit alternierende Erneuerungsprozesse bilden. Die Systemverfügbarkeit ergibt sich dann mit Hilfe der für die Intaktwahrscheinlichkeit hergeleiteten Verfahren und der entsprechenden Formeln aus 3.3. Dabei muß keine Monotonie vorliegen. Unter der Voraussetzung der Komponentenunabhängigkeit treten an die Stelle der Intakt- bzw. Defektwahrscheinlichkeiten (r_i bzw. u_i) die Verfügbarkeiten $\nu_i(t)$ bzw. Unverfügbarkeiten $w_i(t)$ der Komponenten für $i \in N$. Sind die Komponenten eines Systems unabhängig voneinander, so gilt wegen der Stetigkeit der Funktion R in allen Argumenten r_i bzw. u_i für $i \in N$, daß seine asymptotische (Un-) Verfügbarkeit $\mathcal{V}$ bzw. $\mathcal{W}$ gemäß den Verfahren aus 3.3 mit Hilfe der asymptotischen (Un-) Verfügbarkeiten der Komponenten ν_i bzw. w_i für $i \in N$ berechnet werden kann.

Beispiel 3.5.7: Es werden zwei bereits mehrfach diskutierte Beispielsysteme wieder aufgegriffen.

5. Mit der in 3.3.2.14 berechneten Heidtmann-Zerlegung gilt für das System aus 3.3.1.4

$$\mathcal{V} = \nu_1\nu_2\omega_3 + \nu_1\nu_4\omega_5(1-\nu_2\omega_3) + \nu_1\omega_2\omega_3\omega_6(1-\nu_4\omega_5)$$

und insbesondere mit Exponentialverteilungen

$$\mathcal{V} = \frac{\mu_1\mu_2\lambda_3}{\nu_1\nu_2\nu_3} + \frac{\mu_1\mu_4\lambda_5}{\nu_1\nu_4\nu_5}(1-\frac{\mu_2\lambda_3}{\nu_2\nu_3}) + \frac{\mu_1\lambda_2\lambda_3\lambda_6}{\nu_1\nu_2\nu_3\nu_6}(1-\frac{\mu_4\lambda_5}{\nu_4\nu_5}) \ .$$

8. Für das Beispielsystem 8 aus 3.4.1.4 liefert die Zerlegung nach Heidtmann gemäß 3.4.2.6 folgende kurze Formel für die Systemverfügbarkeit:

$$\mathcal{V}(t) = \nu_1(t)\nu_2(t) + \omega_1(t)\nu_2(t)\nu_4(t) + \omega_2(t)\nu_3(t)\nu_4(t).$$

Daraus folgt bei Reparatur bzw. Erneuerung im Fall exponentialverteilter Betriebs- und Ausfalldauern

$$\mathcal{V}(t) = \frac{(\mu_1+\lambda_1 e^{-\nu_1 t})(\mu_2+\lambda_2 e^{-\nu_2 t})}{\nu_1\nu_2} + \frac{\lambda_1(1-e^{-\nu_1 t})(\mu_2+\lambda_2 e^{-\nu_2 t})(\mu_4+\lambda_4 e^{-\nu_4 t})}{\nu_1\nu_2\nu_4}$$

$$+ \frac{\lambda_2(1-e^{-\nu_2 t})(\mu_3+\lambda_3 e^{-\nu_3 t})(\mu_4+\lambda_4 e^{-\nu_4 t})}{\nu_2\nu_3\nu_4}$$

und im asymptotischen Fall

$$\mathcal{V} = \frac{\mu_1\mu_2}{\nu_1\nu_2} + \frac{\lambda_1\mu_2\mu_4}{\nu_1\nu_2\nu_4} + \frac{\lambda_2\mu_3\mu_4}{\nu_2\nu_3\nu_4}$$

Ohne Reparatur oder Erneuerung, d.h. für $\mu_i=0$, erhält man

$$\mathcal{V}(t) = e^{-(\lambda_1+\lambda_2)t} + (1-e^{-\lambda_1 t})e^{-(\lambda_2+\lambda_4)t} + (1-e^{-\lambda_2 t})e^{-(\lambda_3+\lambda_4)t}$$

$$= \mathcal{I}(t)$$

Bisher wurde vorausgesetzt, daß die Übergänge zwischen Konfigurationen, die jeweils den Systemzustand intakt implizieren, stets (d.h. mit Wahrscheinlichkeit 1) gelingen. Häufig ist dies jedoch nicht realistisch. In diesen Fällen muß bei der Berechnung der Zuverlässigkeitskenngrößen des Systems die Wahrscheinlichkeit berücksichtigt werden, mit der das System nach tolerierbaren Komponentenausfällen erfolgreich rekonfiguriert, d.h. in einen anderen Intaktzustand überführt wird.

Definition 3.5.8: Der *Überdeckungsfaktor* cov soll die Situation erfassen, daß ein System sich mit einer bestimmten Wahrscheinlichkeit von einem Fehlerereignis erholt. Er ist die bedingte Wahrscheinlichkeit dafür, daß im Falle eines tolerierbaren Teilausfalls des Systems der Übergang zu einem anderen Intaktzustand gelingt. Die beiden Schritte hierzu umfassen die Fehlerdiagnose und die Behandlung des fehlerhaften Zustands.

Beispiel 3.5.9: Ein System bestehe aus zwei Komponenten. Die Komponente 1 bewältige zunächst die Systemlast. Bei ihrem Ausfall muß die Systemkontrolle auf die Ersatzkomponente übertragen werden. Die Wahrscheinlichkeit für den Erfolg dieser Aktion, vorausgesetzt ein Ausfall der Komponente 1 liegt vor, bildet der mit cov bezeichnete Überdeckungsfaktor. Dann gilt für die Zuverlässigkeit des Systems

$$\gamma(t) \;=\; \gamma_1(t) + \mathrm{cov}\, u_1(t)\gamma_2(t) \;.$$

Andererseits könnte auch die Leistung zunächst von beiden Komponenten gemeinsam erbracht werden, so daß beim Ausfall einer der beiden eine Rekonfiguration, d.h. Übertragung sämtlicher Aufgaben auf die verbleibende Komponente, vorgenommen werden müßte. In diesem Fall erhält man

$$\gamma(t) \;=\; \gamma_1(t)\gamma_2(t) + \mathrm{cov}\,\big(u_1(t)\gamma_2(t) + \gamma_1(t)u_2(t) \big) \;.$$

In den hier beschriebenen Fällen soll die Wahrscheinlichkeit für die Wiederherstellung und den erfolgreichen Wiederanlauf nicht zeitabhängig sein. Mit der beschriebenen Methode des Überdeckungsfaktors können keine zeitabhängigen Wiederanlaufwahrscheinlichkeiten berücksichtigt werden. In vielen Fällen wird aber die Intaktwahrscheinlichkeit des Umschalters wie die der Komponenten zeitabhängig sein. Möglichkeiten zur Lösung dieses Problems werden in einem der folgenden Kapitel entwickelt.

4 Netzstrukturen

In diesem Kapitel werden Netzstrukturen untersucht, wobei darauf hingewiesen wird, daß nicht nur in ihrer physikalischen Erscheinung sich als Netze offenbarende technische Systeme wie beispielsweise Versorgungsnetze für Wasser, Strom, Gas, Kommunikation etc. bzgl. ihrer Zuverlässigkeit Netzstruktur besitzen, sondern auch andere Systeme, denen man es aufgrund ihrer äußeren Erscheinung nicht ansieht. Der Rechenaufwand für diese Strukturen wächst schlimmstenfalls exponentiell mit der Netzkomplexität, die von der Netzgröße und der Vermaschung abhängt. Deshalb versucht man bei entsprechender Systemkomplexität entweder die zu analysierenden Netze generell zu verkleinern bzw. sie so zu reduzieren, daß das resultierende Netz aufgrund seiner regelmäßigen Struktur besonders effizient behandelt werden kann, oder die Verläßlichkeit mit Hilfe leichter zu bestimmender deterministischer Kenngrößen zu charakterisieren. Verfahren zu beiden Vorgehensweisen werden in diesem Abschnitt vorgestellt und diskutiert.

Netze bilden bei der Verläßlichkeitsbewertung eine spezielle Klasse von Systemen. Sie werden als Graphen modelliert. Die Kanten verbinden jeweils nur zwei Netzknoten miteinander, wobei meist ungerichtete und seltener gerichtete Kanten verwendet werden.

Die ausfallfähigen Komponenten des Systems können bei einem Netz prinzipiell die Knoten, die Kanten oder beides sein, d.h. $N=V$, $N=L$ oder $N=V \cup L$. Ein Knotenausfall läßt sich - je nach den Gegebenheiten im realen Netz - interpretieren als Ausfall aller Kanten, die diesen Knoten als Anfangs- oder Endknoten besitzen. Häufig angenommen, daß ausschließlich Kanten ausfallen können, d.h. $N=L$. Die Ursache dafür mag in der oben beschriebenen Rückführbarkeit der Knoten auf die Kantenausfälle begründet sein. Eine andere Erklärung böte die Annahme, daß der Graph so konstruiert wird, daß alle ausfallfähigen Komponenten ausschließlich durch die Netzkanten des Modells repräsentiert werden und die Knoten keinen Komponenten des realen Systems entsprechen. Im folgenden werden also auch vornehmlich Kantenausfälle berücksichtigt, zumal sich die Analyse in den anderen Fällen nicht wesentlich davon unterscheidet.

Verläßlichkeit bezieht sich auf die Verbindungseigenschaften eines Netzes. Die wichtigste ist vielleicht die Verbindung zwischen zwei Endknoten. Eine weitere Möglichkeit ist die Verbindung aller Netzknoten. Schließlich verallgemeinert die Forderung, daß die Knoten einer Teilmenge K aller Netzknoten V miteinander durch intakte Kanten verbunden sind, die beiden vorher genannten Verbindungsarten.

4.1 Deterministische Verläßlichkeitskenngrößen

Definition 4.1.1: Ein *Netz* G ist ein endlicher Graph, der definiert ist durch ein Paar (V,L) aus der endlichen Menge der Knoten V und der dazu disjunkten Menge der Kanten L, wobei im folgenden meist angenommen wird, daß letztere ungerichtet sind. Sei K eine vorgegebene Teilmenge der Knotenmenge V, so wird gefordert, daß die Knoten aus K alle paarweise durch das Netz miteinander verbunden sind. Um dies auch in der Definition des Netzes zum Ausdruck zu bringen, schreibt man auch G=(V,L,K). Die Knoten aus K werden zu verbindende Knoten oder kurz *Konnektionsknoten* genannt. In den folgenden Abbildungen werden die Knoten von Graphen jeweils durch Kreise, die Kanten durch Verbindungslinien und die Konnektionsknoten jeweils mit einem schwarz ausgefüllten Kreis dargestellt.

Meist werden die Kanten durch ihre beiden Endknoten beschrieben. Wegen der einfacheren Schreibweise wird im folgenden jedoch mit numerierten Kanten gearbeitet. Die Struktur des Netzes wird durch die *Inzidenzfunktion* beschrieben, die jeder Kante ihre beiden Endknoten zuordnet. Da Kanten, die zu ihrem Ausgangspunkt zurückkehren, im Zuverlässigkeitsgraphen keine Bedeutung haben, betrachtet man nur Netze ohne *Schleifen*. Als Beispiel sei die in der folgenden Abbildung 13 dargestellte Topologie einer frühen Ausbaustufe des ARPA-Netzes betrachtet. Diese Netzstruktur eines der ersten Rechnernetze wird mit zwei Konnektionsknoten in der Zuverlässigkeitsliteratur häufig als Beispiel verwendet.

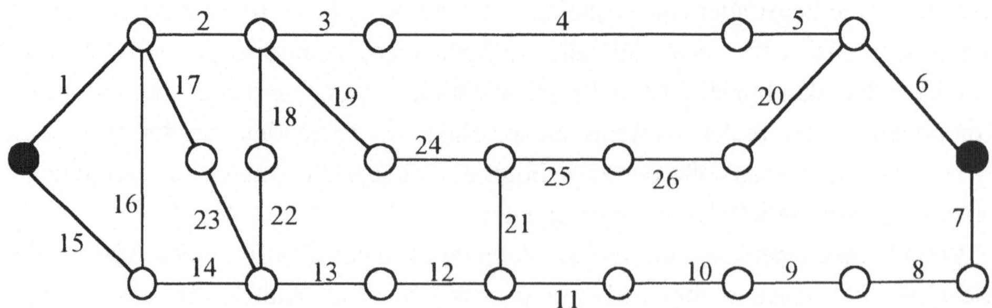

Abb. 13: Eine frühe Topologie des ARPA-Rechnernetzes

In den folgenden Abschnitten dient das vorgestellte Modell als Grundlage für die Definition sowohl deterministischer als auch probabilistischer Verläßlichkeitsmaße, welche zur Bewertung bereits bestehender, z.B. im Rahmen von Schwachstellenanalysen, sowie zur Planung möglichst guter zukünftiger Systeme mit einer netzartigen Zuverlässigkeitsstruktur eingesetzt werden können.

Deterministische Verläßlichkeitskenngrößen können lokale oder globale Eigenschaften des betrachteten Netzes bezeichnen. Lokale Kenngrößen werden verwendet, wenn das untersuchte Verhalten des Netzes eher von einzelnen Netzteilen bestimmt wird. Hingegen kommen globale Kenngrößen zum Einsatz, wenn man das vom gesamten Netz geprägte Verhalten untersucht. In diesem Fall könnte man danach fragen, wie groß die weiteste Entfernung zweier beliebiger Netzknoten ist. Eine ebenfalls globale deterministische Verläßlichkeitskenngröße für Netze stellt der im zweiten Kapitel definierte Fehlertoleranzgrad dar. Häufig möchte man allerdings nicht nur wissen, wieviele Komponentenausfälle toleriert werden, sondern auch welche Folgen die Ausfälle für die Verläßlichkeit des Restnetzes haben. Es liegt nahe, dafür deterministische Verläßlichkeitskenngrößen jeweils in Abhängigkeit von der Anzahl der ausgefallenen Komponenten zu betrachten. Dabei wird das Netz jeweils um die ausgefallenen Komponenten reduziert. Dies führt dann beispielsweise zu parametrisierten Kenngrößen wie der Kohäsions- und Konnektivitätsfunktion oder dem f-Fehler Diameter.

Im folgenden werden also sowohl lokale Kenngrößen wie lokale Komplexität als auch globale wie der Diameter, die Konnektivität und die globale Komplexität betrachtet. Die Vorteile der deterministischen Verläßlichkeitskenngrößen liegen in ihrer relativ einfachen Ermittlung, z.B. bei rein lokaler Auswertung der Netzstruktur, und in ihrer Verwendbarkeit für Abschätzungen, insbesondere wenn sie globaler Natur sind. Auch probabilistische Verläßlichkeitskenngrößen können wie in Abschnitt 4.2 angegeben mit Hilfe deterministischer abgeschätzt werden.

Die Komplexität läßt sich sowohl als lokale wie auch als globale Kenngröße von Netzen auffassen, wie im folgenden präzisiert wird.

Definition 4.1.2: Die Mächtigkeit der Kantenmenge $|L|$ nennt man auch die *globale Komplexität* des Netzes. Ein Knoten und eine Kante heißen *inzident*, wenn der Knoten ein Endpunkt der Kante ist. Die Anzahl der zu einem Knoten $i \in V$ inzidenten Kanten bildet den *Grad des Knotens* i, der mit $g(i)$ bezeichnet wird und auch *lokale Komplexität* heißt. Den *Grad des Netzes* g bildet dann das entsprechende Minimum über alle Netzknoten, $g=\min\{g(i): i\in V\}$. Ein Knoten i mit $g(i)=0$ heißt *isoliert*.

Eine hohe Komplexität kann einerseits ein Indiz für gute Verläßlichkeit sein. Ein Knoten mit hoher lokaler Komplexität kann beispielsweise mehrere Zugänge zum übrigen Netz besitzen, so daß diese Anbindung sehr fehlertolerant ist.

Definition 4.1.3: Eine Verbindung zwischen zwei Knoten v_0 und v_m eines Graphen $G=(V,L)$ mit $v_0,v_m\in V$ wird durch einen *Weg* zwischen den beiden Knoten gebildet. Dieser besteht aus einer alternierenden Folge von unterschiedlichen Kanten und Knoten $v_0,l_1,v_1,l_2,v_2,...,l_m,v_m$ des Graphen mit $v_i\neq v_j$ für $i\neq j$, $0\leq i,j\leq m$ und $l_i\neq l_j$ für $i\neq j$, $1\leq i,j\leq m$, wobei die Knoten v_{i-1} und v_i jeweils zur Kante l_i inzident sind für $1\leq i\leq m$. Die Knoten v_0 und v_m nennt man auch die Endknoten des Weges und m seine *Länge*. Ein Graph G heißt genau dann *zusammenhängend*, wenn jedes Knotenpaar durch einen Weg verbunden ist. Er ist *separierbar*, wenn es ein Kante gibt, durch deren Entfernen der Graph seinen Zusammenhang verliert.

Beispiel 4.1.4: Für die in Abbildung 13 dargestellte Topologie des ARPA-Netzes ist wegen der insgesamt 26 Kanten die globale Komplexität 26. Ferner sind einige Knoten nur inzident zu 2 Kanten, womit für die lokale Komplexität oder den Grad dieses Netzes $g=2$ gilt. Es ist zusammenhängend, da es von jedem Knoten zu jedem anderen mindestens einen Weg gibt, und nicht separierbar, da man das Netz nicht dadurch in zwei getrennte Teile zerlegen kann, daß man nur eine einzige Kante entfernt. Ein Weg zwischen den bezeichneten Endknoten der Länge 6 ist beispielsweise 1, 2, 3, 4, 5, 6.

Definition 4.1.5: Es sei h die kleinste Zahl an Kanten, die entfernt werden müssen, damit das Netz zerfällt, d.h. nicht mehr zusammenhängt. Analog sei c die kleinste Zahl an Knoten, die entfernt werden müssen, so daß es zerfällt oder auf einen einzigen Knoten reduziert wird. Eine Menge solcher Kanten bzw. Knoten heißt *kritisch*. Die Zahlen c und h werden *Knoten-* bzw. *Kantenkonnektivität* (-zusammenhang) genannt. Letztere bezeichnet u.a. Cravis, 1981, auch als *Kohäsion* und erstere wird allgemein *Konnektivität* genannt (vgl. Fiol, 1993). Ein Graph heißt *m-kanten-* oder *m-knotenzusammenhängend*, wenn h bzw. c größer/gleich einer vorgegebenen Zahl m ist. Man spricht dann auch von der *m-Konnektivität* des Netzes.

Ein Netz ist für bis zu h-1 ausgefallene Kanten bzw. c-1 fehlerhafte Knoten zusammenhängend, d.h. im Sinne des Netzzusammenhangs intakt. Im folgenden werden der Einfachheit halber im Anschluß an die Kanten die Knoten mit den auf die Kantennummern folgenden Zahlen durchnumeriert.

Verfahren zur Bestimmung der Konnektivität und Kohäsion sind beispielsweise in Kohlas, 1987, enthalten. Einfacher ist es festzustellen, ob ein Graph m-kanten- oder m-knotenzusammenhängend ist. Einen entsprechenden Algorithmus findet man z.B. in Kohlas, 1987.

Nach dem Satz von Menger gibt es zwischen allen Knotenpaaren eines m-knotenzusammenhängenden Graphen m knotendisjunkte Wege. Eine Menge knotendisjunkter Wege zwischen zwei Netzknoten wird *Container* genannt. Diese Mengen garantieren eine robuste netzartige Zuverlässigkeitsstruktur als Grundlage fehlertoleranter Systeme, weil über mehrere disjunkte Wege Verbindungen und damit Intaktkombinationen bestehen.

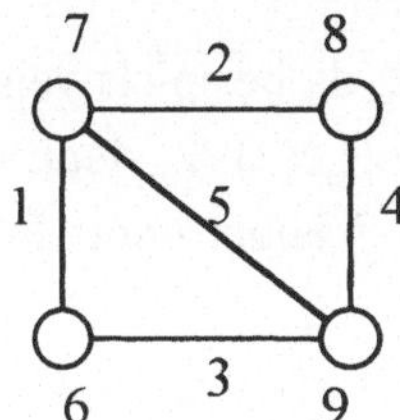

Abb. 14: Brückennetz

Beispiel 4.1.6: Für das Brückennetz in Abbildung 14 gilt h=2, da z.B. durch den Ausfall der zwei Kanten 1 und 3 der Knoten 6 vom übrigen Netz isoliert wird. Die gleiche Situation ergibt sich z.B. auch durch den Ausfall der beiden Knoten 7 und 9, d.h. c=2. Dieses Netz ist 2-kanten- und 2-knotenzusammenhängend (bizusammenhängend). Die letzte Eigenschaft garantiert auch, daß es zwischen allen Netzknotenpaaren mindestens zwei Container gibt. Das Knotenpaar {6,8} ist beispielsweise über die beiden knotendisjunkten Wege 1,2,7 und 3,4,9 miteinander verbunden. Für das ARPA-Netz aus Abbildung 13 gilt ebenfalls h=c=2.

Die beiden Maße der Knoten- und Kantenkonnektivität beziehen sich auf die kleinste Anzahl von Ausfällen, die ein Netz spalten können, aber nicht müssen. Sie berücksichtigen somit nur den ungünstigsten Fall und sagen nichts über die "mittlere" Struktur eines Systems mit netzartiger Zuverlässigkeitsstruktur aus. Außerdem kann der durch die kleinste Anzahl von Ausfällen abgetrennte Netzteil sehr klein und damit nur von geringer Bedeutung sein. Das folgende deterministische Maß berücksichtigt diese beiden Aspekte.

Definition 4.1.7: Die *Kohäsionsfunktion* h(z) bezeichnet die kleinste Anzahl von Kanten, die entfernt werden müssen, damit der kleinste zusammenhängende Teil des Graphen aus z Knoten besteht. Analoges gilt für die *Konnektivitätsfunktion* c(z) bezogen auf die kleinste Anzahl von Knoten.

Beide Größen geben in gewisser Weise an, wie aufwendig es ist, immer größere Stücke aus dem Netz herauszubrechen. Der Wert c(2) gibt beispielsweise an, wieviele Knotenausfälle eine Menge von zwei zusammenhängenden Knoten abtrennen. Ein robustes Netz sollte somit eine monoton steigende (isotone) Konnektivitätsfunktion haben, und für große Argumentwerte z sollten auch die Werte von c(z) ebenfalls groß werden, so daß nur bei zahlreichen Ausfällen c(z) ein großer Schaden in Form von z abgetrennten Knoten entsteht.

Beispiel 4.1.8: Im Brückennetz aus Abbildung 14 ist c(1)=2, da beispielsweise der Ausfall von Knoten 7 und 9 den Knoten 6 isoliert. Ferner gilt c(2)=2, denn durch den Defekt der Knoten 8 und 9 werden die Knoten 6 und 7 abgetrennt. Für die Kohäsionsfunktion gilt h(1)=2 und h(2)=3.
Für ein entsprechend großes Gitter gilt

$$c\left(\binom{z}{2}\right) \;=\; z.$$

Diese Schrittfunktion ist leicht zu erklären, denn es werden immer Dreiecke in einer Ecke des Gitters abgetrennt. Um einen Eckknoten abzutrennen, benötigt man also zwei ausgefallene Knoten. Um den in Abbildung 15 gestrichelt gezeichneten Eckknoten samt den beiden angrenzenden Knoten zu separieren, müssen z.B. die auf der gestrichelten Linie in dieser Abbildung liegenden drei Knoten bzw. die durch die schräge durchgezogene Linie in Abbildung 15 gekennzeichneten vier Kanten ausfallen, d.h. c(3)=3 und h(3)=4. Für die Kohäsionsfunktion des Gitters gilt

$$h\left(\binom{z}{2}\right) \;=\; 2\,(z-1)\,.$$

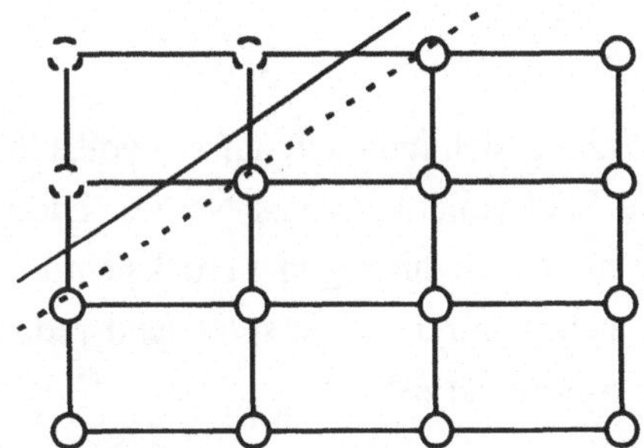

Abb. 15: Konnektivitäts- und Kohäsionsfunktion eines Gitternetzes

Die Verläßlichkeitskenngrößen dieses Abschnitts beziehen sich auf die Länge von Wegen zwischen den Netzknoten, wobei im Modell lediglich die Anzahl der Kanten eines Weges für seine Länge maßgebend ist.

Die Entfernung zwischen zwei Knoten v_O und v_m kann für den Fall, in dem das Netz als Verbindung für diese beiden Knoten betrachtet wird, d.h. $K=\{v_O, v_m\}$, ein Indiz für die Verläßlichkeit sein. Sie dient als untere Schranke für die Anzahl von Knoten und Kanten, die bei für eine Verbindung und somit für das Funktionieren des modellierten Systems benötigt werden. Je weiter die Entfernung, desto mehr ausfallfähige Komponenten werden für eine funktionstüchtige Verbindung benötigt und desto ausfallgefährdeter ist sie. Will man diese Art der Betrachtung von speziellen Knotenpaaren auf das gesamte Netz ausdehnen, so kann man die im folgenden definierte Kenngröße des Diameters verwenden. Diese Kenngröße bildet also eine obere Schranke für alle Entfernungen im Netz und somit auch für die Ausfallmöglichkeiten aller paarweisen Verbindungen innerhalb des Netzes. Der Diameter kann auch zur Abschätzung probabilistischer Verläßlichkeitskenngrößen verwendet werden.

Definition 4.1.9: Die Länge des kürzesten Weges zwischen zwei Knoten bezeichnet ihre *Entfernung*. Dabei dient die Anzahl der diesen Weg bildenden Kanten als Maßzahl für die Länge. Der *Diameter* d eines Netzes ist die größte Entfernung zwischen allen Knotenpaaren.

Beispiel 4.1.10: Im Brückennetz aus Abbildung 14 haben beispielsweise die Knoten 6 und 8 die Entfernung 2 und alle anderen Knotenpaare die Entfernung 1. Somit ist der Diameter dieses Netzes 2 und die mittlere Distanz beträgt 7/6, da fünf Knotenpaare mit der Entfernung 1 und ein Knotenpaar mit der Entfernung 2 vorhanden sind. Für quadratische Gitter wie in Abbildung 15 gilt

$$d \;=\; 2(\sqrt{|V|}-1).$$

Die bisher definierte maximale Distanz bezieht sich lediglich auf ein vollständig in-
taktes Netz und besagen nichts über die Fehlertoleranz eines Netzes. Die im folgenden definierten deterministischen Kenngrößen hingegen berücksichtigen, daß
Netzkomponenten ausgefallen sind und sich dadurch im entsprechend reduzierten
Graphen der Diameter als maximale Entfernung vergrößert.

Definition 4.1.11: Der *f-Fehler Diameter* ist der größte Diameter aller Graphen,
die aus dem vorgegebenen Netz durch Weglassen von f oder weniger Knoten und
der entsprechenden inzidenten Kanten hervorgehen. Für f=0 stimmt diese Größe
mit dem einfachen Diameter der Definition 4.1.9 überein. Eine Parametrisierung
des Diameters in Abhängigkeit von Komponentenausfällen wurde in Krishnamoorthy et al., 1990, vorgeschlagen. Dabei wird für jede Anzahl ausgefallener Knoten
der maximale Diameter bestimmt und die resultierenden Werte werden als *Diame-
tersequenz* bezeichnet. Wenn nur Kanten ausfallen können, ist es sinnvoller, den
Diameter d(z') in Abhängigkeit von der Anzahl z' defekter Kanten zu berechnen.

Beispiel 4.1.12: Für das Brückennetz aus Abbildung 14 gilt
$$d \;=\; d(0) \;=\; d(1) \;=\; 2,$$
$$d(2) \;=\; 3.$$
Dieses Netz besitzt wie auch das Gitter die wünschenswerte Eigenschaft, daß ein
einfacher Kantenausfall keinen Einfluß auf den Diameter hat.

Natürlich können wie in Heidtmann, 1987b, 1992b, 1994, 1995 je nach Anforderung an das Netz weitere deterministische Maße definiert werden.
  Wenn die Verbindung spezieller Netzknoten im Vordergrund steht, spielen nicht
nur allgemeine Größen, die eher wie im vorangegangenen Abschnitt das Gesamt-
netz charakterisieren, eine Rolle, sondern insbesondere solche, welche die Netzstruktur im Hinblick auf die betrachteten Knoten K bewerten. Hierbei wird die
Baumstruktur verwendet. Man kann damit die Kenngröße der Entfernung auch auf
die Verbindung von mehr als zwei Knoten verallgemeinern. Genauer fragt man
nach dem kleinsten Teilgraphen, der alle Knoten aus der Menge K enthält. Dieser
besitzt Baumstruktur und die Anzahl seiner Knoten bildet wie bei der Entfernung
zwischen zwei Knoten eine untere Schranke für die Ausfallmöglichkeiten einer
Verbindung aller Knoten aus K.

Definition 4.1.13: Ein zusammenhängender Graph G'=(V',L') ist genau dann ein *Baum*, wenn |L'|=|V'|-1 gilt. Die Knoten vom Grad 1 werden *Blätter* genannt. Für die *Entfernung aller Knoten aus K* mit K⊆V werden Bäume G'=(V',L') betrachtet, die Teilgraphen des zu analysierenden Netzes G=(V,L) sind, d.h. V'⊆V und L'⊆L. Bäume dieser Art, die zusätzlich alle Knoten von K enthalten und deren Blätter ausschließlich Knoten aus K sind, werden nach Kohlas, 1987, als *K-Bäume* bezeichnet. Die Anzahl der Kanten des K-Baumes mit den wenigsten Kanten bildet nun die *Entfernung der Knoten aus K*. Für K=V=V' werden die K-Bäume auch *spannende Bäume* genannt, da sie sämtliche Netzknoten enthalten, d.h. den Graphen aufspannen.

Für |K|=2 sind die K-Bäume Wege, und die Anzahl der Kanten des kürzesten Weges bildet die Entfernung. Für spannende Bäume gilt wegen |V|=|V'| und |L'|=|V'|-1 folgende Gleichung für die Anzahl ihrer Kanten:

$$|L'| \quad = \quad |V|-1.$$

Beispiel 4.1.14: Gegenstand der folgenden Betrachtungen ist die Brücke aus Abbildung 14 mit L={1,2,3,4,5} und V={6,7,8,9}.

a) Für K={6,8} bilden die folgenden Subgraphen alle K-Bäume des Brückennetzes, d.h. Wege zwischen Knoten 6 und 8 (vgl. Tabelle 3 zweite Spalte von links nach rechts und oben nach unten):

   ({6,7,8},{1,2}), ({6,8,9},{3,4}), (V,{1,4,5}), (V,{2,3,5}) .

   Die Entfernung zwischen Knoten 6 und 8 ist somit 2.

b) Für K={6,7,8} erhält man:

   ({6,7,8},{1,2}), (V,{3,4,5}), (V,{1,4,5}), (V,{2,3,5}), (V,{2,3,4}),
   (V,{1,3,4}).

   Wegen des ersten K-Baumes ist die Entfernung 2.

c) Die K-Bäume für K=V (spannende Bäume) sind:

   (V,{1,2,5}), (V,{3,4,5}), (V,{1,4,5}), (V,{2,3,5}), (V,{2,3,4}),
   (V,{1,3,4}), (V,{1,2,3}), (V,{1,2,4}).

   Dies sind alle Dreierkombinationen außer {1,3,5} und {2,4,5}, wodurch jeweils nur drei Knoten in der linken bzw. rechten Hälfte des Netzes verbunden werden.
   Die Entfernung für sämtliche Knoten aus V beträgt damit 3.

Dieses Beispielnetz besitzt den Diameter 2. Beispielsweise ist {6,8} ein Knotenpaar, das am weitesten voneinander entfernt ist.

Tabelle 3: K-Bäume der Brücke für verschiedene Konnektionsknoten

Netz	zugehörige K-Bäume	Ent-fer-nung
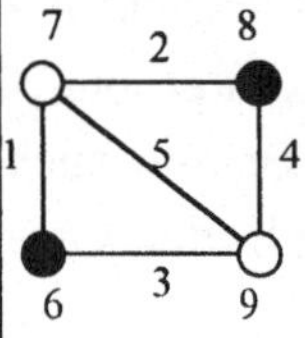	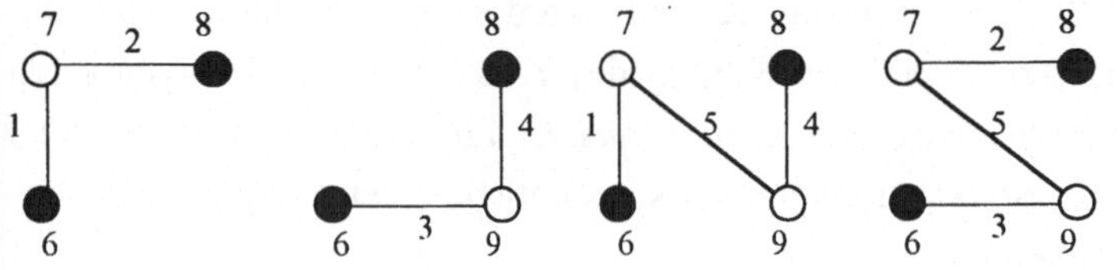	2
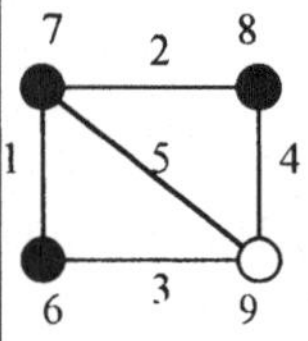	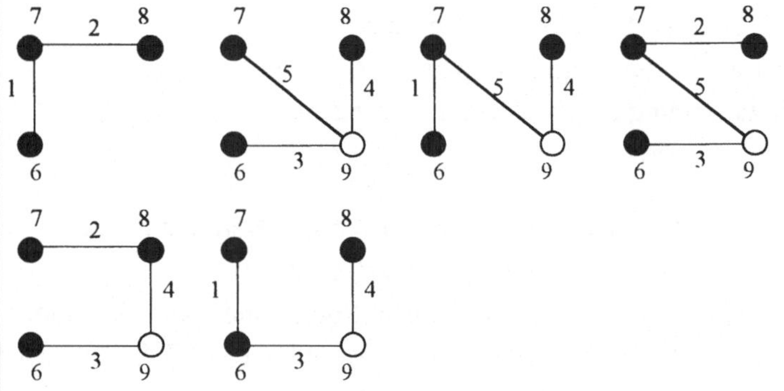	2
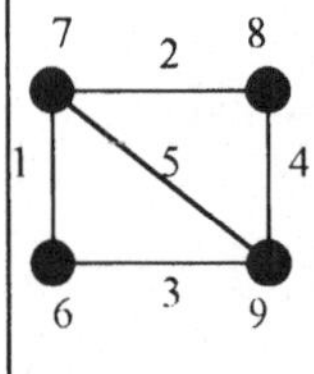	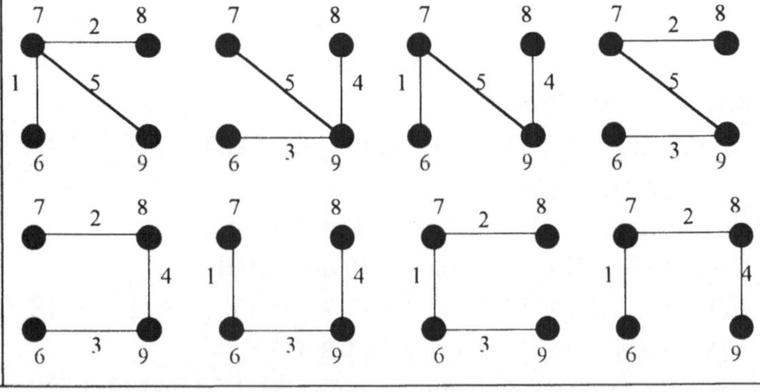	3

Die schwarz ausgefüllten Knoten stellen die Konnektionsknoten dar.

Einige der bereits diskutierten deterministischen Verläßlichkeitskenngrößen lassen sich auch auf die Konnektionsknoten beziehen. So kann man zunächst den Zusammenhang auf die Knoten aus der Menge K der Konnektionsknoten beschränken und vom K-Zusammenhang des Graphen (V,L,K) sprechen, wenn alle Knoten aus

K miteinander verbunden sind. Darauf aufbauend läßt sich beispielsweise die K-Konnektivität und K-Kohäsion definieren als die kleinste Zahl von Kanten bzw. Knoten, die entfernt werden müssen, so daß die Knoten aus der Menge K der Konnektionsknoten nicht mehr zusammenhängen, der Graph (V,L,K) also nicht mehr K-zusammenhängend ist.

Wählt man beispielsweise bei der Brückenstruktur K={7,9}, so erhält man für die K-Konnektivität 3, da mindestens drei Kanten entfernt werden müssen, um die beiden Knoten 7 und 9 voneinander zu trennen. Der entsprechende Wert für K={6,8} ist 2. Im Beispiel 4.1.6 wurde für die Konnektivität dieses Netzes unabhängig von Konnektionsknoten der Wert 2 ermittelt.

In gleicher Weise lassen sich auch die k-fache Fehlertoleranz und der Diameter auf die Menge K der Konnektionsknoten beziehen. Diese Maße sind insofern konsistent, als sich für K=V wiederum die von K unabhängigen Größen ergeben.

Bisher wurden die K-Bäume lediglich in Zusammenhang mit deterministischen Verläßlichkeitskenngrößen gebracht. Darüber hinaus besitzen sie auch noch eine besondere Bedeutung als Grundlage von Berechnungsverfahren für probabilistische Verläßlichkeitskenngrößen von Netzen. Dies wird in den folgenden Abschnitten deutlich, in denen die K-Bäume die Minimalmengen der Systeme mit Netzcharakteristik bilden. Auch bei dem von Boyd, Iverson, 1993, entwickelten Verfahren zur Überführung von Netzen und allgemeiner von gerichteten Graphen in entsprechende Fehlerbäume sind die K-Bäume besonders wichtig, da sie wichtige Informationen über die Zuverlässigkeitsstruktur von Netzen enthalten.

4.2 Probabilistische Verläßlichkeitskenngrößen

Ausgehend von den verschiedenen Zuverlässigkeitsanforderungen an netzartige Systemstrukturen wurden bisher eine Reihe von deterministischen und probabilistischen Verläßlichkeitsmaßen vorgeschlagen. Die deterministischen Maße wurden ursprünglich als Kenngrößen für die Verletzlichkeit von Netzen formuliert. Sie hängen nur von der Struktur des Netzes ab, d.h. von der Anzahl der Knoten und Kanten sowie von der Art und Weise, wie sie verbunden sind. Bei der probabilistischen Behandlung hingegen assoziiert man mit jedem Knoten oder jeder Kante eine Ausfallwahrscheinlichkeit. Das Problem besteht dann darin, aus diesen Kenngrößen unter Berücksichtigung der Netzstruktur die Wahrscheinlichkeit dafür abzuleiten, daß eine entsprechende funktionierende Verbindung existiert, d.h. das als Netz dargestellte System intakt ist.

Der Graph enthielt bisher nur Informationen zur Netzstruktur, aber nicht über die Ausfälle seiner Komponenten. Die im folgenden verwendeten probabilistischen Graphen hingegen sind zusätzlich charakterisiert durch die Intakt- oder Defektwahrscheinlichkeiten r_i bzw. u_i mit $i \in N$ für ihre Knoten bzw. Kanten, d.h. Komponenten. Das Ergebnis der probabilistischen Analyse ist die mit R bzw. zur Unterscheidung verschiedener Graphen G mit $R(G)$ oder unterschiedlicher Konnektionsknoten K mit $R(K)$ bezeichnete Intaktwahrscheinlichkeit des gesamten Netzes. Diese Wahrscheinlichkeiten können z.B. die Zuverlässigkeit oder die Verfügbarkeit repräsentieren.

Definition 4.2.1: Die gebräuchlichen probabilistischen Verläßlichkeitsmaße unterscheiden sich durch die Wahl der Menge K:

- Intaktwahrscheinlichkeit für eine Punkt-zu-Punkt-Verbindung,
- Zusammenhangs- oder Totalwahrscheinlichkeit,
- Intaktwahrscheinlichkeit für eine Mehrpunkt-Verbindung.

Die Auswahl eines Maßes richtet sich nach der Anforderung an das Netz. Beispielsweise berücksichtigt die *Intaktwahrscheinlichkeit für eine Punkt-zu-Punkt-Verbindung* (two terminal reliability, terminal pair reliability) lediglich die Funktionstüchtigkeit der Verbindung zwischen einem bestimmten Knotenpaar, so daß für K eine zweielementige Menge gewählt wird, d.h. $|K|=2$. Die *Zusammenhangs-* oder *Totalwahrscheinlichkeit* (all terminal reliability) wird definiert als die Wahrscheinlichkeit dafür, daß zwischen allen Knotenpaaren des Netzes eine Verbindung existiert, d.h. daß alle Netzknoten miteinander verbunden sind, und der Graph somit zusammenhängt. In diesem Fall ist $K=V$. Als Verallgemeinerung der beiden genannten Maße kann die *Intaktwahrscheinlichkeit für eine Mehrpunkt-Verbindung* (K-terminal, multiterminal reliability) angesehen werden. Dabei kann K als beliebige Teilmenge sämtlicher Netzknoten gewählt werden, so daß die beiden vorher genannten Fälle $|K|=2$ und $K=V$ ebenfalls möglich sind.

Deterministische Kenngrößen wie die oben diskutierten können u.a. zur Approximation der probabilistischen genutzt werden. Beispielsweise sind alle Punkt-zu-Punkt-Verbindungen innerhalb eines Netzes nicht länger als sein Diameter d. Daraus ergibt sich für die Intaktwahrscheinlichkeit R beliebiger Punkt-zu-Punkt-Verbindungen unter den Voraussetzungen N=L, unabhängiger Leitungsausfälle und $r_i \geq$ r_o für alle $i \in L$ die Abschätzung

$$R \geq r_o{}^d .$$

Um das Modell handhaben zu können, wird vorausgesetzt, daß alle Wahrscheinlichkeiten statistisch voneinander unabhängig sind. Außerdem sollen Knoten nicht ausfallen, so daß Netzausfälle lediglich von Kantenausfällen herrühren.

4.3 Reduktion

Bei der Zuverlässigkeitsanalyse von Netzen besteht häufig die Möglichkeit gewisse Teile des Netzes durch weniger umfangreiche oder einfacher vermaschte Teilnetze zu ersetzen. Bleibt dabei die Verläßlichkeit des Gesamtnetzes unverändert, so spricht man von einer Reduktion des Netzes. Die in diesem Abschnitt jeweils bei der Ersetzung verwendeten Formeln setzen in dieser einfachen Form jeweils die Unabhängigkeit der ausfallgefährdeten Netzkomponenten voraus.

Definition 4.3.1: Sei $G'=(V',L')$ ein Subgraph zu einem Graphen $G=(V,L)$. Man bezeichnet alle Knoten mit einem Nachbarknoten in $V-V'$ als Menge der *Anschluß-knoten* $AK \subseteq V'$. Eine Abbildung von V' nach $V''=(V'',L'')$ mit $AK \subseteq V' \cap V''$ heißt *Transformation* von G. Sie ersetzt den Subgraphen G' von G durch einen anderen Subgraphen G'' mit den gleichen Anschlußknoten an den Rest des Graphen. Im allgemeinen verändert eine Transformation die Verläßlichkeit des Netzes. Ist dies nicht der Fall und reduziert man die Anzahl der Knoten, der Kanten oder beides, so wird sie *Reduktion* genannt.

Beispiel 4.3.2: Das ARPA-Netz aus Abbildung 13 und sein Subgraph mit den Kanten $L'=\{3,4,5,19,20,24,25,26\}$ sowie den zu diesen Kanten inzidenten Knoten besitzt die drei in der Abbildung 16 gemusterten Anschlußknoten. In dieser Abbildung ist ferner die Transformation des ARPA-Netzes dargestellt, die das durch L' charakterisierte Subnetz durch dasjenige aus den drei oben genannten Knoten ersetzt.

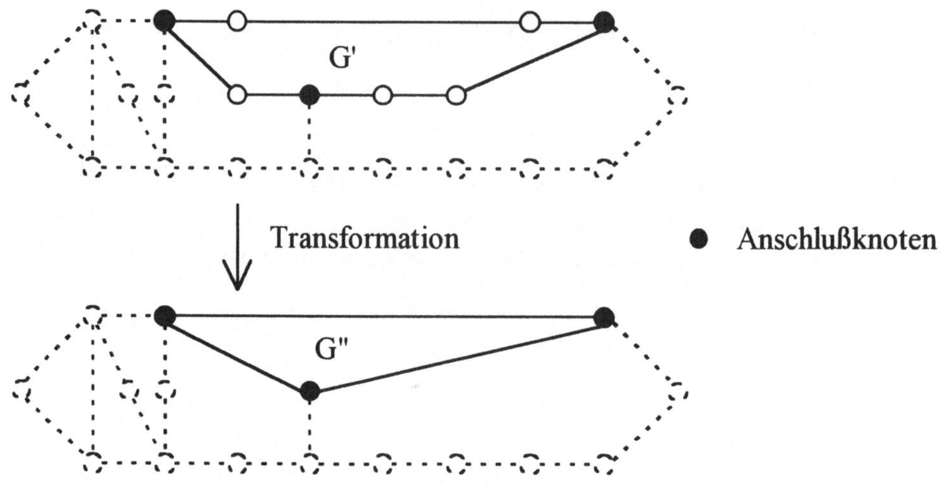

Abb. 16: Transformation des ARPA-Netzes

Definition 4.3.3: Zwei Kanten heißen *parallel*, wenn sie beide Endknoten, *adjazent*, wenn sie nur einen Endknoten gemeinsam haben, und darüber hinaus *seriell*, wenn ihr gemeinsamer Endknoten vom Grad 2 ist. Die Zusammenfassung eines Paares serieller (paralleler) Kanten zu einer einzigen Kante heißt *Serien-(Parallel-) Ersetzung*. Ein *Serien-Parallelnetz* ist ein Graph, der durch Serien- und Parallelersetzungen auf einen Baum zurückgeführt werden kann. Ist es zusätzlich nicht separierbar, so enthält dieser Baum nach allen Serien-Parallelersetzungen nur noch genau eine Kante.

Beispiel 4.3.4: Die Brückenstruktur in Abbildung 14 bildet ein Serien-Parallelnetz, bei dem zunächst die Kanten 1 und 3 sowie 2 und 4 jeweils durch Serienersetzung auf eine Kante zurückgeführt werden können. Die verbleibenden drei Kanten können dann durch Parallelersetzung zu einer Kante zusammengefaßt werden. Abbildung 17 zeigt einen Graphen, der kein Serien-Parallelnetz darstellt, da er keinen Knoten vom Grad 2 und keine parallelen Kanten hat.

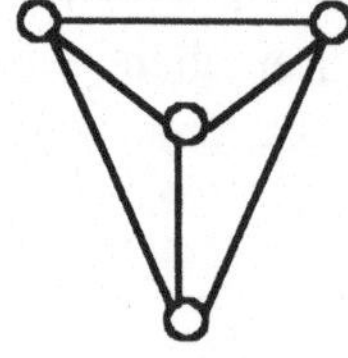

Abb. 17: Graph ohne Serien-Parallelstruktur

Die Serien- und Parallelersetzungen können nicht zur Bewertung der Verläßlichkeit verwendet werden, da sie im Gegensatz zu den Reduktionen die Menge K der Konnektionsknoten unberücksichtigt lassen. Sie dienen lediglich zur einfachen Beschreibung der Klasse aller Serien-Parallelnetze als einer wichtigen Teilmenge aller Netzstrukturen, deren probabilistische Verläßlichkeitskenngrößen effizient mit Hilfe der im folgenden diskutierten Reduktionsverfahren berechnet werden können.

4.3.1 Serien-Parallelreduktion

Mehrere zusammenhängende serielle Kanten bilden eine Kette, die zu einer einzigen Kante reduziert werden kann.

Definition 4.3.1.1: Eine *Kette* im Graphen G ist ein Weg $v_0, l_1, v_1, l_1, v_2, ..., v_{m-1}, l_m, v_m$ zwischen zwei verschiedenen Endknoten v_0 und v_m , bei dem die *inneren Knoten*, d.h. v_i mit $0 < i < m$, den Grad 2 besitzen.

Satz 4.3.1.2: Sind alle inneren Knoten einer Kette nicht aus K, so kann sie mittels Serienreduktion auf eine einzige Kante 1' zwischen v_0 und v_m zurückgeführt werden. Dies veranschaulicht die Abbildung 18. Sind die Kanten der Kette unabhängig im Sinne der Definition 2.1.6 , so ist die Intaktwahrscheinlichkeit r' der resultierenden Kante das Produkt der Intaktwahrscheinlichkeiten der ursprünglichen Kanten der Kette.

$$r' = \prod_{i=1}^{m} r_{l_i}$$

Parallele Kanten können unabhängig davon, ob einer, beide oder keiner der beiden inzidenten Knoten zu K gehören, ebenfalls zu einer einzigen Kante 1" zusammengefaßt werden wie in Abbildung 19 dargestellt. Bei der Parallelreduktion unabhängiger Kanten ergibt sich die Defektwahrscheinlichkeit u" der neuen Kante 1" als das Produkt der Defektwahrscheinlichkeiten der parallelen Kanten. Die in schematischen Netzdarstellungen meist dicht beieinander gezeichneten parallelen Verbindungsleitungen können im realen Netz sehr weit auseinanderliegen, insbesondere dann, wenn parallele Kanten sich erst durch Serienreduktion verschiedener, eigentlich weit voneinander getrennt verlaufender Wege ergeben.

$$u'' = \prod_{i=1}^{m} u_i = \prod_{i=1}^{m} (1 - r_i)$$

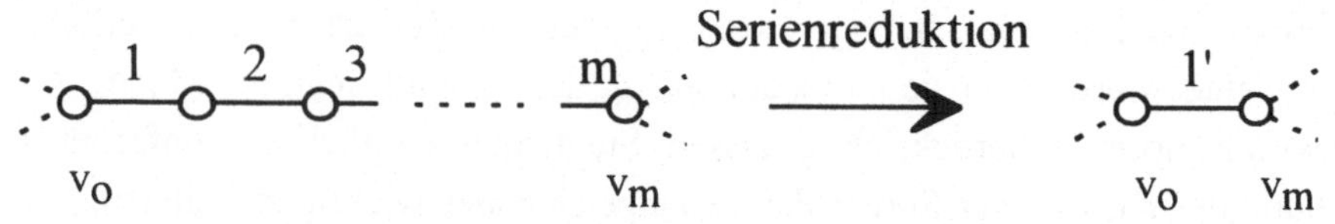

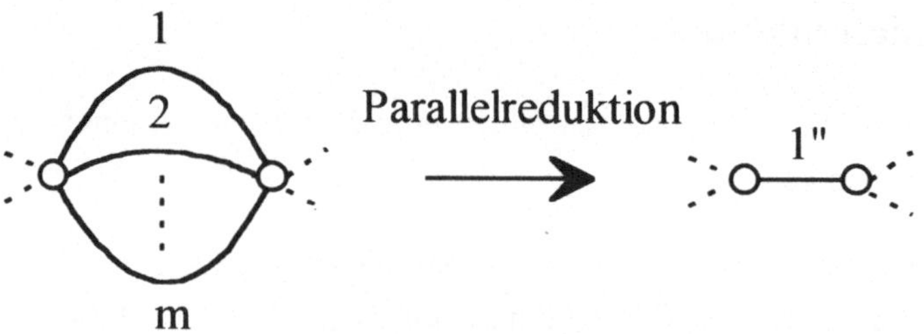

Abb. 18: Das Prinzip der Serienreduktion

Abb. 19: Das Prinzip der Parallelreduktion

Beispiel 4.3.1.3: Das ARPA-Netz aus Abbildung 13 kann beispielsweise durch Serienreduktion von 26 auf 14 Kanten verkleinert werden. Dabei gilt, wie Abbildung 20 zu entnehmen ist, z.B.:

$$r_{1'} = r_1 ,$$
$$r_{2'} = r_2 ,$$
$$r_{3'} = r_3 r_4 r_5 ,$$
$$r_{4'} = r_6 ,$$
$$r_{5'} = r_7 r_8 r_9 r_{10} r_{11} .$$

Parallelreduktion ist nicht möglich.

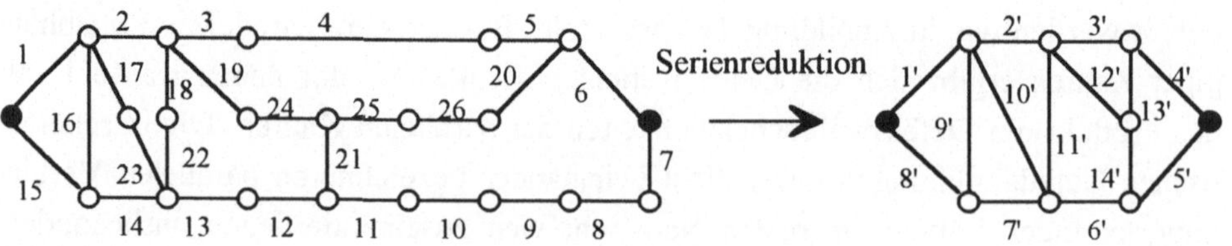

Abb. 20: Serienreduktion des ARPA-Netzes aus Abbildung 13

Kombinierte Serien- und Parallelreduktionen werden auch kurz als Serien-Parallelreduktion bezeichnet. Wie sie iterativ kombiniert werden können, zeigt das in der folgenden Abbildung dargestellte Beispiel 4.3.1.4.

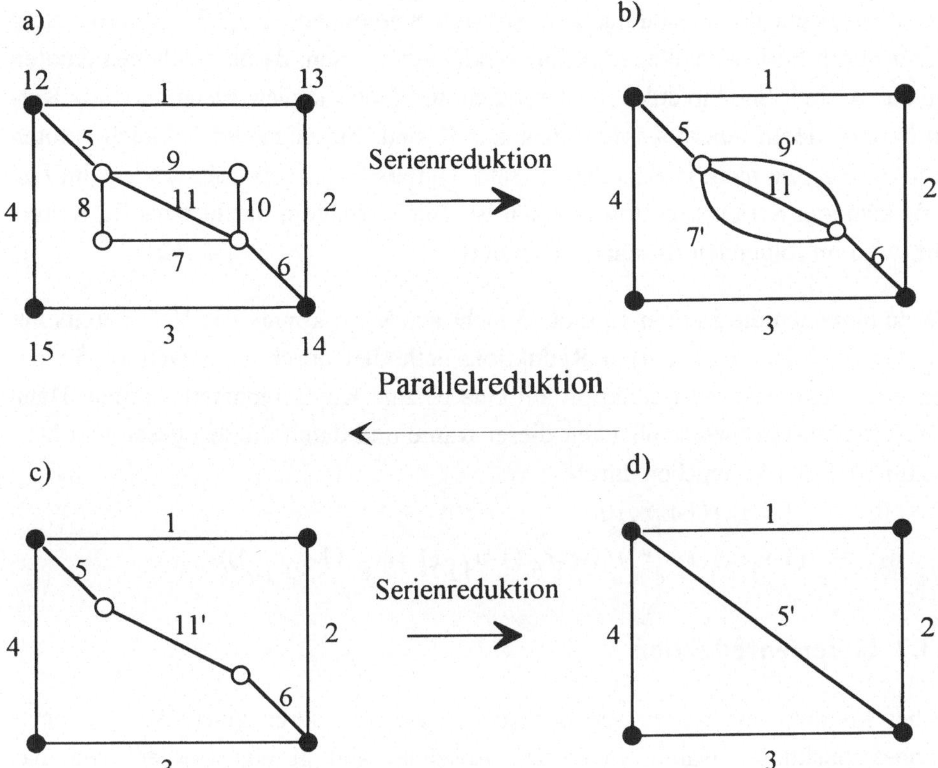

Abb. 21: Iterierte Serien- und Parallelreduktionen

Beispiel 4.3.1.4: Das ursprüngliche Netz bestehe aus 11 Komponenten in Form von Kanten, und es sei K={12,13,14,15} (s. Abbildung 21a). Es können nun die beiden seriellen Teilsysteme mit den Kanten 7, 8 bzw. 9, 10 auf die Kanten 7' bzw. 9' reduziert werden (s. Abbildung 21b). Dabei gilt:

$$r_{9'} = r_9 r_{10} \, ,$$
$$r_{7'} = r_7 r_8 \, .$$

Im zweiten Reduktionsschritt werden die drei Kanten 7', 9' und 11 zur Kante 11' zusammengefaßt (vgl. Abbildung 21c), für die dann gilt:

$$u_{11'} = u_{7'} u_{9'} u_{11} \, .$$

Zum Schluß wird das Seriensubsystem aus den Komponenten 5, 6 und 11' auf die Komponente 5' reduziert (vgl. Abbildung 21d), und es gilt:

$$r_{5'} = r_5 r_6 r_{11'}$$

Das Restsystem der Abbildung 21d mit den Komponenten 1,2,3,4,5' kann nicht weiter durch Serien-Parallelreduktion verkleinert werden, da die restlichen Knoten alle aus K sind. Serienreduktion ist nämlich nur dann möglich, wenn ein Netz Ketten besitzt, deren innere Knoten nicht aus K sind. Sie eliminiert lediglich Knoten vom Grad 2, die nicht in K enthalten sind. Daraus folgt, daß insbesondere im Fall K=V keinerlei Serienreduktion möglich ist. Ein Verfahren, das hier häufig weiterhilft, wird im folgenden Abschnitt diskutiert.

Wären hingegen die Knoten 13 und 15 nicht aus K, so könnte das Netz bereits mit den beiden bisher diskutierten Reduktionsmethoden durch zwei weitere Serien- und eine weitere Parallelreduktion auf eine einzige Kante reduziert werden. Dann wäre die Defektwahrscheinlichkeit dieser Kante und damit die des gesamtem Netzes für K={12,14} gegeben durch

$$R = (1-r_1 r_2)(1-r_3 r_4) u_{5'}$$
$$= (1-r_1 r_2)(1-r_3 r_4)(1-r_5 r_6 (1-u_{11}(1-r_7 r_8)(1-r_9 r_{10}))).$$

4.3.2 K-Serienreduktion

Bisher konnten nur Ketten seriell reduziert werden, deren innere Knoten keine Konnektionsknoten waren. In diesem Abschnitt soll gezeigt werden, wie man Ketten zusammenfaßt, deren Knoten sämtlich Konnektionsknoten darstellen. Deshalb heißt dieses Verfahren *K-Serienreduktion*. Es ist etwas aufwendiger als die einfache Serienreduktion, da nur unter der Bedingung reduziert werden darf, daß die inneren Knoten mit dem restlichen Netz verbunden bleiben.

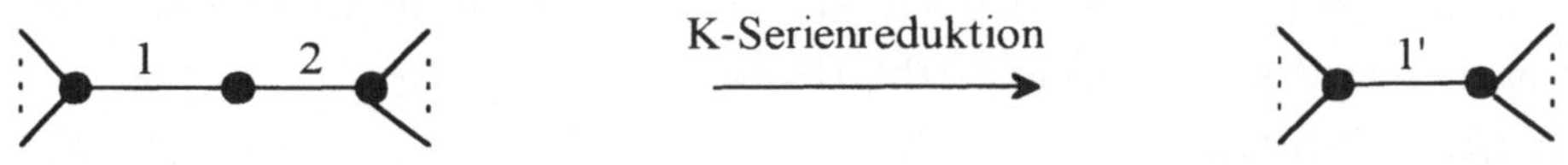

Abb. 22: Prinzip der K-Serienreduktion

Ausgangspunkt sind zwei Kanten, die zwei Knoten aus K über einen Zwischenknoten, ebenfalls aus K, vom Grad 2 verbinden. Der Zwischenknoten ist nur dann mit dem Netz verbunden, wenn nicht beide Kanten 1 und 2 defekt sind. Dieses Ereignis liegt mit Wahrscheinlichkeit $1-u_1 u_2$ vor und besagt, daß der Zwischenknoten erreichbar sein muß, da er zu K gehört.

Satz 4.3.2.1: Das nicht reduzierte Netz G ist genau dann intakt, wenn das reduzierte Netz G' intakt und der Zwischenknoten erreichbar ist. Dies bedeutet

$$R(G) = (1-u_1u_2)\, R(G').$$

Für den reduzierten Graphen G' muß auch bei der Betrachtung der Intaktwahrscheinlichkeit seiner Kanten das Ereignis, daß nicht beide Kanten 1 und 2 defekt sind, als Voraussetzung vorliegen. Werden unter dieser Voraussetzung die beiden Kanten 1 und 2 des Graphen G durch eine Kante 1' des Graphen G' ersetzt, so ist diese genau dann intakt, wenn beide Kanten 1 und 2 intakt sind. Diese letzte Bedingung bestimmt den Zähler und die vorher genannte Voraussetzung den Nenner des folgenden Quotienten.

$$r_{1'} = \frac{r_1 r_2}{1-u_1 u_2}$$

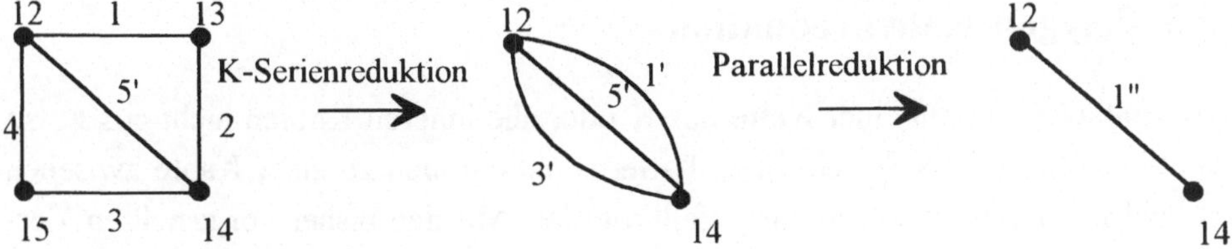

Abb. 23: Beispiel mit einer K-Serienreduktion

Beispiel 4.3.2.2: Das reduzierte Netz aus dem vorangegangenen Beispiel in Abbildung 21d mit V={12,13,14,15}, L={1,2,3,4,5'} und K={12,13,14,15} läßt sich nun weiter reduzieren. Zunächst werden die Kanten 1 und 2 zu 1' sowie 3 und 4 zu 3' zusammengefaßt, wie in Abbildung 22 bzw. 23 zu sehen ist. Die Intaktwahrscheinlichkeit $r_1{}'$ ist unmittelbar dem Satz zu entnehmen und für $r_{3'}$ gilt analog:

$$r_{3'} = \frac{r_3 r_4}{1-u_3 u_4}$$

Schließlich können die drei parallelen Kanten 1',3' und 5' vereinigt werden zur einzigen Kante 1". Die Intaktwahrscheinlichkeit des Netzes läßt sich dann folgendermaßen berechnen:

$$
\begin{aligned}
R &= (1-u_1u_2)(1-u_3u_4)\,r_{1''} \\
  &= (1-u_1u_2)(1-u_3u_4)(1-u_{1''}) \\
  &= (1-u_1u_2)(1-u_3u_4)(1-u_{1'}u_{3'}u_{5'}) \\
  &= (1-u_1u_2)(1-u_3u_4) - (r_1+r_2-2r_1r_2)(r_3+r_4-2r_3r_4)(1-r_5').
\end{aligned}
$$

Der wesentliche Vorteil der Reduktionsmethoden ist, daß mit |L|-1 von vornherein
eine obere Schranke für die Anzahl der Reduktionen feststeht. Läßt sich also eine
probabilistische Verläßlichkeitskenngröße eines Systems ausschließlich mit Hilfe
der vorgestellten Reduktionen berechnen, so wächst der Rechenaufwand lediglich
linear mit der Netzgröße. In vielen Fällen kommt man mit den drei genannten Verfahren Serienreduktion, Parallelreduktion und K-Serienreduktion schon sehr weit.
Leider lassen sich so aber noch nicht alle Serien-Parallelnetze auf eine Kante zurückführen. Ein Beispiel hierfür ist die Brückenstruktur in Abbildung 14, bei der
jeweils ein Konnektionsknoten als Zwischenknoten von zwei nicht zu K gehören-
den Knoten eingeschlossen ist. Das gleiche gilt für das reduzierte ARPA-Netz der
Abbildung 20. Für die Brückenstruktur kann mit Hilfe der folgenden Methode eine
vollständige und für das ARPA-Netz eine weitere Reduktion erreicht werden.

4.3.3 Polygon-Kettenreduktion

Sind sämtliche Knoten einer Kette aus K oder alle inneren Knoten nicht aus K, so
kann die Kette mittels Serien- bzw. K-Serienreduktionen zu einer Kante zwischen
den beiden Endknoten zusammengefaßt werden. Mit den bisher vorgestellten Verfahren können jedoch nicht die in der Abbildung 24 dargestellten Ketten reduziert
werden.

Abb. 24: Nicht serien- oder K-serienreduzierbare Kettentypen

Definition 4.3.3.1: Ein *Polygon* in einem Graphen ist ein Paar verschiedener Ketten, welche die gleichen Endknoten, jedoch keine gemeinsamen inneren Knoten besitzen.

Bei einem nach den bisher vorgestellten Verfahren nicht reduzierbaren Netz können Polygone nur aus Ketten der Abbildung 24 zusammengesetzt werden. Die beiden Endknoten zweier Ketten, die zu einem Knoten des Polygons verschmelzen,
müssen selbstverständlich entweder beide aus K sein oder beide nicht zu K gehören. Da außerdem die Polygone aus zwei parallelen Ketten vom Typ 1.-3. mittels
Parallelreduktion zu einer Kante zusammengefaßt werden können, bleiben schließ-

lich noch sieben Kombinationen obiger Ketten als Typen von bisher nicht reduzierbaren Polygonen.

Jeder dieser sieben Polygontypen kann nach einem Reduktionsverfahren von
Wood, 1985, zu einer Kette reduziert werden. Man nennt diese Verfahren deshalb
auch *Polygon-Kettenreduktion*. Damit ist es dann unter Umständen möglich, ein
mit den bisher vorgestellten Reduktionsmethoden nicht weiter reduzierbares Netz
noch weiter zu vereinfachen. Außerdem wird die Klasse aller vollständig reduzierbaren und damit effizient berechenbaren Netze durch dieses Verfahren wesentlich
erweitert. Polygontypen und die durch die neue Methode daraus gebildeten Kettentypen sind in der folgenden Tabelle gegenübergestellt.

Tabelle 4: Polygone und zugehörige reduzierte Ketten

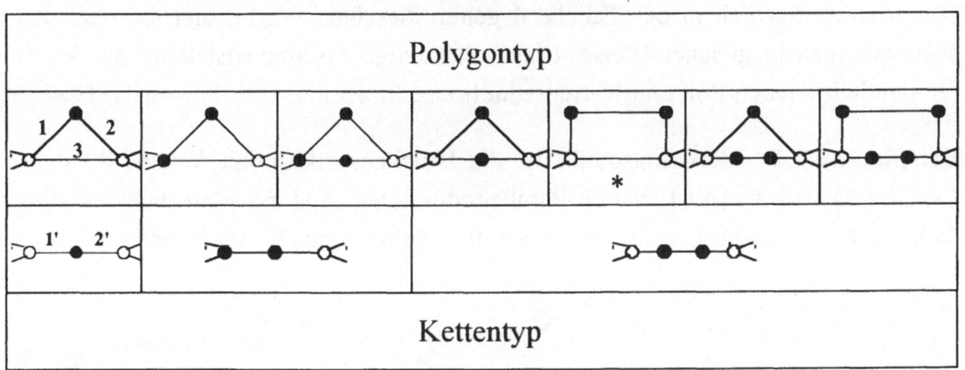

* für $|K|>2$. Für $|K|=2$ wird daraus folgende Kette:

Am ersten Polygon-Kettenpaar der Tabelle 4 soll die Vorgehensweise bei der Polygon-Kettenreduktion demonstriert werden. Wir unterscheiden folgende drei Fälle
und damit die Graphen G_1, G_2 und G_3:

1. mindestens zwei der drei Kanten sind intakt, d.h. alle drei Knoten fallen zu einem zusammen,
2. nur Kante 2 ist intakt, d.h. der Knoten aus K fällt mit dem rechten zusammen
   und Kante 3 entfällt,
3. nur Kante 1 ist intakt, d.h. der Knoten aus K fällt mit dem linken zusammen und
   Kante 3 entfällt.

Mit der Abkürzung

$$r' = r_1 r_2 + r_1 u_2 r_3 + u_1 r_2 r_3$$

gilt

$$R(G) = r'R(G_1) + u_1r_2u_3R(G_2) + r_1u_2u_3R(G_3) \ .$$

Betrachtet man nun eine Zerlegung von G' nach den beiden Kanten 1' und 2', so gilt

$$R(G') = r_{1'}r_{2'}R(G_1) + u_1r_{2'}R(G_2) + r_{1'}u_2R(G_3) \ .$$

Aus dem Vergleich dieser beiden Gleichungen erhält man

$$R(G) = \frac{(r'+u_1r_2u_3)(r'+r_1u_2u_3)}{r'}R(G') \ ,$$

wobei die beiden Kanten 1' und 2' folgende Intaktwahrscheinlichkeiten besitzen:

$$r_{1'} = \frac{r'}{r'+u_1r_2u_3} \ ,$$

$$r_{2'} = \frac{r'}{r'+r_1u_2u_3} \ .$$

Für den zweiten Fall in der Tabelle 4 gelten dieselben Werte, und die restlichen bestimmt man in gleicher Weise. Eine vollständige Zusammenstellung der Werte für sämtliche sieben Polygon-Kettenreduktionen findet man z.B. in Kohlas, 1987.

Beispiel 4.3.3.2: Ausgangspunkt ist die Brückenstruktur mit V={6,7,8,9}, L= {1,2,3,4,5} und K={6,8}. Serien-Parallelreduktionen sind zunächst nicht möglich, da keine Kette existiert, deren innere Knoten alle nicht aus K={6,8} sind.

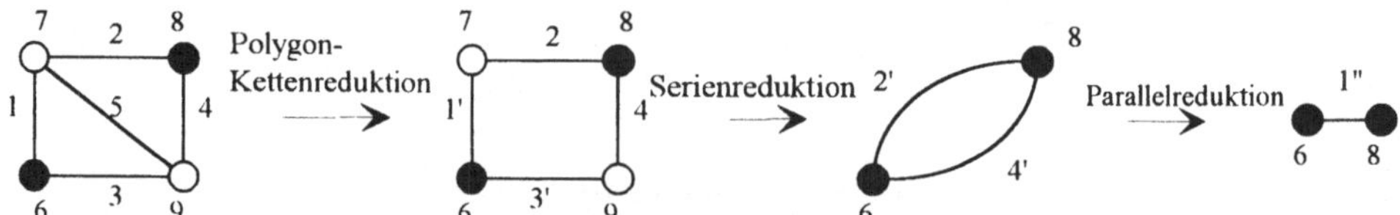

Abb. 25: Polygon-Kettenreduktion der Brückenstruktur

Jedoch kann z.B. das linke Dreieck aus den Knoten {6,7,9} und den Kanten {1,3,5} gemäß der ersten Spalte der Tabelle 4 zu einer Kette mit denselben Knoten und den Kanten {1',3'} nach der Polygon-Kettenmethode reduziert werden. Das verbleibende Netz mit der Kantenmenge {1',2,3',4} besitzt nun zwei Ketten, deren innere Knoten nicht aus K sind, nämlich 6,1',7,2,8 sowie 6,3',9,4,8. Es kann somit durch zwei Serienreduktionen gemäß Abbildung 18 zu einem Graphen aus zwei parallelen Kanten 2' und 4' vereinfacht werden, wobei dann nur noch die beiden Knoten aus K={6,8} übrigbleiben. Dieses Netz wird durch eine Parallelreduktion zu einer Kante 1" zusammengefaßt. Es gilt also mit

$$r' = r_1r_3 + r_1u_3r_5 + u_1r_3r_5$$

$$R = r_{1''} = 1-u_{2'}u_{4'} = 1-(1-r_{1'}r_2)(1-r_{3'}r_4)$$

$$= \frac{(r'+u_1r_3u_5)(r'+r_1u_3u_5)}{r'} \left(1-\left(1-\frac{r'}{r'+u_1r_3u_5}r_2\right)\left(1-\frac{r'}{r'+r_1u_3u_5}r_4\right)\right).$$

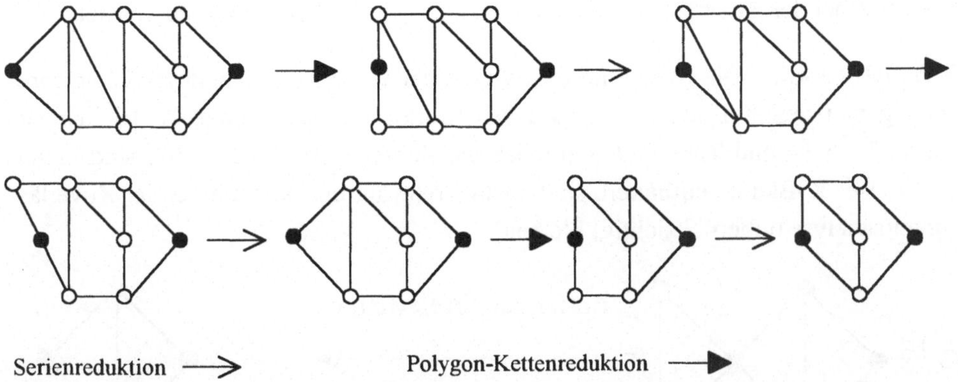

Serienreduktion $\longrightarrow$ Polygon-Kettenreduktion $\longrightarrow$

Abb. 26: Wiederholte Serien- und Polygon-Kettenreduktion des ARPA-Netzes

Der durch die bisher diskutierten Reduktionen entstandene Restgraph des ARPA-Netzes ist so nicht weiter reduzierbar und ihre Intaktwahrscheinlichkeit muß mit anderen Verfahren berechnet werden. Allerdings ist dieses Restnetz schon wesentlich kleiner als das ursprüngliche. Es konnte nämlich von 26 (vgl. Abbildung 13) auf nur 8 Kanten (vgl. Abbildung 20 und 26) reduziert werden, wodurch sich auch der Aufwand für die anschließenden Rechnungen erheblich verringert.

Mit den drei bisher vorgestellten Reduktionsverfahren, der Serien-Parallel-, der K-Serien- und der Polygon-Kettenreduktion, lassen sich nach Satyanarayana, Wood, 1985, alle Serien-Parallelnetze auf eine Kante zurückführen. Da die Anzahl der Reduktionsschritte durch die Anzahl der Kanten beschränkt ist, wächst der Aufwand für dieses Verfahren nur linear mit der Netzgröße, die Reduktion für diese Klasse von Netzstrukturen ist also ein effizientes Verfahren zur probabilistischen Zuverlässigkeitsanalyse.

4.3.4 Entfernung irrelevanter Komponenten und modulare Reduktion

Eine weitere eher selbstverständliche Möglichkeit der Reduzierung bietet das Weglassen von Kanten, die den Systemzustand nicht beeinflussen. Mit Hilfe der K-

Bäume aus Abschnitt 4.1 werden nun speziell die Komponenten eines Netzes G=(V,L,K) charakterisiert, die zu seiner Intaktwahrscheinlichkeit beitragen.

Definition 4.3.4.1: Eine Kante ist genau dann *relevant*, wenn sie in mindestens einem K-Baum enthalten ist. Nicht relevante Komponenten heißen *irrelevant* und brauchen bei der Zuverlässigkeitsanalyse nicht mehr berücksichtigt zu werden.

Beispiel 4.3.4.2: Die K-Bäume des Netzes der folgenden Abbildung 27 entsprechen genau den K-Bäumen der Brückenstruktur mit der Menge K={6,7,8} aus Beispiel 4.1.14 und Tabelle 3. Lediglich die Kanten {10,11,12,13,14} sind in keinem dieser K-Bäume enthalten, sind somit irrelevant und können bei der Zuverlässigkeitsanalyse unberücksichtigt bleiben.

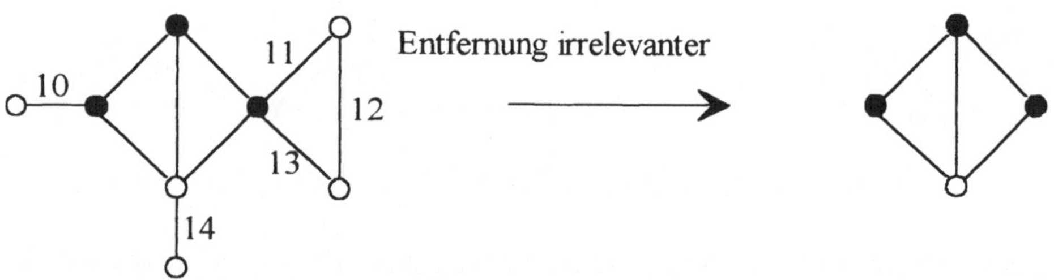

Abb. 27: Netz mit irrelevanten Kanten und ihr Entfernen

In der Literatur werden eine Reihe komplizierterer Reduktionsverfahren vorgeschlagen. Von besonderem Interesse ist die Methode, Netze dadurch zu vereinfachen, daß man zunächst Subnetze, auch Moduln genannt, mit jeweils zwei Anschlußknoten findet. Dies ist jedoch nur bei bzgl. mindestens eines Knotens separierbaren Netzen möglich. Dann wird deren Punkt-zu-Punkt Intaktwahrscheinlichkeit bzgl. der beiden Anschlußknoten, die jeweils für die Module die Menge K bilden, berechnet. Die Teilnetze werden schließlich jeweils durch eine Kante ersetzt, welche die gleiche Intaktwahrscheinlichkeit besitzt wie das herausgetrennte Teilnetz. Das Verfahren kann in mehreren Stufen angewendet werden. Besonders einfach wird diese Methode, wenn die Module seriell oder parallel angeordnet sind. Eine Verallgemeinerung mit mehr als zwei Anschlußknoten findet man in Gaede, 1977, jedoch steigt hierbei der Aufwand im allgemeinen exponentiell mit der Anzahl der Anschlußknoten. Allgemein spaltet man bei der auch Dekomposition genannten Methode den Graphen G in mindestens zwei kantendisjunkte Teilgraphen auf, führt für jeden dieser Teilgraphen eine eigene Zuverlässigkeitsanalyse durch und kombiniert die Teilergebnisse, so daß die gesuchte Kenngröße des Gesamtnetzes resultiert (s. Beichelt, 1993).

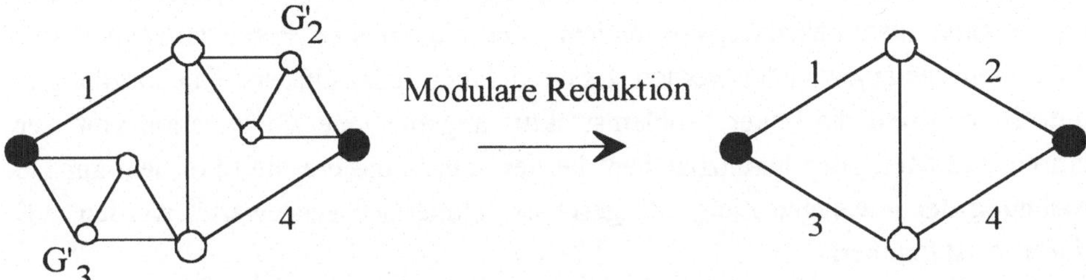

Abb. 28: Beispiel einer modularen Reduktion

Für die Module bilden die beiden Anschlußknoten jeweils die Menge K. An die Stelle des Moduls G'_i tritt für $i = 2, 3$ jeweils die Kante i und für r_i muß die Punkt-zu-Punkt-Intaktwahrscheinlichkeit $R(G'_i)$ eingesetzt werden. Somit kann im Netz der obigen Abbildung zunächst zur Berechnung von $R(G'_2)$ und $R(G'_3)$ aus den Intaktwahrscheinlichkeiten der Kanten der Module eine für das Brückennetz hergeleitete Formel benutzt werden. Anschließend kann diese Formel dann noch einmal zur Berechnung von $R(G)$ verwendet werden, nun aber mit den drei Kanten 1, 4 und 5 sowie mit den Ersetzungen

$$r_2 = R(G'_2),$$
$$r_3 = R(G'_3).$$

4.4 Probabilistische Zuverlässigkeitsanalyse nichtreduzierbarer Netze

Als allgemein anwendbar oder kurz allgemeingültig werden in der Folge all jene Rechenverfahren bezeichnet, die sich auf sämtliche Netzstrukturen anwenden lassen. Diese Verfahren erfordern einen im allgemeinen exponentiell mit der Größe des zu analysierenden Netzes, z.B. mit der Anzahl der Komponenten, wachsenden Rechenaufwand. Dies schränkt die Größe der Netze, die von diesen allgemeingültigen Verfahren mit vernünftigem Aufwand bewertet werden können, sehr stark ein. Aus diesem Grund ist man darauf angewiesen, wenn immer möglich, die spezielle Struktur eines Netzes auszunutzen, um es zu vereinfachen, damit Probleme einer Größe entstehen, die noch mit vertretbarem Aufwand gelöst werden können.

Häufig können bei Netzen auch kombinatorische Überlegungen, welche die Regelmäßigkeit einer Netzstruktur ausnutzen, zu brauchbaren Ergebnissen führen (vgl. Heidtmann, 1987b, 1992b, 1995). Zur Analyse der Zuverlässigkeit komplexer Netze kann also keineswegs irgendeine der allgemeinen Berechnungsmethoden ohne weiteres angewendet werden. Es ist vielmehr jeder einzelne Fall sorgfältig zu untersuchen und die seiner Problemstruktur angemessene Kombination von Verfahren und Methoden heranzuziehen. Ferner sollten die erzielten Formeln zur Berechnung der jeweiligen Zielgröße geschickt numerisch ausgewertet werden, z.B. durch Ausklammern.

Die allgemein anwendbaren Verfahren zur Zuverlässigkeitsanalyse lassen sich jeweils einer der drei Klassen zuordnen:

- Überdeckung,
- Zerlegung,
- Faktorisierung.

Dabei wird jeweils, wie im vorangegangenen Kapitel für allgemeine und monotone zweiwertige Systeme, das Ereignis B betrachtet, daß das Netz intakt ist.

4.4.1 Optimales Verfahren zur Faktorisierung

Wenn die oben genannten Reduktionsverfahren nicht (mehr) angewendet werden können, kann ein Netz dennoch vereinfacht werden, nämlich durch die im folgenden vorgestellte Faktorisierung.

In den praktischen Anwendungen wird in fast allen Fällen eine Komponente i gewählt und nach den Ereignissen b_i und a_i, daß diese Komponente intakt bzw. defekt ist, faktorisiert. Diese beiden Ereignisse bilden eine Zerlegung des Zustandsraumes Ω in zwei Teile. Damit hat man das ursprüngliche Problem in zwei kleinere und damit etwas einfachere zerlegt.

Bei ungerichteten Graphen hat die Faktorisierung eine anschauliche Bedeutung, wie die folgende Abbildung 29 zeigt. Es entstehen nämlich zwei neue jeweils um eine Komponente verringerte Netze. Ist eine Kante $i \in L$ eines Graphen $G=(V,L,K)$ defekt, so kann man sie einfach aus dem Netz entfernen und erhält den mit G_{-i} bezeichneten Graphen. Ist sie intakt, kann man diese Kante ebenfalls entfernen, muß aber die beiden angrenzenden Knoten zu einem zusammenfassen und konstruiert so den mit G_{+i} bezeichneten Graphen. Ist mindestens einer der zusammengefaßten Knoten aus K, muß auch der resultierende Knoten zu K gerechnet werden.

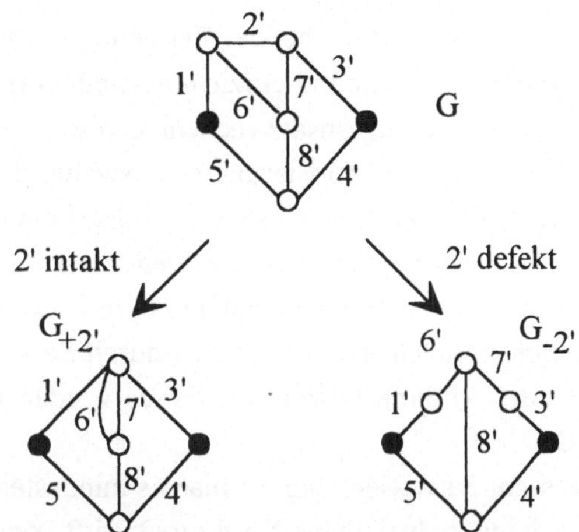

Abb. 29: Faktorisierung des reduzierten ARPA-Netzes aus Abbildung 26

Es gilt in diesem Beispiel

$$R(G) \;=\; r_{2'} R(G_{+2'}) + u_{2'} R(G_{-2'}).$$

Durch wiederholte Faktorisierung können die resultierenden Netze immer weiter verkleinert werden, bis man nach Auswahl aller n Kanten auf die 2^n Elementarzustände stößt. Diese sind dadurch charakterisiert, daß der Zustand jeder der n Komponenten (Kanten) auf intakt oder defekt festgelegt ist. Die wiederholte Faktorisierung kann durch einen Baum veranschaulicht werden, dessen Knoten das ursprüngliche und die reduzierten Netze bilden. Diese Baumstruktur bezeichnet man im Unterschied zu den K-Bäumen als Teilen des untersuchten Netzes als Faktorisierungs- oder Berechnungsbaum. Die 2^n Blätter des vollständigen Faktorisierungsbaumes repräsentieren die einzelnen Elementarzustände. Viele dieser Zustände gehören zum Systemzustand defekt und werden für die Berechnung der Intaktwahrscheinlichkeit nicht benötigt. Durch geeignete Auswahl der Kanten, die faktorisiert werden sollen, kann man diesen unnötigen Aufwand einsparen und nur solche Blätter des Berechnungsbaums generieren, die aus Graphen mit Baumstruktur bestehen und zur Zuverlässigkeit des Gesamtnetzes beitragen. Man kann dieses Verfahren aber auch dadurch abkürzen, daß man die Faktorisierung dort nicht weiter verfolgt, wo bereits separierte Graphen auftreten. Sie liefern nämlich keinen Beitrag zur Intaktwahrscheinlichkeit, da sie Defektzustände repräsentieren. Aber trotz dieser Vereinfachung wächst bei der Faktorisierung im wesentlichen die Anzahl der Operationen exponentiell mit der Anzahl der Kanten.

Bei größeren Netzen kann man also nur darauf hoffen, bei der Zerlegung vorher auf spezielle Netzstrukturen zu stoßen, die sich einfach und effizient behandeln lassen. In vielen Fällen ist es möglich, den Faktorisierungsansatz rechentechnisch sehr wirkungsvoll zu nutzen, indem man die Kanten zur Faktorisierung so auswählt, daß möglichst einfache und effizient berechenbare Probleme entstehen. Solche einfachen Netzstrukturen sind beispielsweise Serien-Parallelnetze. Im Gegensatz zum Ausgangsgraphen der Abbildung 29 sind die beiden durch einmalige Faktorisierung nach Kante 2 entstandenen Graphen Serien-Parallelnetze, da sie sich durch Serien-Parallelreduktion auf das Brückennetz zurückführen lassen und dieses wiederum als Serien-Parallelnetz identifiziert wurde.

Bei größeren Netzen ist es nun interessant zu wissen, wie oft man es mindestens faktorisieren muß, bis man auf entsprechend reduzierbare Strukturen trifft, oder noch besser, mit welcher Auswahl von Komponenten für die Faktorisierung diese minimale Anzahl von Zerlegungen zum Erfolg führt. Dazu dient die im folgenden Abschnitt definierte Domination. Dabei werden lediglich Serien-Parallel- und K-Serienreduktionen berücksichtigt, während Polygon-Ketten- und modulare Reduktionen sowie irrelevante Komponenten nicht zugelassen sind.

Durch Faktorisierung wird die Zuverlässigkeit eines Netzes G zurückgeführt auf die Zuverlässigkeit zweier kleinerer Graphen G_{+i} und G_{-i} für $i \in L$. Der Graph G_{+i} hat einen Knoten weniger als das ursprüngliche Netz, und beiden reduzierten Graphen fehlt die Kante i. Ein wesentlicher Vorteil kann, wie Abbildung 30 zeigt, dadurch erreicht werden, daß man nach jeder Faktorisierung Serien-Parallel- und K-Serienreduktionen in den beiden neuen Graphen durchführt. Hierdurch kann man unter Umständen die Größe von G_{+i} und G_{-i} reduzieren, was zu weniger Blättern im Berechnungsbaum führt.

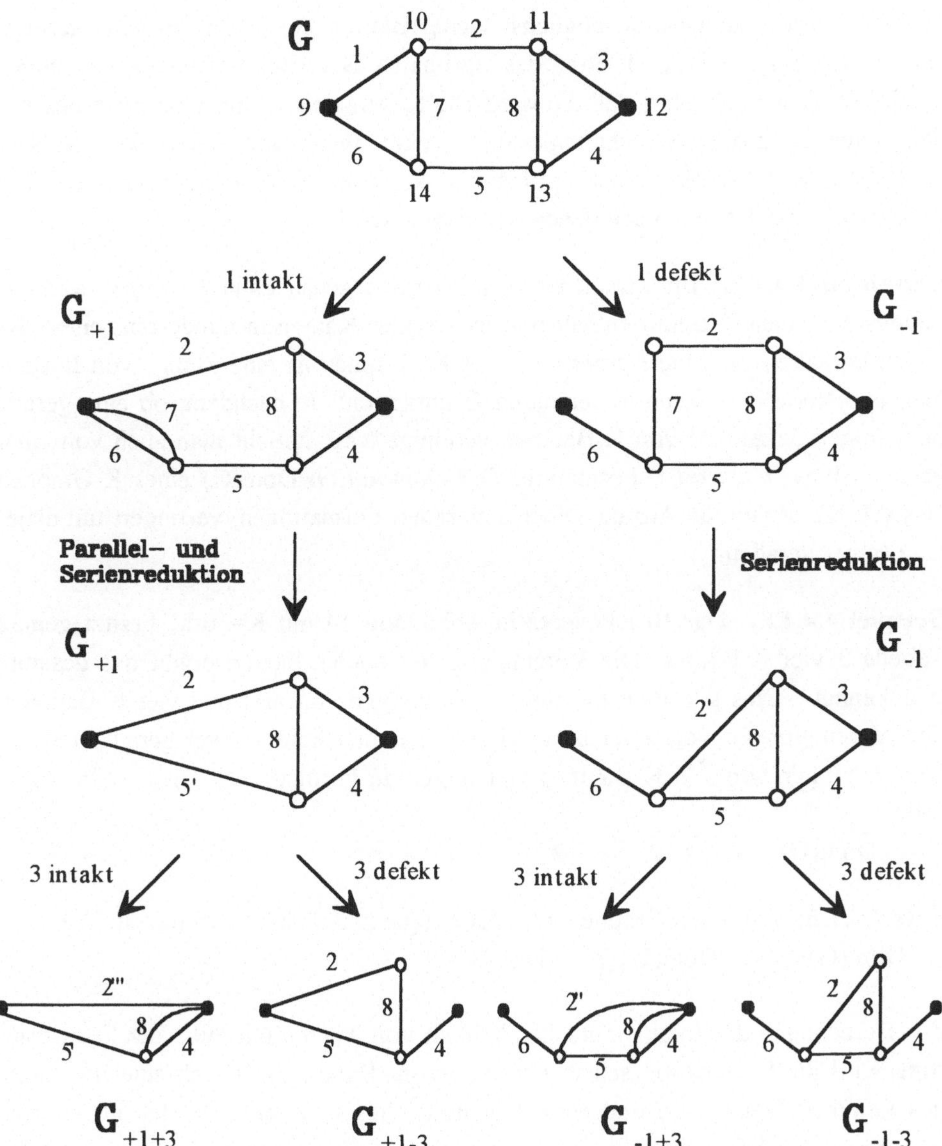

Abb. 30: Faktorisierung kombiniert mit Serien-Parallelreduktionen

Falls für die Auswahl einer Kante zur Faktorisierung und für die Reduktionen bei
jedem im Berechnungsbaum erzeugten Graphen der Aufwand nur polynomial mit
der Größe von G zunimmt, ist der Aufwand zur Erstellung des Berechnungsbaumes proportional zur Anzahl seiner Blätter. Somit besitzt der für die Faktorisierung

optimale Berechnungsbaum möglichst wenig Blätter. Im folgenden wird gezeigt, wie man die Anzahl der Blätter des optimalen Berechnungsbaumes bestimmen kann. Ferner wird gezeigt, daß die wiederholte Anwendung der Faktorisierung nur dann einen optimalen Berechnungsbaum erzeugt, wenn jedes neu generierte Netz ein K-Graph ist. Eine Kante zur optimalen Faktorisierung ist immer vorhanden. Die Reihenfolge der Kanten, nach denen faktorisiert wird, ist irrelevant.

Definition 4.4.1.1: Ein Graph G=(V,L,K) heißt genau dann *K-Graph*, wenn er mindestens einen K-Baum enthält und jede seiner Kanten in mindestens einem K-Baum enthalten ist. Eine *Formation* eines K-Graphen ist eine Menge von K-Bäumen des Netzes G, deren Vereinigung G entspricht. Je nachdem, ob eine gerade oder ungerade Anzahl von K-Bäumen vereinigt wird, spricht man auch von einer *geraden* bzw. *ungeraden* Formation. Die *Domination* Dom(G) eines K-Graphen G=(V,L,K) ist nun die Anzahl seiner ungeraden Formationen, verringert um diejenige seiner geraden.

Beispiel 4.4.1.2: Das Brückennetz in Abbildung 14 mit K={6,8} besitzt gemäß Tabelle 3 vier K-Bäume. Die Vereinigung der beiden letzten ergibt das gesamte Brückennetz. Dies gilt auch für alle Vereinigungen von drei und vier K-Bäumen. Die Vereinigungen von zwei bzw. vier K-Bäumen liefern zwei gerade und die Vereinigungen von drei K-Bäumen vier ungerade Formationen. Dies ergibt insgesamt

$$\text{Dom(G)} \quad = \quad 4 - 2 \quad = \quad 2.$$

Satz 4.4.1.3: Für jeden Graphen gilt in Analogie zum Faktorisierungssatz 2.3.3.2
$$|\text{Dom}(G)| \quad = \quad |\text{Dom}(G_{+i})| + |\text{Dom}(G_{-i})|.$$

Zur Berechnung der Intaktwahrscheinlichkeit von Netzen mit Hilfe der Faktorisierung wird die Domination selbst nicht benötigt. Sofern sie jedoch eine Invariante des Graphen G=(V,L,K) und eine Beziehung dieses Graphen zu den generierten Netzen G_{+i} und G_{-i} darstellt, können mit ihr Informationen über den Einsatz der Faktorisierung zur Berechnung der Netzzuverlässigkeit gewonnen werden.

Nach der obigen Gleichung kann die Domination eines K-Graphen G durch die Dominationen der beiden um eine Kante bzw. einen Knoten reduzierten Graphen ausgedrückt werden. Die Faktorisierung kann solange fortgeführt werden, bis alle abgeleiteten Netze entweder Bäume oder nicht mehr zusammenhängende Graphen sind. Die Domination von K-Graphen mit Baumstruktur ist gleich 1, während diejenige nicht zusammenhängender Graphen verschwindet. Die bei der Faktorisierung entstehenden seriellen und parallelen Kanten können reduziert werden, da die Domination invariant gegenüber der Serien-Parallelreduktion und der K-Serienreduktion ist. Polygon-Kettenreduktionen und modulare Reduktionen werden hier nicht betrachtet.

Folgerung 4.4.1.4: Damit ergibt sich aus der obigen Gleichung, daß die Anzahl der Blätter im durch die wiederholte Faktorisierung erzeugten Berechnungsbaum mindestens $|Dom(G)|$ ist. Also ist dasjenige Verfahren optimal, das genau $|Dom(G)|$ Blätter hervorbringt.

Satz 4.4.1.5: Diese untere Schranke für die Anzahl der Blätter des Berechnungsbaumes kann nur erreicht werden, wenn für jede Faktorisierung eine Kante i ausgewählt wird, für die sowohl $Dom(G_{+i})$ als auch $Dom(G_{-i})$ nicht verschwindet.

Dies gilt beispielsweise für alle Kanten aus mindestens bizusammenhängenden Teilen des aktuellen Netzes. So führt das Verfahren zur minimalen Anzahl von Blättern im Berechnungsbaum $|Dom(G)|$, sein Aufwand ist proportional zu dieser Anzahl und somit optimal.

Beispiel: 4.4.1.6: Für das Ausgangsnetz G in Abbildung 30 mit G=(V,L,K) und V=$\{9,10,11,12,13,14\}$, L=$\{1,2,3,4,5,6,7,8\}$ sowie K=$\{9,12\}$ gilt $|Dom(G)|$=4, d.h. ein optimales Faktorisierungsverfahren führt in drei Schritten zu vier Teilnetzen mit Serien-Parallelstruktur. Dabei wird zunächst die Komponente 1 gewählt. Es entstehen die beiden Netze G_{+1} und G_{-1}. Das erste kann sowohl parallel als auch seriell von 7 auf 5 Kanten reduziert werden und das zweite seriell um eine Kante. Für die nächsten beiden Faktorisierungen wird dann Komponente 3 gewählt. Dies führt (s. Abbildung 30) zu den Teilnetzen G_{+1+3}, G_{+1-3} bzw. G_{-1+3}, G_{-1-3}, die alle seriell und parallel vollständig, d.h. zu einer Kante reduziert werden können.

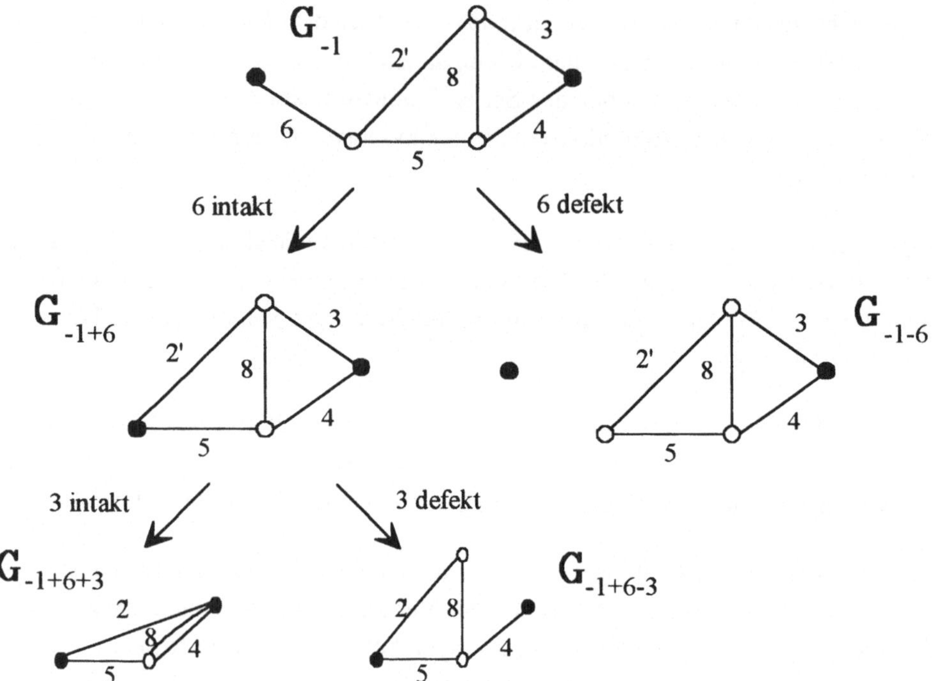

Abb. 31: Teil einer nicht optimalen Faktorisierung

Eine Faktorisierung nach Kante 6, also einer Kante aus einem nicht mindestens bi-zusammenhängenden Teil des Netzes G_{-1}, im dritten Schritt führt, wie in Abbildung 31 veranschaulicht, zu einem Netz G_{-1-6}, das kein K-Graph ist, da es keinen K-Baum enthält und seine Domination deshalb verschwindet. Diese Vorgehensweise ist nicht optimal, denn sie liefert nicht nach drei Schritten ausschließlich serien-parallelreduzierbare Netzstrukturen, sondern erst nach vier Faktorisierungen. Es gilt somit

$$R(G) = r_1(r_3 R(G_{+1+3}) + u_3 R(G_{+1-3})) + u_1(r_3 R(G_{-1+3}) + u_3 R(G_{-1-3}))$$

bei Verwendung der Intaktwahrscheinlichkeiten der entsprechenden mit Serien-Parallel- und K-Serienredukionen auf eine Kante zurückführbaren Teilnetze, deren Zuverlässigkeiten nach Abschnitt 3.4.1 effizient zu berechnen sind und nur noch von vier bzw. fünf Komponenten abhängen.

$$R(G_{+1+3}) = 1 - u_{2'''}(1 - r_{5'}(1 - u_4 u_8)), \quad R(G_{+1-3}) = r_4(1 - (1 - r_2 r_8)(1 - r_{5'})),$$
$$R(G_{-1+3}) = r_6(1 - (1 - r_{2''})(1 - r_5(1 - u_4 u_8)), \quad R(G_{-1-3}) = r_4 r_6(1 - u_5(1 - r_2 r_8)),$$

4.4.2 Überdeckungsverfahren

Für das Verfahren in diesem und diejenigen im nächsten Abschnitt werden im Gegensatz zu den bisher vorgestellten die K-Bäume zur Zuverlässigkeitsberechnung benötigt. Damit ist schon von vornherein der Aufwand zur Bestimmung dieser Bäume zu erbringen, deren Anzahl schlimmsten Falls exponentiell mit der Netzgröße zunehmen kann.

Für das nun diskutierte Berechnungsverfahren wird eine Menge von Ereignissen $\{E_i: i \in M\}$ gesucht, die das Ereignis B, daß das Netz intakt ist überdecken. Diese Ereignisse E_i sind durch die K-Bäume charakterisiert, und zwar stellt E_i das Ereignis dar, daß sämtliche Kanten des K-Baumes i intakt sind.

Beispiel 4.4.2.1: Für das Brückennetz aus Abbildung 14 mit $K=\{6,8\}$ ist E_1 durch die Kanten des ersten K-Baumes aus Tabelle 3 gegeben: $E_1 = b_1 \cap b_2$. Dies ist das Ereignis, daß die Verbindungsleitungen 1 und 2 intakt sind. Ferner ist $E_2 = b_3 \cap b_4$, $E_3 = b_1 \cap b_4 \cap b_5$ und $E_4 = b_2 \cap b_3 \cap b_5$. Das Überdeckungsverfahren liefert dann

$$
\begin{aligned}
R = \; & r_1 r_2 + r_3 r_4 + r_1 r_4 r_5 + r_2 r_3 r_5 \\
& - r_1 r_2 r_3 r_4 - r_1 r_2 r_4 r_5 - r_1 r_2 r_3 r_5 - r_1 r_3 r_4 r_5 - r_2 r_3 r_4 r_5 - r_1 r_2 r_3 r_4 r_5 \\
& + r_1 r_2 r_3 r_4 r_5 + r_1 r_2 r_3 r_4 r_5 + r_1 r_2 r_3 r_4 r_5 + r_1 r_2 r_3 r_4 r_5 \\
& - r_1 r_2 r_3 r_4 r_5
\end{aligned}
$$

Bei diesem Ein- und Ausschließen steigt der Rechenaufwand exponentiell mit der Anzahl der K-Bäume an. Da deren Zahl bereits exponentiell mit der Netzgröße zunehmen kann, ergibt sich für dieses Verfahren u.U. ein doppelter exponentieller Aufwand. Deshalb hat es nicht an Versuchen gefehlt, diesen Aufwand zu verringern. Eine Möglichkeit besteht darin, nur solche Terme zu berücksichtigen, die sich nicht gegenseitig aufheben, wie im obigen Beispiel etwa der Summand $r_1 r_2 r_3 r_4 r_5$, der erst einmal subtrahiert, dann wieder vier mal addiert und schließlich noch einmal subtrahiert wird (bzw. in der zweiten Formel zweimal jeweils einmal subtrahiert und zweimal addiert wird). Für die Ableitung des entsprechenden Verfahrens, das zur sogenannten topologischen Formel führt, werden die folgenden Definitionen benötigt.

Einige der in Abschnitt 4.4.1 eingeführten Begriffe werden nun von K-Graphen auf K-Subgraphen erweitert.

Definition 4.4.2.2: *K-Subgraphen* eines betrachteten Netzes sind genau die Teilnetze, die Vereinigungen von K-Bäumen des Netzes sind. Sie werden zur Menge S aller K-Subgraphen eines Netzes zusammengefaßt. Jede Vereinigung von i K-Bäumen eines Netzes für $1 \leq i \leq m$, die identisch mit einem K-Subgraphen ist, wird eine *Formation* dieses K-Subgraphen genannt. Je nachdem, ob i gerade oder ungerade ist, spricht man auch von einer *geraden* bzw. *ungeraden* Formation.

Folgerung 4.4.2.3: In der obigen Inklusions-Exklusions-Formel entspricht jeder geraden Formation ein negativer und jeder ungeraden ein positiver Summand. Die Domination Dom(G') eines K-Subgraphen G'=(V',L',K) ist nun die Anzahl seiner ungeraden verringert um diejenige seiner geraden Formationen.

Satz 4.4.2.4: Es gilt die *topologische Formel*:

$$R \;=\; \sum_{G' \in S} \mathrm{Dom}(G') \; P\{ \bigcap_{i \in L'} b_i \} \;.$$

In dieser Formel wird also nur noch über die K-Subgraphen mit nicht verschwindender Domination summiert und nicht mehr über jede einzelne Vereinigung von K-Bäumen.

Für das Brückennetz aus Abbildung 14 mit den K-Bäumen aus Tabelle 3 liefert die folgende Tabelle 5 nun z.B. folgende topologische Formeln:

$$R(\{6,8\}) = r_1 r_2 + r_3 r_4 + r_1 r_4 r_5 + r_2 r_3 r_5 - r_1 r_2 r_3 r_4 - r_1 r_2 r_4 r_5 - r_1 r_2 r_3 r_5$$
$$- r_1 r_3 r_4 r_5 - r_2 r_3 r_4 r_5 + 2\, r_1 r_2 r_3 r_4 r_5$$

$$R(\{6,7,8\}) = r_1 r_2 + r_1 r_4 r_5 + r_2 r_3 r_5 + r_3 r_4 r_5 + r_2 r_3 r_4 + r_1 r_3 r_4 - 2\, r_1 r_2 r_3 r_4$$
$$- r_1 r_2 r_4 r_5 - r_1 r_2 r_3 r_5 - 2\, r_1 r_3 r_4 r_5 - 2\, r_2 r_3 r_4 r_5 + 3\, r_1 r_2 r_3 r_4 r_5 \;.$$

Tabelle 5: Formationen und Domination der Brücke für verschiedene K

| Kanten-mengen der K-Subgra-phen G' | K={6,8} | | | K={6,7,8} | | | K=V | | |
| | Formationen | | | Formationen | | | Formationen | | |
	un-gerade	gerade	Dom	un-gerade	gerade	Dom	un-gerade	gerade	Dom
{1,2}	1	0	1	1	0	1	-	-	-
{3,4}	1	0	1	-	-	-	-	-	-
{1,2,3}, {1,2,4}, {1,2,5}	-	-	-	-	-	-	1	0	1
{1,3,4}, {2,3,4}, {3,4,5}	-	-	-	1	0	1	1	0	1
{1,4,5}, {2,3,5}	1	0	1	1	0	1	1	0	1
{1,2,3,4}	0	1	-1	1	3	-2	4	7	-3
{1,2,4,5}, {1,2,3,5}	0	1	-1	0	1	-1	1	3	-2
{1,3,4,5}, {2,3,4,5}	0	1	-1	1	3	-2	1	3	-2
{1,2,3,4,5}	4	2	2	23	20	3	112	108	4

Tabelle 6: Anzahl der Summanden für das Brückennetz

Konnektionsknoten	K={6,8}	K={6,7,8}	K=V
Inklusion-Exklusion	15	63	255
Topologische Formel	10	12	14

4.4.3 Zerlegungsmethoden

Wie im zweiten Kapitel für allgemeine zweiwertige und monotone Systeme können Zerlegungsverfahren auch zur Berechnung der Intaktwahrscheinlichkeit von Netzen verwendet werden. Auch hier gibt es wieder die beiden Möglichkeiten der direkten Zerlegung und der Konstruktion disjunkter Ereignisse auf Basis der Minimalmengen, die bei Netzen den K-Bäumen entsprechen.

Zur direkten Zerlegung kann der Algorithmus D-ZERLEGUNG-M aus dem Anhang verwendet werden. Die Mengen I und D sind dann jeweils Teilmengen der ausfallfähigen Komponenten. Meistens ist dies die Menge der Leitungen L, möglich ist aber auch die Menge aller Knoten V oder die Vereinigung von L und V. Die Abfrage in der zweiten Zeile der Prozedur D-ZERLEGUNG-M soll prüfen, ob die intakten Komponenten einen Teilgraphen bilden, der alle Konnektionsknoten aus K miteinander verbindet.

Eine andere Vorgehensweise besteht darin, das durch einen K-Baum charakterisierte Ereignis mit allen vorangehenden komponentenweise disjunkt zu machen. Dabei wird nach Abraham, 1979, für jede Komponente, deren Funktionstüchtigkeit zwar nicht im betrachteten Ereignis, aber in einem vorangegangenen vorlag, der Defektzustand gefordert und die bereits berücksichtigten Komponentenzustände werden als intakt vorausgesetzt. In diesem Zusammenhang kann der Algorithmus A-ZERLEGUNG-M aus dem Anhang auch für Netze verwendet werden.

Beispiel 4.4.3.1: Für das Beispiel der Brücke bedeutet dies explizit: Mache $E_2 = b_3 \cap b_4$ disjunkt zu $E_1 = b_1 \cap b_2$. Zunächst wird a_1 zu E_2 hinzugefügt und dann $b_1 \cap a_2$. Bezeichnet man die beiden disjunkten Ereignisse mit $E_{2,1}$ und $E_{2,2}$, so bedeutet dies:

$$E_{2,1} = (a_1 \cap b_3 \cap b_4)$$
$$E_{2,2} = (b_1 \cap a_2 \cap b_3 \cap b_4).$$

Insgesamt erhält man

$$B = (b_1 \cap b_2) \cup (b_3 \cap b_4) \cup (b_1 \cap b_4 \cap b_5) \cup (b_2 \cap b_3 \cap b_5)$$
$$= (b_1 \cap b_2) \cup (a_1 \cap b_3 \cap b_4) \cup (b_1 \cap a_2 \cap b_3 \cap b_4) \cup (b_1 \cap a_2 \cap a_3 \cap b_4 \cap b_5)$$
$$\cup (a_1 \cap b_2 \cap b_3 \cap a_4 \cap b_5) .$$

Wegen der Disjunktheit der Ereignisse kann man ihre Wahrscheinlichkeiten nun unmittelbar aufsummieren.

$$R = r_1 r_2 + u_1 r_3 r_4 + r_1 u_2 r_3 r_4 + r_1 u_2 u_3 r_4 r_5 + u_1 r_2 r_3 u_4 r_5 .$$

Eine Vorgehensweise, die auch im Falle von Netzen weniger disjunkte Ereignisse und somit eine kürzere Formel produziert, besteht nach Heidtmann, 1989, darin, nicht komponentenweise vorzugehen, sondern komplementäre Ereignisse zu verwenden. Ein entsprechendes auch auf Netze anwendbares Verfahren stellt die Prozedur H-ZERLEGUNG-M aus dem Anhang dar. Dabei fügt man beispielsweise im ersten Schritt das Komplement des folgenden Ereignisses hinzu: Sämtliche Komponenten, die im betrachteten Ereignis nicht festgelegt und im anderen Ereignis als intakt vorausgesetzt sind, sind intakt. Dies bedeutet, daß mindestens eine der betrachteten Komponenten defekt sein muß.

Beispiel 4.4.3.2:   Im obigen Beispiel 4.4.3.1 wird dann zu $E_2 = b_3 \cap b_4$ das zu $E_1 = b_1 \cap b_2$ komplementäre Ereignis $a_1 \cup a_2$ hinzugefügt, so daß als einziges disjunktes Ereignis

$$E_2' = (a_1 \cup a_2) \cap b_3 \cap b_4$$

entsteht mit der Wahrscheinlichkeit

$$P\{E_2'\} \;=\; P\{(a_1 \cup a_2) \cap b_3 \cap b_4\} \;=\; (1 - r_1 r_2) r_3 r_4.$$

Insgesamt erhält man für die Intaktwahrscheinlichkeit nur noch folgenden Ausdruck:

$$R \;=\; r_1 r_2 + (1 - r_1 r_2) r_3 r_4 + r_1 u_2 u_3 r_4 r_5 + u_1 r_2 r_3 u_4 r_5 .$$

Bemerkung 4.4.3.3:   Im Vergleich mit anderen Verfahren ist insbesondere bei größeren Netzen zu berücksichtigen, daß die Zerlegungsverfahren wie bereits im vorangegangenen Kapitel diskutiert in einfacher Weise parallel ausgeführt werden können. Die Zerlegungsverfahren von Abraham- und Heidtmann gehen von einer Liste, der durch die K-Bäume charakterisierten Ereignisse aus. Ihre Ergebnisse hängen auch in Bezug auf die Anzahl der resultierenden Summanden von der Reihenfolge ab, in der diese Ereignisse berücksichtigt werden, d.h. von der Reihenfolge der K-Bäume in der Liste. Es gibt keine gesicherten Erkenntnisse darüber, welche Reihenfolge zu einem optimalen Ergebnis führt, d.h. möglichst wenige Summanden produziert. Aufgrund umfangreicher experimenteller Vergleichsrechnungen mit verschiedenen Reihenfolgen kommen Soh und Rai, 1991b, 1993, zu dem Ergebnis, daß für die von ihnen untersuchten Beispielnetze die Größe der K-Bäume als Ordnungskriterium sehr vorteilhaft ist, während die Reihenfolge innerhalb der Gruppen gleich großer K-Bäume einen eher geringen Einfluß auf die Anzahl der resultierenden Summanden hat. Bisher wird also empfohlen, die Bäume zunächst der Größe nach zu ordnen und innerhalb der Gruppen gleich großer K-

Bäume nach aufsteigenden Kantennummern zu sortieren. Diese lexikographische Reihenfolge innerhalb der Gruppen gleich großer Bäume hängt ihrerseits von der Numerierung der Kanten ab. Selbst bei einer Festlegung auf dieses Kriterium können also durch unterschiedliche Numerierungen verschiedene Reihenfolgen der K-Bäume entstehen und somit unterschiedliche Mengen disjunkter Ereignisse resultieren. Dies zeigt auch die folgende Tabelle 7, in der die Summandenzahl verschiedener Berechnungsverfahren anhand der Beispielnetze aus den Abbildungen 13, 20 und 26 verglichen werden. Dabei liefert in jedem Falle die kompakte Zerlegung die besten Ergebnisse.

Tabelle 7: Summandenzahl unterschiedlicher Berechnungsverfahren bei verschiedenen ARPA-Netzgrößen

Kantenzahl $n=|L|$	8	10	12	14	$24^{2)}$	26
Anzahl der K-Bäume	7	13	24	44	44	44
Inklusion-Exklusion	127	8191	$\approx 10^7$	$\approx 10^{13}$	$\approx 10^{13}$	$\approx 10^{13}$
Topologische Formel	31	98	300	917	917	917
Direkte Zerlegung	23	75	243	855	360327	445671
Abraham-Zerlegung	12	33	71	149	1000	1644
Heidtmann-Zerlegung	9	21	40	86	$91^{1)}$	$107^{1)}$

[1] Wählt man hier eine zum reduzierten Netz mit 14 Kanten analoge Komponentennumerierung so erhält man auch hier jeweils nur 86 disjunkte Ereignisse bzw. Summanden.

[2] Das Netz mit 24 Kanten ergibt sich aus dem mit 26 Kanten der Abbildung 13 durch Parallelreduktion der Kanten 20, 25 und 26.

Zahlreiche Beispiele mit analogen Resultaten enthält Heidtmann, 1994, sowie Veeraraghavan und Trivedi, 1991.

4.5 Integration verschiedener Zuverlässigkeitsaspekte

Die Zuverlässigkeit technischer Systeme läßt sich durch verschiedene Redundanzarten verbessern. Beim dynamischen Redundanzeinsatz wird erst zum Zeitpunkt eines Ausfalls eine zusätzliche Komponente als Ersatz benötigt, während bei *statischer Redundanz* stets Ressourcen mehrfach vorgehalten werden. Häufig werden diese stets vorhandenen redundanten Ressourcen auch zur Fehlererkennung eingesetzt. Statische Redundanz bietet meist auch die Möglichkeit der schnellen und relativ problemlosen Umschaltung im Fehlerfall. Demgegenüber ist dies bei dynamischer Redundanz oft langwieriger, da die Ersatzkomponente erst in einen entsprechenden Zustand versetzt werden muß. Der Vorteil der dynamischen Vorgehensweise liegt vor allem darin, daß redundante Ressourcen erst vom Ausfall- bzw. Umschaltzeitpunkt an bereitgestellt werden müssen, also erst dann, wenn sie tatsächlich als Ersatz benötigt werden. Sie können somit zwischenzeitlich anderweitig genutzt werden. Ausgangspunkt der folgenden Betrachtungen ist eine Anzahl von Geräten, die zur Bewältigung einer Aufgabe kooperieren.

Die bisher im Zusammenhang mit Netzen betrachteten Verläßlichkeitskenngrößen erfassen einen wichtigen Systemaspekt, nämlich die Verläßlichkeit der Zuverlässigkeitsstruktur des zugrundeliegenden Netzes. Darüber hinaus muß bei einigen Systemen noch die für sie charakteristische möglichst redundante Verteilung der Aufgaben auf verschiedene Komponenten und die Verteilung der für die Bearbeitung der einzelnen Aufgaben notwendigen Ressourcen berücksichtigt werden. Letzteres muß also auch entsprechend modelliert werden. Dabei wird angenommen, daß verschiedene Netzknoten die Aufgabe bearbeiten können und die zugehörigen Ressourcen auf verschiedene Netzknoten in redundanter Weise verteilt sind. Die physikalische Verteilung von Ressourcen auf mehrere selbständige Netzknoten als Komponenten kann zu einer Dezentralisierung führen und damit die Möglichkeit eröffnen bereits vorhandene oder einfach zu ergänzende Redundanz zur Verbesserung der Zuverlässigkeit zu nutzen. Ein Beispiel dafür ist die dezentral oder verteilte Datenverarbeitung, wie sie sich im Zuge preiswerter persönlicher Computer in vielen Bereichen bereits durchgesetzt hat.

Entwickelt wurde das im folgenden vorgestellte Modell für eine Anzahl von Rechnern, die zur Bewältigung einer Aufgabe kooperieren. Hierbei tauschen sie Informationen aus, welche vom Kommunikationssystem transportiert werden. Von einem solchen System erwartet man, daß die gesendeten Daten unbeschädigt und ohne nennenswerte Verzögerung ihr jeweiliges Ziel erreichen. Um diese Anforderungen erfüllen zu können, muß das der verteilten Anwendung zugrundeliegende Leitungsnetz des Kommunikationssystems zuverlässige Verbindungswege zwischen den verteilten Anwenderprozessen auf den verschiedenen Rechnern als Netzknoten zur Verfügung stellen. Ein Ziel des Entwurfs und des Betriebs ist somit eine zuverlässige Netztopologie bezüglich der verteilten Anwendungen. (vgl. u.a. Grnarov, Gerla, 1981, Kumar et al., 1986, 1988, Raghavendra et al., 1988, Dugan et al., 1989, Chen, Lin, 1994, Heidtmann, 1995)

Zur Modellierung der Verteilung von Ressourcen innerhalb eines Netzes reicht wie bisher eine einzige Menge K von Konnektionsknoten im allgemeinen nicht mehr aus, vielmehr kann eine so verteilte Aufgabe mit unterschiedlichen Mengen, z.B. K_1 oder K_2, von Konnektionsknoten erfolgreich ausgeführt werden. Sollen darüber hinaus in einem solchen System mehrere verteilte Aufgaben berücksichtigt werden, so benötigt die eine vielleicht die Knoten aus K_1 oder K_2 und eine andere diejenigen aus K_3 oder K_4 zur erfolgreichen Durchführung.

Definition 4.5.1: Die Netzknoten einer Ausführungsumgebung i, welche zur Menge $K_{i,j}$ zusammengefaßt werden, kooperieren bei der Ausführung einer sogenannten *(verteilten) Aufgabe* j, wobei sie z.B. Daten und Kontrollinformationen austauschen. Von Interesse sind die K-Bäume dieser Aufgabe für verschiedene Mengen von Konnektionsknoten $K_{i,j}$ mit i=1,2,... Aus dieser Menge von K-Bäumen werden die minimalen, d.h. diejenigen, die in keinem anderen enthalten sind, für die Kenngrößenberechnung ausgewählt. Man spricht in diesem Fall von minimalen aufspannenden Bäumen. Im folgenden werden diese unter allen K-Bäumen einer verteilten Aufgabe minimalen allgemein als *Ressourcenbäume* bezeichnet.

Dieser Ressourcenbaum ist ein Baum im Sinne der Graphentheorie und ein Subgraph des Netzes, der die Komponente, welche die Bearbeitung der Aufgabe koordiniert, als Wurzel mit den anderen Komponenten, welche die benötigten Ressourcen verwalten bzw. zur Verfügung stellen, als Knoten des Baumes verbindet. Blätter des Baumes können nur Knoten mit dem Koordinator oder entsprechenden Ressourcen sein. Beim Ausfall einer Komponente aus $K_{i,j}$ kommt, solange noch Redundanz vorhanden ist, eine andere Menge $K_{k,j}$ mit $k \neq i$ von Netzknoten zum Einsatz. Damit ergeben sich auch wieder neue alternative K-Bäume für die verteilte Aufgabe j, wobei außer neuen Netzknoten auch eventuell andere Verbindungsleitungen zu berücksichtigen sind. Ausgehend von den Intaktwahrscheinlichkeiten der einzelnen Knoten und der Verbindungsleitungen, d.h. $N = V \cup L$, möchte man die

Wahrscheinlichkeit dafür bestimmen, daß einer verteilten Aufgabe alle benötigten Ressourcen zur Verfügung stehen und sie erfolgreich durchgeführt wird.

Beispiel 4.5.2: Innerhalb des Brückennetzes der Abbildung 14 soll die verteilte Aufgabe 1 nur dann erfolgreich ausgeführt werden können, wenn entweder der Knoten 6 oder 8 intakt ist und er die Ressourcen B_1, B_2 und B_3 benutzen kann. Diese sind gemäß Tabelle 8 teilweise redundant über die Knoten verteilt. Wird die Aufgabe beispielsweise von Netzknoten 6 koordiniert, so kann es auf die Ressourcen B_1 und B_2 bereits lokal zugreifen und benötigt nur noch B_3 entweder beim Netzknoten 7 oder 8, also $K_{1,1}=\{6,7\}$ und $K_{1,2}=\{6,8\}$. Insgesamt gibt es also, falls die Aufgabe vom Netzknoten 6 bearbeitet wird, wie in Abbildung 32 dargestellt für $K_{1,1}$ die drei K-Bäume $\{1,6,7\}$, $\{3,5,6,7,9\}$, $\{2,3,4,6,7,8,9\}$ und für $K_{1,2}$ die vier K-Bäume $\{1,2,6,7,8\}$, $\{3,4,6,8,9\}$, $\{1,4,5,6,7,8,9\}$, $\{2,3,5,6,7,8,9\}$. Beispielsweise verhindert der K-Baum $\{1,6,7\}$ für $K_{1,1}$, daß die K-Bäume $\{1,2,6,7,8\}$ sowie $\{2,3,5,6,7,8,9\}$ von $K_{1,2}$ minimal sind. Das Gleiche gilt umgekehrt für $\{2,3,4,6,7,8,9\}$ bei $K_{1,1}$. Für die alternative Ausführungsmöglichkeit auf Knoten 8 erhält man $K=\{6,8\}$, was bereits durch $K_{1,2}$ berücksichtigt ist, und für $K_{1,3}=\{8,9\}$ die K-Bäume $\{4,8,9\}$, $\{2,5,7,8,9\}$ und $\{1,2,3,6,7,8,9\}$. Folgende K-Bäume der Beispielaufgabe 1 sind bzgl. aller K-Bäume dieser Aufgabe minimal, bilden die Menge aller Ressourcenbäume dieser verteilten Aufgabe und sind in der Abbildung 32 umrandet:

$$\{1,6,7\}, \{4,8,9\}, \{2,5,7,8,9\}, \{3,5,6,7,9\}.$$

Damit ergibt sich folgender Ausdruck für die Wahrscheinlichkeit, daß Aufgabe 1 erfolgreich durchgeführt werden kann:

$$R = P\{(b_1 \cap b_6 \cap b_7) \cup (b_4 \cap b_8 \cap b_9) \cup (b_2 \cap b_5 \cap b_7 \cap b_8 \cap b_9)$$
$$\cup (b_3 \cap b_5 \cap b_6 \cap b_7 \cap b_9)\}$$

Das Verfahren von Heidtmann liefert im Gegensatz zu den 9 disjunkten Ereignissen der Abraham-Zerlegung nur die folgenden fünf:

$$b_{\{1,6,7\}}, \quad b_{\{4,8,9\}} \cap (\Omega - (b_1 \cap b_6 \cap b_7)),$$
$$b_{\{2,5,7,8,9\}} \cap (\Omega - (b_1 \cap b_6)) \cap (\Omega - b_4),$$
$$b_{\{3,5,6,7,9\}} \cap (\Omega - b_1) \cap (\Omega - b_8),$$
$$b_{\{3,5,6,7,9\}} \cap (\Omega - a_8) \cap (\Omega - b_1) \cap (\Omega - b_2) \cap (\Omega - b_4).$$

Daraus ergibt sich unter den gleichen Voraussetzungen die folgende Summe für die Intaktwahrscheinlichkeit von Aufgabe 1:

$$R = r_1 r_6 r_7 + r_4 r_8 r_9 (1 - r_1 r_6 r_7) + r_2 u_4 r_5 r_7 r_8 r_9 (1 - r_1 r_6)$$
$$+ u_1 r_3 r_5 r_6 r_7 r_9 (u_8 + u_2 u_4 r_8)$$

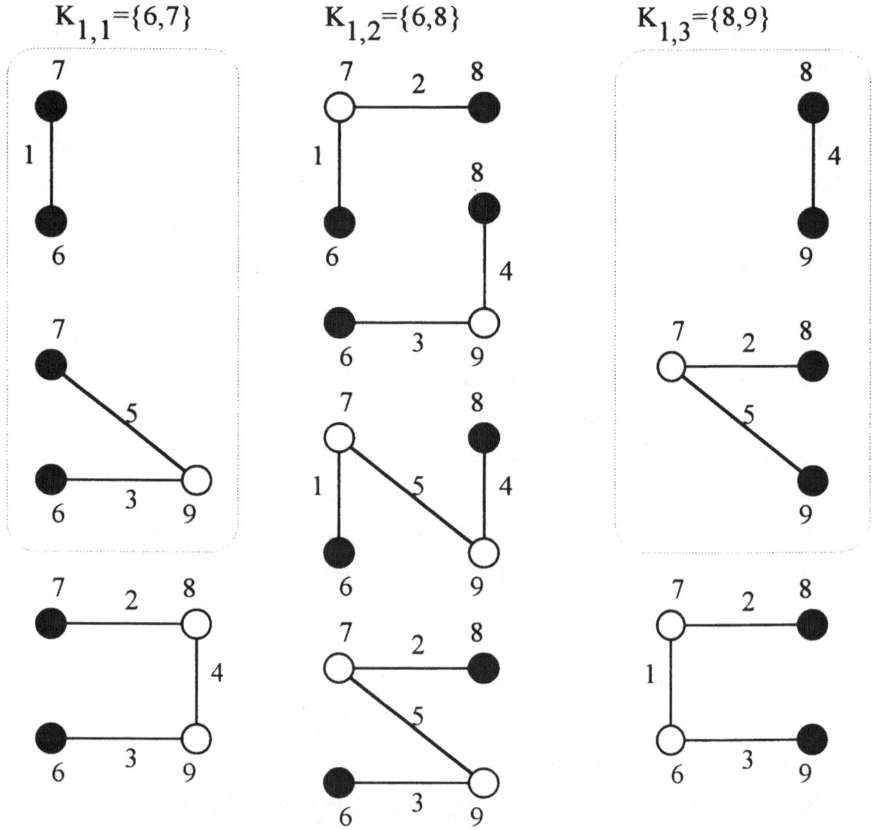

Abb. 32: K- und Ressourcenbäume der verteilten Beispielaufgabe 1

Die bisherigen Betrachtungen liefern lediglich die Zuverlässigkeit einer einzelnen verteilten Aufgabe. Zur Bewertung der Zuverlässigkeit eines verteilten Systems benötigt man jedoch eine umfassendere Kenngröße, welche angibt, wie zuverlässig das System für eine gegebene Verteilung von Aufgabe samt zugehöriger Ressourcen ist.

Definition 4.5.3: Mehrere verteilte Aufgabe bilden ein *verteiltes System*. Die Vereinigungen der Ressourcenbäume aus jeweils einer verteilten Aufgabe werden

K-Wälder genannt und die minimalen unter ihnen *Ressourcenwälder* des verteilten Systems.

Eine naheliegende Bewertungsmöglichkeit besteht darin, die Wahrscheinlichkeit dafür zu bestimmen, daß alle verteilen Aufgaben erfolgreich durchgeführt werden können. Man sucht also wie im vorangegangenen Abschnitt die Menge aller Ressourcenbäume für jede einzelne verteilte Aufgabe des verteilten Systems. Danach werden alle K-Wälder als Kombinationen (Vereinigungen) von jeweils einem solchen Baum aus jeder Menge gebildet. Die minimalen K-Wälder, die also in keinem anderen K-Wald enthalten sind, bilden als *Ressourcenwälder* die Grundlage für die Wahrscheinlichkeitsrechnung. Die Intaktwahrscheinlichkeit des verteilten Systems ist dann nämlich die Wahrscheinlichkeit dafür, daß alle Komponenten mindestens eines Ressourcenwaldes intakt sind.

Ein Subgraph des Netzes heißt *Ressourcenwald*, wenn er mindestens einen minimalen Ressourcenbaum zu jeder der betrachteten verteilten Aufgaben umfaßt, und er wird wiederum als minimal bezeichnet, wenn er keinen anderen Ressourcenwald als Teilmenge enthält. Die Funktionstüchtigkeit aller Komponenten eines Ressourcenwaldes garantiert dann, daß alle verteilten Aufgaben des betrachteten verteilten Systems ausgeführt werden können. Die Konstruktion der Ressourcenwälder erfordert mehr Aufwand als diejenige der Ressourcenbäume, wie das folgende Beispiel zeigt.

Tabelle 8: Verteilung der Ressourcen und Aufgaben des Beispielsystems

Knoten	6	7	8	9
Ressourcen	B_1, B_2	B_3	B_2, B_3	B_1, B_4
durchführbare Aufgabe	1	2, 3	1	3

Tabelle 9: Zur Ausführung der Aufgaben benötigte Ressourcen

Aufgabe	1	2	3
benötigte Ressourcen	B_1, B_2, B_3	B_1, B_3, B_4	B_3

Beispiel 4.5.4: Zusätzlich zum im vorangegangenen Beispiel beschriebenen verteilten Aufgabe 1 soll das verteilte System noch wie in Tabelle 8 dargestellt zwei

weitere verteilte Aufgaben 2 und 3 enthalten. Tabelle 9 zeigt die jeweils benötigten Ressourcen. Die Aufgabe 2 kann nur auf Knoten 7 mit den Ressourcen 1,3 und 4 durchgeführt werden. Sie besitzt bei Durchführung auf Knoten 7 nur die Konnektionsknoten $K_{2,1}=\{7,9\}$. Daraus ergeben sich die folgenden drei K-Bäume für Aufgabe 2, die auch gleichzeitig minimal und damit Ressourcenbäume sind: $\{5,7,9\}$, $\{1,3,6,7,9\}$, $\{2,4,7,8,9\}$. Diese liefern für die Wahrscheinlichkeit, daß Aufgabe 2 ausgeführt werden kann folgenden Ausdruck:

$$R = P\{(b_5 \cap b_7 \cap b_9) \cup (b_1 \cap b_3 \cap b_6 \cap b_7 \cap b_9) \cup (b_2 \cap b_4 \cap b_7 \cap b_8 \cap b_9)\}.$$

Die Zerlegung nach Heidtmann besteht im Gegensatz zu den fünf disjunkten Ereignissen der Abraham-Zerlegung lediglich aus den folgenden drei:

$$b_{\{5,7,9\}}, \qquad b_{\{1,3,6,7,9\}} \cap a_5, \qquad b_{\{2,4,7,8,9\}} \cap a_5 \cap (\Omega - (b_1 \cap b_3 \cap b_6)).$$

Für die Aufgabe 3 werden als Konnektionsknoten lediglich $K_{3,1}=\{7\}$ oder $K_{3,2}=\{8,9\}$ benötigt.

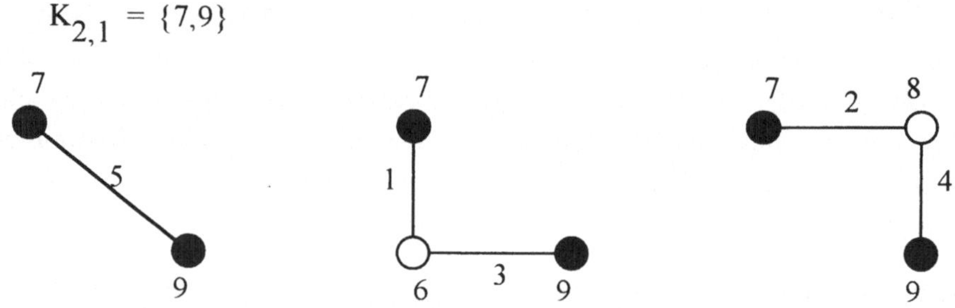

Abb. 33: K-Bäume der verteilten Aufgabe 2

Der Ressourcenbaum $\{7\}$ der Aufgabe 3 kann von vornherein bei der Ermittlung der Ressourcenwälder unberücksichtigt bleiben, da er schon in allen Ressourcenbäumen der Aufgabe 2 enthalten ist. Die Vereinigung des Ressourcenbaumes $\{1,6,7\}$ von Aufgabe 1 beispielsweise mit $\{5,7,9\}$ der Aufgabe 2 ergibt den minimalen K- und damit Ressourcenwald $\{1,5,6,7,9\}$ des verteilten Beispielsystems, während die Vereinigung des Ressourcenbaumes $\{2,5,7,8,9\}$ von Aufgabe 1 mit $\{1,3,6,7,9\}$ für Aufgabe 2 den nicht minimalen K-Wald $\{1,2,3,5,6,7,8,9\}$ ergibt, in dem bereits der genannte Ressourcenwald $\{1,5,6,7,9\}$ enthalten ist. Die sechs Ressourcenwälder des verteilten Beispielsystems sind in der folgenden Abbildung 34 dargestellt und liefern folgenden Ausdruck für die Intaktwahrscheinlichkeit des gesamten verteilten Systems:

$$R = P\{(b_1 \cap b_3 \cap b_6 \cap b_7 \cap b_9) \cup (b_1 \cap b_5 \cap b_6 \cap b_7 \cap b_9) \cup (b_2 \cap b_4 \cap b_7 \cap b_8 \cap b_9)$$
$$\cup (b_2 \cap b_5 \cap b_7 \cap b_8 \cap b_9) \cup (b_3 \cap b_5 \cap b_6 \cap b_7 \cap b_9) \cup (b_4 \cap b_5 \cap b_7 \cap b_8 \cap b_9)\}$$

Die Abraham-Zerlegung dieser sechs Ereignisse besteht aus 16 und die Heidtmann-Zerlegung nur aus den 8 folgenden disjunkten Ereignissen:

$$b_{\{1,3,6,7,9\}}, \ b_{\{1,5,6,7,9\}} \cap (\Omega - b_3), \ b_{\{2,4,7,8,9\}} \cap (\Omega - (b_1 \cap b_6)),$$
$$b_{\{2,4,7,8,9\}} \cap (b_1 \cap b_6) \cap (\Omega - b_3) \cap (\Omega - b_5),$$
$$b_{\{2,5,7,8,9\}} \cap (\Omega - (b_1 \cap b_6)) \cap (\Omega - b_4),$$
$$b_{\{3,5,6,7,9\}} \cap (\Omega - b_1) \cap (\Omega - (b_2 \cap b_8)), \ b_{\{4,5,7,8,9\}} \cap (\Omega - b_2) \cap (\Omega - b_6),$$
$$b_{\{4,5,7,8,9\}} \cap b_6 \cap (\Omega - b_1) \cap (\Omega - b_2) \cap (\Omega - b_3).$$

Damit erhält man für die Intaktwahrscheinlichkeit des verteilten Beispielsystems mit Hilfe des Zerlegungsverfahrens von Heidtmann im Falle unabhängiger Komponenten folgende Summe:

$$R = r_1 r_3 r_6 r_7 r_9 + r_1 u_3 r_5 r_6 r_7 r_9 + r_2 r_4 r_7 r_8 r_9 ((1 - r_1 r_6) + r_1 u_3 u_5 r_6)$$
$$+ r_2 u_4 r_5 r_7 r_8 r_9 (1 - r_1 r_6) + u_1 r_3 r_5 r_6 r_7 r_9 (1 - r_2 r_8) + u_2 r_4 r_5 r_7 r_8 r_9 (u_6 + u_1 u_3 r_6).$$

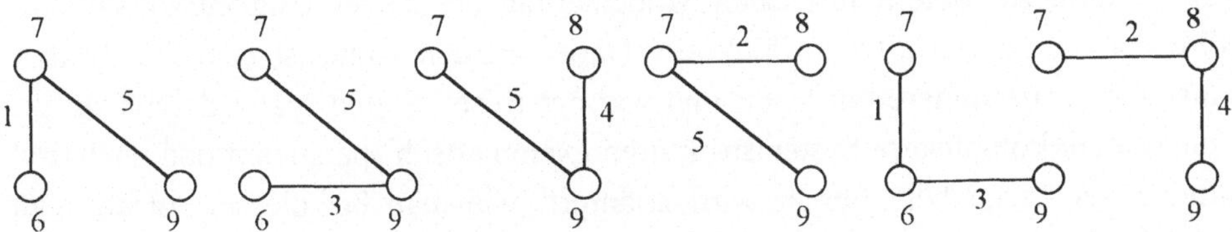

Abb. 34: Ressourcenwälder zum verteilten System aus 4.5.4

5 Bewertung mit Hilfe temporaler Logik

Zur formalen Beschreibung der Zuverlässigkeitsstruktur von Systemen mit dynamischer Redundanz reichen die Beziehungen, wie sie in den vorangegangenen Kapiteln mit Mengen beschrieben und diskutiert wurden, nicht mehr aus. Insbesondere zur Spezifikation technischer Systeme mit dynamischen Fehlertoleranzmechanismen müssen Konstrukte möglich sein, welche verschiedene Redundanzarten, unterschiedliche Umschaltstrategien, die zeitliche Reihenfolge von Ereignissen und andere dynamische Aspekte beschreiben können. Eine elegante Möglichkeit, diese Forderungen zu erfüllen, bietet der Einsatz der temporalen Logik. Der vorgestellte temperallogische Ansatz erweitert die Boolesche Zuverlässigkeitstheorie, so daß bisher nicht erfaßbare dynamische Aspekte technischer Systeme modelliert werden können.

Im folgenden wird die temporale Logik als formale Beschreibungsmethode zur Zuverlässigkeitsmodellierung und -bewertung eingesetzt. In Abschnitt 5.1 werden vorab Anwendungsmöglichkeiten und -grenzen dieses Ansatzes diskutiert. Es folgt die Bereitstellung der notwendigen Hilfsmittel aus der temporalen Logik und ihre Verwendung zur deterministischen Modellierung der Zuverlässigkeitsstruktur mit Hilfe der temporalen Strukturfunktion. Dabei werden zunächst einfache Systembausteine, insbesondere mit kalter und warmer Reserve, und später daraus zusammengesetzte komplexere Systemstrukturen exemplarisch spezifiziert und analytisch miteinander verglichen. Ferner wird erläutert, wie man bei diesem Ansatz auch Vorrichtungen zum Ersatz defekter durch intakte Komponenten berücksichtigen kann. Derartige Umschaltvorrichtungen können die Zuverlässigkeit technischer Systeme mit dynamischer Redundanz stark beeinflussen. Anschließend folgt der Übergang zur probabilistischen Auswertung des kausalen Zusammenhangs zwischen den Komponentenausfällen und dem Systemausfall.

5.1 Zur Anwendung des temporallogischen Modells

Bisher wurde im wesentlichen der Fall heißer Reserve betrachtet, bei dem alle Reservekomponenten gleichzeitig mit dem Primärsystem in Betrieb genommen werden, d.h. vom Beginn des Betrachtungszeitraumes an ausfallen können. In vielen praktischen Fällen werden jedoch Reservekomponenten bzw. -systeme erst dann in Betrieb genommen bzw. übernehmen erst dann die Aufgabe der Primärkomponenten, wenn letztere ausgefallen sind oder Störungen jedweder Art aufweisen und aufgrund ihres fehlerhaften Verhaltens ersetzt werden müssen (vgl. Abbildung 4). Eine wichtige Voraussetzung zum erfolgreichen Einsatz dynamischer Redundanz bildet die Fehlererkennung und das Umschalten auf Reservekomponenten, das auch als *Substitution* bezeichnet wird. Bei der Substitution ohne äußere Hilfe spricht man auch von Selbstreparatur. Die Zuverlässigkeit entsprechender Umschaltvorrichtungen kann für den Zustand von Systemen mit dynamischer Redundanz von entscheidender Bedeutung sein. Insgesamt läßt sich die skizzierte Dynamik mit den bisher diskutierten Beschreibungsmitteln nicht rein formal, sondern nur unter zur Hilfenahme zusätzlicher verbaler oder anderweitiger Erläuterungen darstellen.

Dies bedeutet, daß bisher kein Ansatz für die Spezifikation der Zuverlässigkeitsstruktur im deterministischen Teil der Zuverlässigkeitsanalyse von Systemen mit dynamischer Redundanz existiert. Im Falle von Systemen mit kalter oder warmer Reserve wurden unmittelbar die probabilistischen Formeln ohne den Zwischenschritt der kombinatorischen oder logischen Spezifikation erkannt oder negativ ausgedrückt erraten. Diese lückenhafte Vorgehensweise bildet eine häufige Fehlerquelle, da mehrere Systemaspekte gleichzeitig berücksichtigt werden müssen. Mit Hilfe der im folgenden vorgestellten temporallogischen Spezifikation ist es nun jedoch auch für technische Systeme mit kalter und warmer Reserve sowie Kombinationen verschiedener Redundanzarten und Reparaturaspekte möglich, zunächst ausschließlich den deterministischen bzw. logischen Aspekt zu erfassen und in einem weiteren Schritt die probabilistischen Gesichtspunkte einfließen zu lassen. Dies bedeutet für die Analyse, daß mit Hilfe der temporalen Logik nur qualitative Systemeigenschaften spezifiziert und untersucht werden können, da sich die quantitativen Aspekte so nicht unmittelbar berücksichtigen lassen. Auf der temporallogischen Spezifikation aufbauend können mit probabilistischen Verfahren dann jedoch die Systemkenngrößen korrekt berechnet werden.

Somit bedeutet der Einsatz temporallogischer Spezifikationen zur Zuverlässigkeitsbewertung technischer Systeme eine wesentliche Verbesserung der Analysemöglichkeiten. Es können nämlich über die bereits genannten zusätzlichen Möglichkeiten hinaus auch Reihenfolgen von Ereignissen, insbesondere von Komponentenausfällen und -reparaturen, spezifiziert und die daraus resultierenden formalen Ausdrücke für die probabilistische Auswertung genutzt werden. Insgesamt wird dadurch eine Lücke in der Zuverlässigkeitsanalyse geschlossen und eine Methode zur quantitativen Bewertung auf eine wesentlich breitere Grundlage in Form eines umfassenderen formalen Beschreibungsverfahrens gestellt.

Konzepte wie zeitliche Invarianz, sicheres Eintreffen von Ereignissen und die Reihenfolge von Ereignissen bilden die Grundlage für viele Spezifikationen im Bereich der Zuverlässigkeit technischer Systeme. Solche konzeptionellen Anforderungen können in temporaler Logik direkt und intuitiv ausgedrückt werden. Somit ist sie sehr hilfreich bei der Spezifikation fehlertoleranter Systeme. Bisher werden solche Systeme lediglich verbal, mit Hilfe von logischen Strukturfunktionen mit der graphischen Darstellung als Fehlerbäume oder als Zustandsautomaten mit der graphischen Darstellung von Zustandsübergangsgraphen meist nur rudimentär beschrieben. Auf die verbale Art mit allen ihren Unzulänglichkeiten soll erst gar nicht eingegangen werden. Die in den vorangegangenen Kapiteln diskutierte kombinatorische Zuverlässigkeitstheorie hat den Nachteil, daß sie bestimmte zeitliche Aspekte nicht berücksichtigen kann, so daß sie keine für die genannten Zwecke ausreichende Aussagefähigkeit besitzt. Eine explizite Zeitvariable würde hingegen sowohl die Komplexität der Formeln als auch die der mit ihnen durchzuführenden Deduktionen zu sehr erhöhen. Man sollte also tunlichst explizite Quantifikatoren der Zeit verbergen und sie bei der Deduktion der Formeln nur implizit verarbeiten. Diese Möglichkeit bietet die temporale Logik.

Zunächst kann man mit dem temporallogischen Ansatz alles das ausdrücken, was man im kombinatorischen Zuverlässigkeitsmodell beschreiben kann, z.B. eine bestimmte Komponente ist zum gegenwärtigen Zeitpunkt intakt. Ferner sind mit den temporalen Operatoren auch Aussagen über die Zukunft und die Vergangenheit möglich, die über die Aussagekraft des traditionellen Modells hinausgehen. Versieht man etwa eine atomare Aussage mit dem fortan-Operator, so bedeutet das ihre zeitliche Invarianz, z.B. eine gewisse Komponente ist zum gegenwärtigen Zeitpunkt und fortan immer intakt. Mit dem irgendwann-Operator kann man ausdrücken, daß eine Aussage zu irgendeinem Zeitpunkt garantiert wahr ist, ohne daß ein präziser Zeitpunkt oder irgendeine Zeitschranke hierfür gegeben wird, z.B. eine bestimmte Komponente wird irgendwann ausfallen, d.h. innerhalb des zugrundeliegenden Zeitintervalls.

Allein für die Beschreibung dynamischer Systemstrukturen läßt sich auch die diskrete Zeit als Situationsbereich verwenden. Dies ist besonders dann plausibel, wenn die Zustände jeweils nur zu bestimmten, z.B. äquidistanten Zeitpunkten festgestellt bzw. ausgewertet werden können, etwa durch Inspektion, oder die Zustandsänderungen selbst die Zeitpunkte festlegen. Ein Vorteil besteht in der Möglichkeit, den Schrittoperator und entsprechende Software benutzen zu können. Nachteile liegen in dem nicht bruchlosen Übergang zur probabilistischen Auswertung und in der durch die Diskretisierung eventuell vorgenommenen Willkürlichkeit und Vergröberung.

Die folgenden Abschnitte lassen erkennen, daß sich die temporale Logik vorzüglich als formale Beschreibungsmethode zur Zuverlässigkeitsmodellierung und -bewertung eignet. Mit einer geringfügigen Modifikation kann der vorgestellte Ansatz auch zur Leistungsbewertung fehlertoleranter Systeme eingesetzt werden (vgl. Heidtmann, 1994). Viele technische Systeme sind heute in verstärktem Maße fehlertolerant, d.h. sie werden redundant ausgelegt, so daß Teilausfälle zwar zu reduzierter Leistungsfähigkeit des Systems, nicht jedoch zu seinem sofortigen Totalausfall führen. Dabei sind alle wesentlichen Komponenten des Systems mehrfach vorhanden und tragen zu seiner Gesamtleistung bei, solange kein Ausfall auftritt. Nach dem Ausfall einer Komponente wird diese durch dynamische Rekonfiguration, d.h. bei laufendem Betrieb, ausgegliedert; das weiterhin intakte Restsystem arbeitet ggf. mit verringerter Leistung weiter, bis die defekten Teile - sofern möglich - repariert oder ausgetauscht sind und der ursprüngliche Zustand des Systems durch erneute Rekonfiguration wiederhergestellt ist. Meist sind mehrere ausgefallene Komponenten tolerierbar, ohne daß die einzelnen Leistungsverminderungen einen Systemausfall bewirken. Zusätzlich zu dieser strukturellen Leistungsreduzierung durch das Fehlen ausgefallener Komponenten können auch durch die Systemrekonfiguration sowie das Wiederaufsetzen und Wiederholen gestörter Arbeitsabläufe meist nur kurzfristige und deshalb hier nicht berücksichtigte Leistungseinbußen auftreten, wie sie u.a. in Heidtmann, 1982b, 1983b, 1984b, untersucht wurden.

Der vorgestellte temporallogische Ansatz erweitert das Boolesche Zuverlässigkeitsmodell, so daß bisher nicht erfaßbare Eigenschaften fehlertoleranter Systeme berücksichtigt werden können, vermeidet dabei jedoch die Nachteile der Markoff-Methode und der u.a. von Reinschke, 1981, und Heidtmann, 1985, diskutierten mehrwertigen Modelle. Dieser Ansatz hat den Vorteil einer wesentlich geringeren Komplexität und bietet die Möglichkeit, auch komplexe Strukturen mit formalen Methoden übersichtlich behandeln zu können. Außer für die Modellierung und probabilistische Bewertung mittels analytischer Methoden können Spezifikationen in temporaler Logik auch als Grundlage für deterministische Systemvergleiche, simulative Auswertungen und den gesamten Entwicklungsprozeß dienen.

Sicher können nicht alle möglichen Eigenschaften fehlertoleranter Systeme in der hier verwendeten klassischen temporalen Logik mit temporalen Operatoren ohne explizite Zeitangaben beschrieben werden. So fehlen selbstverständlich Konstrukte für die Häufigkeit bestimmter Ereignisse und für Zustandsänderungen zu expliziten Zeitpunkten z.B. aufgrund von Zeitschranken, da ja gerade die explizite Darstellung der Zeit vermieden werden soll. Es gibt jedoch Vorschläge für entsprechende Erweiterungen der temporalen Logik, die in diesem Zusammenhang genutzt werden können.

5.2 Das temporallogische Zuverlässigkeitsmodell

Im folgenden werden nur die Teile der temporalen Logik benutzt, die für die untersuchten Anwendungen notwendig sind. Im Gegensatz zum kombinatorischen Ansatz können Aussagen der temporalen Logik nicht nur einen Zeitpunkt, der im folgenden stets der gegenwärtige genannt wird, sondern verschiedene Zeitpunkte bzw. ein gesamtes Zeitintervall berücksichtigen. Somit enthält das temporallogische Modell das bisher diskutierte kombinatorische Zuverlässigkeitsmodell, bietet jedoch darüber hinaus für die Spezifikation der Zuverlässigkeit technischer Systeme besonders wichtige Ausdrucksmöglichkeiten.

Zunächst werden in der temporalen Logik die bereits vorgestellten Operatoren der Aussagenlogik verwendet. Darüber hinaus bedient sich die temporale Logik solcher Operatoren, die sich auf die Zukunft oder die Vergangenheit beziehen. Während also eine Aussage der traditionellen Aussagenlogik Eigenschaften des Systemzustands nur für ein gesamtes Zeitintervall oder zu genau einem gegenwärtigen Zeitpunkt beschreibt, kann eine Aussage der temporalen Logik Eigenschaften des Systemzustands spezifizieren, die sich die sich in unterschiedlicher Weise auf die Zukunft, die Gegenwart und die Vergangenheit erstrecken. Durch die wiederholte Anwendung der folgenden Regeln über der Menge der relevanten atomaren Aussagen erhält man die Menge aller syntaktisch korrekten Formeln. Die Grundlage bilden wie in der Beschreibung des kombinatorischen Modells atomare Aussagen.

Definition 5.2.1: Die *temporale Indikatorvariable* X_i für $i \in N$ bezeichnet die atomare temporale Aussage: Komponente i zum gegenwärtigen Zeitpunkt intakt. Syntaktisch werden die Ausdrücke der temporalen Logik folgendermaßen definiert, wobei die temporalen Operatoren $\square$ und $\blacksquare$ wie die Negation mit höchster Priorität zu berücksichtigen sind:

X_i ist ein Ausdruck für alle $i \in N$.

Sei Q ein Ausdruck, so ist auch $\neg Q$, $\square Q$ und $\blacksquare Q$ einer.

Seien Q_1, Q_2 Ausdrücke, dann sind es auch $Q_1 \vee Q_2$, $Q_1 \wedge Q_2$, $Q_1 \Rightarrow Q_2$.

Ein zweites Paar temporaler Operatoren ◊ und ◆ wird dual zu □ bzw. ■ definiert:

$$\Diamond Q \ = \ \neg\,\square\,\neg\,Q,$$
$$\blacklozenge Q \ = \ \neg\,\blacksquare\,\neg\,Q.$$

Die bisher betrachteten Regeln geben zwar an, wie man syntaktisch korrekte Formeln bildet, sie geben aber keine Auskunft über die Bedeutung dieser Formeln. Deshalb müssen die so definierten Ausdrücke nun in Beziehung gesetzt werden zu Zeitpunkten als Situationen. Es kommt darauf an festzulegen, in welcher Weise sich die Werte zusammengesetzter Aussagen mit der Zeit fortpflanzen und welches der oben als gegenwärtig bezeichnete Zeitpunkt ist. Diese Deutung soll nun anhand des folgenden Modells präzisiert werden.

Mit Hilfe der temporalen Logik läßt sich der Systemzustand in verschiedenen Situationen betrachten. Je nachdem wie man diesen Situationsbegriff faßt, erhält man verschiedene Semantiken für das formale System durch derartige Bedeutungszuweisungen. Da die später verwendeten probabilistischen Zuverlässigkeitskenngrößen, z.B. Verteilungen der reellen Zufallsvariablen Lebensdauer, die Zeit als Parameter aus der Menge der reellen Zahlen berücksichtigen, wird auch für die verwendete Logik die Zeit als linear geordneter und kontinuierlicher Situationsbereich gewählt. Für die vorliegende Anwendung kann man sich auf ein Zeitintervall $[0,t]$ der reellen Zahlen beschränken, für das die probabilistischen Komponentenkenngrößen gegeben sind (vgl. Heidtmann, 1995).

Definition 5.2.2: Wenn ein temporaler Ausdruck Q zu einem Zeitpunkt $\tau \in [0,t]$, d.h. in einer Situation wahr ist, sagt man auch, Q werde in τ erfüllt. Ausgehend von den atomaren Aussagen läßt sich induktiv definieren, wann ein temporaler Ausdruck erfüllt ist.

$\neg Q$ ist genau dann in τ erfüllt, wenn Q in τ nicht erfüllt ist.

$Q_1 \vee Q_2$ ist genau dann in τ erfüllt, wenn Q_1 in τ oder Q_2 in τ erfüllt ist.

$Q_1 \wedge Q_2$ ist genau dann in τ erfüllt, wenn Q_1 in τ und Q_2 in τ erfüllt ist.

Interessanter sind in diesem Zusammenhang Ausdrücke mit temporalen Operatoren:

$\square Q$ ist genau dann in τ erfüllt, wenn Q in τ' erfüllt ist für alle $\tau' \in [\tau,t]$.

$\blacksquare Q$ ist genau dann in τ erfüllt, wenn Q in τ' erfüllt ist für alle $\tau' \in [0,\tau]$.

$\Diamond Q$ ist genau dann in τ erfüllt, wenn es ein $\tau' \in [\tau,t]$ gibt, so daß Q in τ' erfüllt ist.

$\blacklozenge$Q ist genau dann in τ erfüllt, wenn es ein $\tau' \in [0,\tau]$ gibt, so daß Q in τ' erfüllt ist.

Die Operatoren werden deshalb auch folgendermaßen genannt:

$\square$ *immer-* (always-) oder *fortan-* (henceforth-) Operator,

$\blacksquare$ *immer in der Vergangenheit,*

$\lozenge$ *irgendwann-* (eventually-, sometimes-) Operator,

$\blacklozenge$ *irgendwann in der Vergangenheit.*

Bemerkung 5.2.3:   Für die beiden genannten Paare von Operatoren gilt:

$$\square(Q_1 Q_2) = \square Q_1 \square Q_2, \qquad\qquad \blacksquare(Q_1 Q_2) = \blacksquare Q_1 \blacksquare Q_2,$$
$$\lozenge(Q_1 \vee Q_2) = \lozenge Q_1 \vee \lozenge Q_2, \qquad\qquad \blacklozenge(Q_1 \vee Q_2) = \blacklozenge Q_1 \vee \blacklozenge Q_2.$$

Beispiel 5.2.4: Beispielsweise ergibt sich für den temporalen Ausdruck $\lozenge\square X_i$ folgende Interpretation:

> Es gibt einen Zeitpunkt $\tau \in [0,t]$, von dem an Komponente i ununterbrochen für den Rest des Intervalls, also in $[\tau,t]$ intakt ist.

Mit der Kombination temporaler Operatoren lassen sich die Reihenfolgen von Ereignissen und insbesondere von Ausfällen wesentlich eleganter beschreiben und anschließend probabilistisch behandeln als mit mehrwertiger oder vektororientierter zweiwertiger Logik (vgl. Heidtmann, 1985, 1991b, 1992a, 1993a, Reinschke, Usakov 1988). Beispielsweise ist der Ausdruck $\lozenge(\neg X_1 \lozenge(\neg X_2 \lozenge(\neg X_3)))$ genau dann wahr, wenn zunächst Komponente 1 ausfällt und erst später Komponente 2 und anschließend 3, oder genauer:

> Es gibt einen Zeitpunkt $\tau_1 \in [0,t]$, zu dem Komponente 1 ausfällt sowie einen späteren Zeitpunkt $\tau_2 \in [\tau_1,t]$, zu dem Komponente 2 ausfällt und einen noch späteren $\tau_3 \in [\tau_2,t]$, zu dem Komponente 3 ausfällt. Es gilt also $\tau_1 \leq \tau_2 \leq \tau_3$.

In diesem temporallogischen Modell läßt sich alles das ausdrücken, was man im kombinatorischen Zuverlässigkeitsmodell beschreiben kann, z.B. Komponente i ist zum gegenwärtigen Zeitpunkt intakt. Ferner sind mit den bisher eingeführten temporalen Operatoren auch Aussagen über die Zukunft möglich, die über die Aussagekraft des traditionellen Modells hinausgehen. Eine atomare Aussage mit vorangestelltem fortan-Operator bedeutet ihre zeitliche Invarianz, z.B. Komponente i ist zum gegenwärtigen Zeitpunkt und fortan immer intakt. Mit dem irgendwann-Operator wird ausgedrückt, daß eine Aussage zu irgendeinem Zeitpunkt garantiert wahr ist, ohne daß ein präziser Zeitpunkt quantifiziert oder ir-

gendeine Zeitschranke angegeben wird, z.B. Komponente i wird irgendwann ausfallen, d.h. innerhalb des zugrundeliegenden Zeitintervalls [0,t]. Entsprechendes
gilt für die Vergangenheitsoperatoren.

Die Strukturfunktion des kombinatorischen Zuverlässigkeitsmodells beschreibt
den Zusammenhang zwischen Komponenten- und Systemzustand lediglich in einem
bestimmten Zeitpunkt oder Zeitintervall unveränderlich statisch. Um auch zeitliche
Änderungen berücksichtigen zu können, wird nun die temporale Logik herangezogen.

Im folgenden sei stets angenommen, daß der Systemzustand vollständig durch
die Komponentenzustände im betrachteten Zeitintervall bestimmt ist. Dann kann
man folgendermaßen eine Funktion definieren, welche das Systemverhalten im Intervall [0,t] in Abhängigkeit von den temporalen Aussagen für die Komponentenzustände beschreibt.

Definition 5.2.5: Die Funktion

$$\chi \;=\; \chi(X)$$

mit

$$X \;=\; (X_1, X_2, ..., X_n)$$

bildet $\{\{\text{wahr, falsch}\}^{[0,t]}\}^n$ auf $\{\text{wahr, falsch}\}$ ab und heißt *temporale Struktur-*
funktion des Systems. Sie kann erweitert werden um zusätzliche Variablen, z.B.

$$\chi \;=\; \chi(X,Y)$$

mit

$$Y \;=\; (Y_1, Y_2, ..., Y_n),$$

um weitere Komponentenzustände zu berücksichtigen, die unterschiedliche Auswirkungen auf den gegenwärtigen oder zukünftigen Systemzustand haben. Beispielsweise wird häufig angenommen, daß Komponenten, wenn sie zwar eingeschaltet aber als warme Reserve nicht belastet sind, eine andere Ausfallrate besitzen
als wenn sie ausgeschaltet oder belastet sind.

Folgerung 5.2.6: Die Aussagen des kombinatorischen Zuverlässigkeitsmodells
lassen sich zunächst einfach als Aussagen über den gegenwärtigen Zeitpunkt interpretieren. In diesem Falle können die mit kleinen Buchstaben x bezeichneten Indikatorvariablen des kombinatorischen Modells einfach durch die entsprechenden mit
großem X bezeichneten temporalen Indiaktorvariablen ersetzt werden. Sollen sich
die logischen Ausdrücke jedoch auf ein ganzes Zeitintervall beziehen, so können
die nicht negierten Indikatorvariablen x_i durch mit dem fortan-Operator versehene

temporale Variable $\Box X_i$ ersetzt werden und die negierten $\neg x_i$ somit durch $\neg \Box X_i$. Dies entspricht der mit einem irgendwann-Operator versehenen negierten temporalen Indikatorvariablen, also $\Diamond\neg X_i$. Dadurch wird zum Ausdruck gebracht, daß die atomaren Aussagen für das gesamte Intervall gelten, d.h. Komponente i ist im gesamten Zeitintervall [0,t] ununterbrochen intakt, und ihre Negation bedeutet, daß Komponente i irgendwann im Intervall defekt ist. Damit entspricht beispielsweise der Strukturfunktion

$$\phi_1(x) \;=\; x_1 \;\vee\; x_2 \;\vee\; x_1 x_2 \;\vee\; x_1 \neg x_2 \;\vee\; \neg x_1 x_2$$

in dieser Interpretation die temporale Strukturfunktion

$$\chi_a(X) \;=\; \Box X_1 \vee \Box X_2 \vee \Box X_1 \Box X_1 \vee \Box X_1 \Diamond\neg X_2 \vee \Diamond\neg X_1 \Box X_2 .$$

Wie das folgende Beispiel zeigt, besitzen die meisten temporalen Strukturfunktionen kein entsprechend interpretierbares kombinatorisches oder aussagenlogisches Äquivalent. Dies gilt besonderes dann, wenn durch einen irgendwann-Operatoren vor einer Klammer ein neuer Bezugspunkt für den gegenwärtigen Zeitpunkt des Ausdrucks in dieser Klammer gesetzt wird.

Beispiel 5.2.7: Ein einfaches nur mit dem temporallogischen, jedoch nicht mit dem kombinatorischen Zuverlässigkeitsmodell beschreibbares Beispielsystem aus Heidtmann, 1985, das bereits im vorangegangenen Kapitel vorgestellt wurde, besteht aus einer Primärkomponente 1, einer Reservekomponente 2 und einem Umschalter 3, der bis zum Umschaltzeitpunkt intakt sein muß und danach nicht mehr benötigt wird. Exakt spezifiziert wird dieses System durch die folgende temporale Strukturfunktion

$$\chi_u \;=\; \Box X_1 \vee \Box X_2 \Diamond(\neg X_1 \,\blacksquare\, X_3).$$

Die Negation der temporalen Strukturfunktion zeigt, daß die folgende Ausfallreihenfolge zum Systemausfall führt.

$$\Diamond(\neg X_1 \,\blacklozenge\, \neg X_3) \;=\; \Diamond(\neg X_3 \,\Diamond\neg X_1)$$

Besonders interessant für die spätere probabilistische Auswertung temporaler Strukturfunktionen ist wiederum eine Form, in der disjunkte temporallogische Ausdrücke durch Adjunktionen verbunden sind. Dabei kann die Disjunktheit zweier solcher Ausdrücke analog zu derjenigen im Kapitel 3 für aussagenlogische Ausdrücke bzw. für die zugehörigen Intakt- oder Defektkombinationen definiert werden. Beispiele dazu enthält der folgende Abschnitt.

Definition 5.2.8: Zwei temporallogische Ausdrücke heißen genau dann *disjunkt*, wenn ihre Adjunktion für alle Variablenwerte den Wahrheitswert falsch liefert.

Im Zusammenhang mit der Verfügbarkeit von Systemen spielt nicht die Zeit des ununterbrochenen Betriebs und die dazu passende temporale Strukturfunktion die Hauptrolle, wie bei der Zuverlässigkeit. Sondern es interessiert die Wahrscheinlichkeit, ein System bzw. eine Komponente zu einem vorgegebenen Zeitpunkt t intakt anzutreffen, wobei es zwischenzeitlich, d.h. innerhalb des Intervalls [0,t], defekt sein kann. Diese Situation kann folgendermaßen deterministisch beschrieben werden.

Definition 5.2.9: Die *temporale Entwicklungsfunktion*

$$\rho = \rho(X),$$

ist genau dann wahr, wenn das System in Abhängigkeit von seiner Vorgeschichte in [0,t] zum Zeitpunkt t intakt ist. Sie kann wie die temporale Strukturfunktion um zusätzliche Variablen erweitert werden.

Dabei hängt diese Funktion ebenfalls vom Variablenvektor X ab und ist zumindest auch dann wahr, wenn die temporale Strukturfunktion den Wert wahr aufweist. Darüber hinaus kann sie aber auch wahr sein, wenn das System zwar zwischenzeitlich einmal ausgefallen war, so daß die Strukturfunktion insgesamt den Wert falsch besitzt, bis zum Zeitpunkt t dann aber wieder, z.B. aufgrund einer erfolgreichen Reparatur, intakt ist. Somit sind die beiden Funktionen nicht notwendig gleich.

Beispiel 5.2.10: Die temporale Entwicklungsfunktion eines Systems, dessen einzige Komponente im gesamten betrachteten Zeitraum intakt bleibt oder einmal ausfällt und rechtzeitig vor dem Zeitpunkt t wieder repariert ist sowie anschließend bis zum Ende des Zeitintervalls intakt bleibt, lautet:

$$\rho_r = \Box X_1 \vee \Diamond(\neg X_1 \Diamond\Box X_1).$$

Die in diesem Abschnitt vorgestellte temporallogische Methode zur Spezifikation der Zuverlässigkeit technischer Systeme soll nun anhand einiger Beispiele mit verschiedenen Redundanzarten veranschaulicht und zum Vergleich genutzt werden. Wesentlich ist dabei, daß auch Systemstrukturen mit dynamischer Redundanz bzgl. ihrer Zuverlässigkeit formal exakt durch logische Ausdrücke beschrieben werden.

5.3 Spezifikation verschiedener Redundanz- und Umschaltarten

Als Beispiele formal spezifizierter Zuverlässigkeitsstrukturen technischer Systeme mit unterschiedlicher Redundanzart werden nun fehlertolerante Systeme aus einer Primärkomponente 1 und einer redundanten Reservekomponente 2 untersucht. Zunächst sei der Fall heißer Redundanz betrachtet. Da die heiße Reservekomponente ständig mitläuft und somit meist auf dem aktuellen Stand ist, kann sie im Notfall unmittelbar eingesetzt werden. Dies bedeutet, daß beim Umschalten auf die Ersatzkomponente keine aufwendigen Prozeduren notwendig sind oder daß sie sogar stets Ergebnisse liefert, die zur Prüfung der von den Primärkomponenten produzierten herangezogen werden können.

Beispiel 5.3.1: Als Beispiel betrachte man ein Festplattensystem mit einer gespiegelten Platte. Von beiden Festplatten wird zwecks Vergleich der Daten jeweils gleichzeitig gelesen, und sie werden beide auch gleichzeitig beschrieben. Nach dem Ausfall einer der beiden Platten wird nur noch die verbliebene intakte benutzt. Somit unterliegt die überlebende Festplatten vor und nach dem Ausfall der anderen der gleichen Belastung. Dieser aus einer Komponente 1 (Primärplatte) und ihrer heißen Reservekomponente 2 (Spiegelplatte) bestehende Baustein ist also intakt, solange mindestens eine der beiden Komponenten intakt ist. Dieser logische Kausalzusammenhang zwischen Komponenten- und Systemzustand bzgl. der Verläßlichkeit läßt sich folgendermaßen verbal beschreiben. Die Aussage, der Baustein ist in [0,t] ununterbrochen intakt, ist genau dann wahr, wenn der Satz, Komponente 1 ist in [0,t] ohne Unterbrechung intakt, oder die Aussage, Komponente 2 ist in [0,t] ununterbrochen intakt, wahr ist. Diese auch in Abbildung 4 veranschaulichte Systemstruktur wird formal durch die folgende temporale Strukturfunktion spezifiziert:

$$\chi_a \;=\; \Box X_1 \vee \Box X_2 \,.$$

Dieser logische Ausdruck kann in seine adjunktive Normalform aus disjunkten Konjunktionstermen umgeformt werden.

$$\chi_a \;=\; \Box X_1 \vee \Box X_2 \Diamond \neg X_1 \,.$$

Der logische Ausdruck auf der rechten Seite der Gleichung bedeutet, daß entweder Komponente 1 immer funktioniert oder irgendwann ausfällt, aber in diesem Fall Komponente 2 immer intakt ist. Es wird vorausgesetzt, daß beide Komponenten im

Zeitpunkt 0 starten und solange wie möglich gleichzeitig in Betrieb sind. Der allgemeinere Fall mit n-1 Reservekomponenten läßt sich folgendermaßen schreiben:

$$\bigvee_{i \in N} \Box X_i \, .$$

Heiße Reserve besitzt bekanntlich den Nachteil, daß die Reservekomponenten zur selben Zeit wie die Primärkomponenten belastet werden und deshalb auch etwa im gleichen Zeitraum ausfallen. Möchte man hingegen zum Ausfallzeitpunkt der Primärkomponenten auf unverbrauchte und demgemäß noch möglichst langlebige Ersatzkomponenten zurückgreifen, so müssen sie dem System als kalte Redundanz zur Verfügung stehen. In ihrer sogenannten Ruhezeit können kalte Reservekomponenten zwar nicht ausfallen, aber meist auch nicht aktualisiert werden. Die häufig notwendige Aktualisierung, Initialisierung oder Inbetriebnahme muß erst nach dem Ausfall der Primär- und vor dem Einsatz der kalten Reservekomponenten vorgenommen werden.

Beispiel 5.3.2: Nun soll also zum Ausdruck gebracht werden, daß die Reservekomponente 2 erst zum Ausfallzeitpunkt von Komponente 1 gestartet wird. Diese kalte Redundanz bedeutet, daß die Reservekomponente 2 erst unmittelbar nach dem Ausfall der Primärkomponente 1 in Betrieb genommen wird. In diesem Fall muß ein möglichst aktueller Zustand der Daten von der Primärplatte auf einem anderen Medium, z.B. Backup-Magnetbändern, zum Initialisieren der neuen Reserveplatte 2 verfügbar sein. Logisch impliziert der Ausfall von Komponente 1, daß die Reservekomponente 2 von nun an immer die Arbeit leisten muß.

$$\chi_b \;=\; \Diamond \neg X_1 \;\Rightarrow\; \Box X_2$$

Diese Implikation läßt sich umformen zu folgender Adjunktion:

$$\chi_b \;=\; \Box X_1 \vee \Diamond(\neg X_1 \, \Box X_2).$$

Allgemein gilt bei n-1 kalten Reservekomponenten

$$\Diamond \neg X_1 \;\Rightarrow\; \Diamond \neg X_2 \;\Rightarrow\; \dots \;\Rightarrow\; \Box X_n.$$

Ein Vorteil der temporallogischen Systemspezifikation besteht darin, daß sie bereits einen qualitativen Vergleich verschiedener Systemstrukturen ermöglicht. Die folgende Implikation stellt einen solchen qualitativen Vergleich der beiden bisher spezifizierten Beispielsysteme untereinander und mit dem nicht redundanten System dar.

$$\Box X_1 \;\Rightarrow\; (\Box X_1 \vee \Box X_2) \;\Rightarrow\; (\Box X_1 \vee \Diamond(\neg X_1 \, \Box X_2))$$

Sie besagt, daß die beiden redundanten Systeme besser sind als das nicht redundante System, das lediglich aus Komponente 1 besteht. Besser bedeutet in diesem qualitativen Sinne, daß zusätzliche Intaktzustände vorhanden sind. Die zweite Implikation besagt ferner, daß das System mit kalter Reserve besser ist als das mit heißer. Diese Anmerkung verdeutlicht einen wesentlichen Vorteil der temporallogischen Strukturdarstellung, nämlich die Nutzung einer Fülle von Möglichkeiten formaler Beschreibungsmethoden, gegenüber einer unmittelbaren Herleitung eines probabilistischen Ausdrucks, z.B. mit Lebensdauern ohne den logischen Zwischenschritt.

Da die Inbetriebnahme kalter Reservekomponenten, insbesondere dann, wenn ihr Zustand zunächst vollständig aktualisiert werden muß, häufig zu lange dauert, verwendet man in diesen Fällen meist warme Redundanz. Die Komponenten dieser Redundanzart sind eingeschaltet und können in diesem Zustand ggf. auch aktualisiert werden, unterliegen jedoch noch nicht der gleichen Belastung wie die Primärkomponenten. Somit zeigen sie während der Wartezeit ein günstigeres Ausfallverhalten, z.B. in Form einer geringeren Fehler- bzw. Ausfallrate, als während der Arbeitszeit unter voller Last.

Beispiel 5.3.3: Warme Redundanz bedeutet, daß die warme Reservekomponente 2 bis zum Ausfall der Primärkomponente 1 zwar nicht vernachlässigt werden kann, aber andere Eigenschaften besitzt als später, wenn sie die Aufgaben von Komponente 1 nach deren Ausfall übernommen hat. Die Reservekomponente 2 ist zwar die ganze Zeit über angeschaltet $\Diamond(\neg X_1 \blacksquare Y_2)$, wird aber erst nach dem Ausfall von Komponente 1 mit deren Aufgaben belastet $\Diamond(\neg X_1 \square X_2)$. Beim Festplattensystem ist zwar die Reserveplatte wie die ursprüngliche von Anfang an in Betrieb und wird genau wie diese beschrieben. Gelesen wird jedoch erst von ihr, wenn die urprüngliche Platte ausgefallen ist. Sie unterliegt somit bis zum Ausfall der ursprünglichen Festplatte wegen der fehlenden Lesezugriffe einer geringeren Belastung. Dies kann folgendermaßen spezifiziert werden:

$$\chi_c \;=\; \Diamond\neg X_1 \;\Rightarrow\; \blacksquare Y_2 \,\square X_2.$$

Wiederum läßt sich die Implikation in eine Adjunktion umformen:

$$\chi_c \;=\; \square X_1 \;\vee\; \Diamond(\neg X_1 \,\blacksquare Y_2 \,\square X_2).$$

Ein wesentlicher Vorteil des temporallogischen Zuverlässigkeitsmodells liegt darin, daß es im Gegensatz zum kombinatorischen Modell Reparaturaspekte umfassender berücksichtigen kann.

Beispiel 5.3.4: Es wird nun beim zweikomponentigen Beispielsystem mit einer Reservekomponente 2 zugelassen, daß die Primärkomponente 1 einmal repariert werden kann. Die Reparatur kann als Defektzustand interpretiert und durch $\neg X_1$ beschrieben werden. Ihr Ende und die weitere Intaktzeit von Komponente 1 bis zum Intervallende wird dann durch $\Diamond\Box X_1$ spezifiziert. Insgesamt ergibt sich folgende Strukturfunktion:

$$\chi_d \;=\; \chi_b \;\vee\; \Diamond(\neg X_1\, \Diamond(\,\Box X_1 \Diamond\neg X_2)) \;.$$

Je nach Inbetriebnahme kann Komponente 2 als heiße oder wie in Abbildung 35 als kalte Reservekomponente angesehen werden. Eine Möglichkeit für die explizite Beschreibung der Reparatur besteht in der Verwendung einer eigenen Variablen Z. In den folgenden temporalen Ausdrücken berücksichtigt der letzte Term die Reparatur, die vor dem Ausfall der Ersatzkomponente 2 beendet sein muß, in Form der Variablen Z_1 für das Reparaturende. Im ersten Fall wird die Komponente 1 sofort nach ihrer Reparatur in Betrieb genommen und im zweiten erst bei Ausfall der Komponente 2.

$$\chi_d \;=\; \chi_b \;\vee\; \Diamond(\neg X_1\, \Diamond(Z_1\, \Box X_1 \Diamond\neg X_2))$$

$$\chi_d \;=\; \chi_b \;\vee\; \Diamond(\neg X_1\, \Diamond(Z_1 \Diamond(\neg X_2\, \Box X_1)))$$

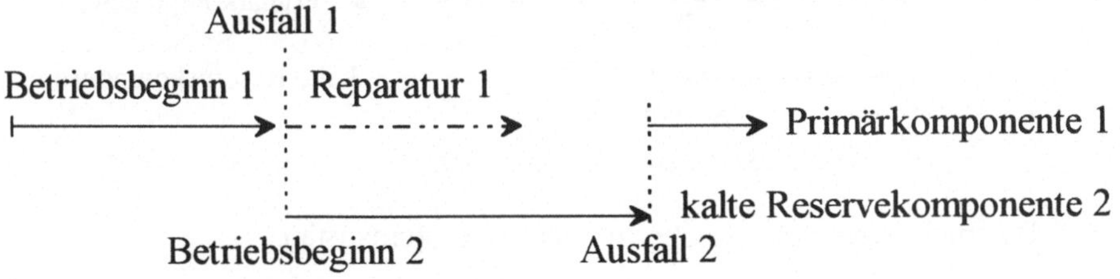

Abb. 35: System mit einmaliger Reparatur der Primärkomponente 1

Die letztgenannte Strukturfunktion ist ebenfalls ein Beispiel dafür, daß mit Hilfe der temporalen Strukturfunktion Reihenfolgen von Ereignissen sehr elegant beschrieben werden können, z.B. wesentlich übersichtlicher als mit mehrwertiger oder vektororientierter zweiwertiger Logik wie in Heidtmann, 1985, und Reinschke, Usakov, 1988, oder entsprechender Prioritätsgatter in den sogenannten dynamischen Fehlerbäumen von Dugan et al., 1990, 1992.

Man kann beweisen, daß die bisher spezifizierten Beispielsysteme alle der deterministischen Anforderung genügen, daß stets mindestens eine Komponente intakt sein muß:

$$\Box(X_1 \lor X_2).$$

Der Beweis besteht darin zu zeigen, daß aus dem temporallogischen Ausdruck für das Beispielsystem derjenige der Anforderungsspezifikation folgt. Im Falle des Beispiels 5.3.1 mit heißer Reserve ist diese Implikation gerade ein schwaches Distributivgesetz der temporalen Logik.

Interessiert man sich nicht dafür, daß ununterbrochener Betrieb im Intervall [0,t] vorliegt, sondern lediglich dafür, daß zum Zeitpunkt t das System wieder intakt (verfügbar) ist, so kommt die temporale Entwicklungsfunktion zur Spezifikation der Zuverlässigkeitsstruktur zum Einsatz.

Beispiel 5.3.5: Wenn man beim Beispielsystem mit kalter Reserve zuläßt, daß das System zwischenzeitlich defekt ist, so bedeutet dies, daß die Reparatur von Komponente 1 nicht unbedingt vor dem Ausfall von Komponente 2 abgeschlossen sein muß (vgl. Abbildung 36), sondern daß sie lediglich bis zum Zeitpunkt t erfolgreich beendet sein muß, damit das System zu diesem Zeitpunkt wieder intakt ist.

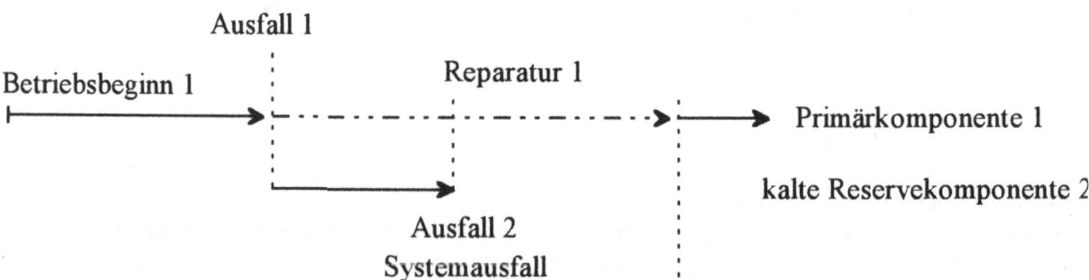

Abb. 36: Beispielsystem mit zwischenzeitlichem Systemausfall

Somit erhält man zusätzlich zur temporalen Strukturfunktion χ_d einen Term, der beschreibt, daß zwischenzeitlich beide Komponenten ausgefallen sind, die Reparatur von Komponente 1 bis zum Zeitpunkt t jedoch erfolgreich beendet wurde.

$$\rho_e = \chi_d \lor \Diamond(\neg X_1 \, \Diamond(\neg X_2 \Diamond(Z_1 \Box X_1))).$$

Häufig ist die Zuverlässigkeit von Umschalteinrichtungen zum Einsatz redundanter Komponenten wichtig und kann nicht vernachlässigt werden. Die folgende Klassifikation berücksichtigt die verschiedenen Möglichkeiten des Einflusses von Umschaltern auf die Systemzuverlässigkeit. Dabei wird angenommen, daß Umschalter im passiven Zustand nicht ausfallen können.

1. Der Schalter muß nur zum Zeitpunkt des Umschaltens funktionieren.
2. Er muß vom Systemstart bis zum Umschaltzeitpunkt ununterbrochen intakt bleiben.
3. Er muß vom Umschaltzeitpunkt bis zum Ende der Missionszeit intakt sein.
4. Er muß immer funktionieren, d.h. vom Zeitpunkt der Inbetriebnahme des Systems bis zum Zeitpunkt t.

Wenn der Umschalter, wie im letzten Falle, immer intakt sein muß, kann er auch wie eine gewöhnliche nicht redundante Systemkomponente behandelt werden. Deshalb wird dieser Fall im folgenden nicht weiter verfolgt.

Die Systeme aus einer ursprünglichen Komponente 1, einer heißen Reservekomponente 2 und einem Umschalter als Komponente 3, wie sie in Abbildung 37 dargestellt sind, können folgendermaßen beschrieben werden:

$$1a. \quad \Box X_1 \lor \Box X_2 \Diamond(\neg X_1 X_3)$$
$$2a. \quad \Box X_1 \lor \Box X_2 \Diamond(\neg X_1 \blacksquare X_3)$$
$$3a. \quad \Box X_1 \lor \Box X_2 \Diamond(\neg X_1 \Box X_3).$$

Für eine kalte Reservekomponente 2, die im passiven Zustand nicht ausfallen kann, gilt:

$$1b. \quad \Diamond \neg X_1 \Rightarrow X_3 \Box X_2$$
$$2b. \quad \Diamond \neg X_1 \Rightarrow \blacksquare X_3 \Box X_2$$
$$3b. \quad \Diamond \neg X_1 \Rightarrow \Box(X_2 X_3)$$

oder mit disjunkten Termen

$$1b. \quad \Box X_1 \lor \Diamond(\neg X_1 X_3 \Box X_2)$$
$$2b. \quad \Box X_1 \lor \Diamond(\neg X_1 \blacksquare X_3 \Box X_2)$$
$$3b. \quad \Box X_1 \lor \Diamond(\neg X_1 \Box X_2 \Box X_3).$$

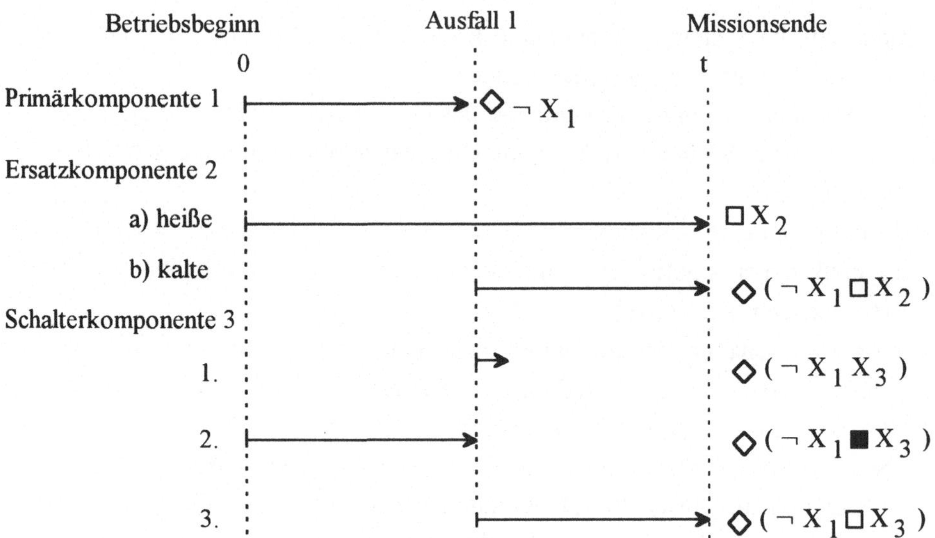

Abb. 37: Verschiedene Umschaltmöglichkeiten

5.4 Deterministische Modellierung dynamischer Systeme

Bisher wird die Zuverlässigkeit von Umschaltmechanismen fehlertoleranter Systeme meist durch eine konstante Wahrscheinlichkeit, den Überdeckungsfaktor, beschrieben. Diese läßt sich allerdings nicht bei der deterministischen Modellierung verwenden, welche einer probabilistischen Bewertung vorausgehen sollte. Im deterministischen Teil Boolescher Zuverlässigkeitsmodelle lassen sich keine Systeme beschreiben, bei denen die Ausfallreihenfolge der Komponenten eine wichtige Rolle spielt. Dies kann der Fall sein, wenn die Strategie zur Ersetzung ausgefallener Komponenten oder gar der Systemausfall von der Ausfallreihenfolge der Systemkomponenten abhängt. Ein wesentlicher Vorteil des vorgestellten temporallogischen Ansatzes besteht darin, daß diese für eine Reihe technischer Systeme charakteristische Eigenschaft einfach und elegant beschrieben werden kann, wie in den folgenden Abschnitten gezeigt wird.

5.4.1 Sequentielle Systeme

Um im folgenden zwischen solchen Systemkomponenten, welche für das Umschalten auf Reservekomponenten verantwortlich sind, und solchen, welche die eigentliche Aufgabe des Systems übernehmen, unterscheiden zu können, werden die letzteren auch Arbeitsgeräte genannt.

Definition 5.4.1.1: *Sequentielle Systeme* sind dadurch charakterisiert, daß ihr Systemzustand und insbesondere ihr Ausfall von der Ausfallreihenfolge der Komponenten abhängt.

In der folgenden Abbildung 38 ist ein System mit kaskadierten Schaltern dargestellt, das die wesentliche Eigenschaft sequentieller Systeme veranschaulicht.

Beispiel 5.4.1.2: Das System besteht aus den drei Komponenten 1, 2 und 3, von denen zunächst die erste die eigentliche Aufgabe verrichtet und die beiden anderen als warme Reserve für diese Primärkomponente dienen, und aus zwei Schaltern als Komponenten 4 und 5, welche die warmen Reservekomponenten 2 und 3 bei Bedarf einfügen. Das System beginnt seine Arbeit also mittels Komponente 1. Sobald diese ausfällt, schaltet Komponente 4 zum nächsten Arbeitsgerät (Komponente 2) um. Dies kann allerdings nur glücken, falls der Umschalter (Komponente 4) Komponente 1 überlebt und Komponente 2 noch intakt ist. Sobald das nächste Arbeitsgerät als Komponente 2 ausfällt, wird die Komponente 3 substituiert. Hierzu muß allerdings der zweite Umschalter (Komponente 5) und Komponente 3 bis zu diesem Zeitpunkt überlebt haben.

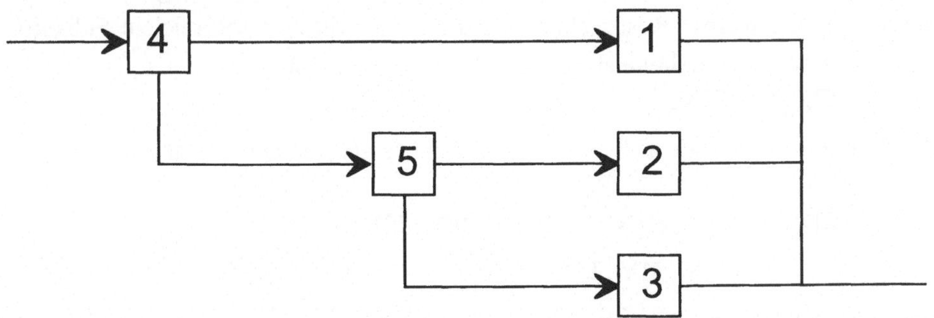

Primärkomponente 1, Reservekomponenten 2 und 3, Umschalter 4 und 5

Abb. 38: Sequentielles System aus drei Arbeitsgeräten und zwei kaskadierten Schaltern

Dieses System besitzt zwei Sequenzen von Komponentenausfällen, welche die Funktion des Systems nicht beeinträchtigen. Dies sind die Ausfälle des Schalters

(Komponente 4 bzw. 5) nach den Ausfällen der entsprechenden Arbeitsgeräte (Komponente 1 bzw. 2). Die folgende temporale Strukturfunktion enthält diese Sequenzen in ihren Klammern:

$$\chi_5 = \Box X_1 \vee \Diamond(\neg X_1 \blacksquare X_4 \blacksquare Y_2 \Box X_2) \vee \Diamond(\neg X_1 \blacksquare X_4 \blacksquare Y_2 \Diamond(\neg X_2 \blacksquare X_5 \blacksquare Y_3 \Box X_3)).$$

Die Reihenfolgen von Komponentenausfällen, die zum Systemausfall führen, können durch Negation des obigen Ausdrucks gewonnen werden. Die Klammer auf der rechten Seite der folgenden Gleichung repräsentiert eine Ausfallsequenz, welche einen Systemausfall impliziert. Der Schalter (Komponente 4) fällt vor dem Arbeitsgerät (Komponente 1) aus, welches er eigentlich durch Komponente 2 ersetzen sollte.

$$\neg \Diamond(\neg X_1 \blacksquare X_4) \quad = \quad \Box X_1 \vee \Diamond(\neg X_4 \Diamond \neg X_1)$$

5.4.2 Dynamische Redundanz und k-von-n Systeme

Nun soll eine weitere Komponente als heiße Reservekomponente in der ursprünglichen aktiven Konfiguration berücksichtigt werden, so daß die ursprünglich aktive Konfiguration bereits in sich fehlertolerant ist, d.h. genauer ein 1-von-2 System bildet.

Beispiel 5.4.2.1: Das neue dreikomponentige Beispielsystem sei solange intakt, wie eine der beide Komponenten 1 bzw. 2 der aktiven Anfangskonfiguration funktioniert oder die warme Reservekomponente 3 nach ihrer erfolgreichen Substitution für die erste ausgefallene aktive Komponente intakt ist.

$$\chi_g = \Box X_1 \vee \Box X_2 \vee \Diamond((\neg X_1 \vee \neg X_2) \blacksquare Y_3 \Box X_3)$$

Diese Funktion kann nun folgendermaßen mit disjunkten Termen dargestellt werden:

$$\chi_g = \Box X_1 \vee \Box X_2 \Diamond \neg X_1 \vee \Diamond(\neg X_1 \blacksquare Y_3 \Box X_3 \Diamond \neg X_2)$$
$$\vee \Diamond(\neg X_2 \blacksquare Y_3 \Box X_3 \Diamond \neg X_1).$$

Diese temporale Strukturfunktion läßt sich auch zur Spezifikation im Falle zweier warmer Reservekomponenten und verwenden, wenn man in die beiden letzten Klammern jeweils anstelle von $\Box X_3$ folgendes einfügt:

$$(\Box X_3 \vee \Diamond(\neg X_3 \blacksquare Y_4 \Box X_4)).$$

Der Vergleich in Heidtmann, 1991b, zeigt, daß dieser temporallogische Ausdruck wesentliche übersichtlicher ist als die Darstellung mit Hilfe der Markoff-Kette aus Balakrishnan, Raghavendra, 1990.

Beim vorangegangenen und den folgenden Systemen hängt nicht mehr der Systemausfall von der Ausfallreihenfolge der Komponenten ab, sondern die Strategie zur Ersetzung ausgefallener aktiver Komponenten durch warme Reservekomponenten.

Beispiel 5.4.2.2: Es werden nun 1-von-3 Systeme mit verschiedenen Formen aktiver und kalter Redundanz untersucht. Diese Systeme sind intakt, solange mindestens eine Komponente funktioniert. Zunächst wird das System aus drei Komponenten mit heißer Reserve spezifiziert:

$$\chi_{1v3} = \Box X_1 \vee \Box X_2 \vee \Box X_3$$
$$= \Box X_1 \vee \Diamond \neg X_1 \Box X_2 \vee \Diamond \neg X_1 \Diamond \neg X_2 \Box X_3 .$$

Nun wird die alternative Struktur mit kalter Reserve und ihre adjunktive Normalform aus disjunkten Konjunktionstermen abgeleitet.

$$\chi_p = \Diamond \neg X_1 \Rightarrow (\Diamond \neg X_2 \Rightarrow \Box X_3)$$
$$= \Diamond \neg X_1 \Rightarrow \Box X_2 \vee \Diamond (\neg X_2 \Box X_3)$$
$$= \Box X_1 \vee \Diamond (\neg X_1 (\Box X_2 \vee \Diamond (\neg X_2 \Box X_3)))$$
$$= \Box X_1 \vee \Diamond (\neg X_1 \Box X_2) \vee \Diamond (\neg X_1 \Diamond (\neg X_2 \Box X_3))$$

Es gibt zwei Möglichkeiten zwei aktive Komponenten und eine kalte Reservekomponente zu einem 1-von-3 System zu kombinieren:
Zunächst kann man die erste ausgefallene aktive Komponente 1 bzw. 2 sogleich durch die kalte Reservekomponente 3 ersetzen.

$$\chi_{fp} = (\Diamond \neg X_1 \Rightarrow \Box X_3) \vee (\Diamond \neg X_2 \Rightarrow \Box X_3)$$
$$= \Box X_1 \vee \Diamond (\neg X_1 \Box X_3) \vee \Box X_2 \vee \Diamond (\neg X_2 \Box X_3)$$
$$= \Box X_1 \vee \Diamond \neg X_1 \Box X_2 \vee \Diamond (\neg X_1 \Box X_3 \Diamond \neg X_2) \vee \Diamond (\neg X_2 \Box X_3 \Diamond \neg X_1)$$

Zur Ableitung der disjunkten Terme beim Übergang von der vorletzten zur letzten Zeile kann $\Box X_2$ durch $\Diamond \neg X_1 \Box X_2$ ersetzt und die folgende Gleichung verwendet werden:

$$\Diamond (\neg X_1 \Box X_3) = \Box X_2 \Diamond (\neg X_1 \Box X_3) \vee \Diamond \neg X_2 \Diamond (\neg X_1 \Box X_3)$$
$$= \Box X_2 \Diamond (\neg X_1 \Box X_3) \vee \Diamond (\neg X_1 \Diamond \neg X_2 \Box X_3) \vee \Diamond \neg X_2 \Diamond (\neg X_1 \Box X_3)),$$

wobei der erste Term der rechten Seite $\Box X_2 \Diamond(\neg X_1 \Box X_3)$ bereits von $\Box X_2$ bzw. $\Diamond\neg X_1 \Box X_2$ übergedeckt wird, während der dritte Term im zweiten Term der entsprechenden Gleichung für $\Diamond(\neg X_2 \Box X_3)$ enthalten ist.

Die andere Ersetzungsstrategie besteht darin, erst die zweite ausgefallene aktive Komponente durch die kalte Reservekomponente zu ersetzen. Dabei wird die Reservekomponente 3 erst zu dem Zeitpunkt in Betrieb genommen, zu dem beide aktive Komponenten 1 und 2 ausgefallen sind.

$$
\begin{aligned}
\chi_{sp} &= \Diamond(\neg X_1 \ \neg X_2) \ \Rightarrow \ \Box X_3 \\
&= \Box X_1 \ \vee \ \Box X_2 \ \vee \ \Diamond(\neg X_1 \ \neg X_2 \ \Box X_3) \\
&= \Box X \vee \Diamond\neg X_1 \ \Box X_2 \vee \Diamond(\neg X_1 \Diamond(\neg X_2 \ \Box X_3)) \vee \Diamond(\neg X_2 \Diamond(\neg X_1 \ \Box X_3))
\end{aligned}
$$

Definition 5.4.2.3: Die aus Abschnitt 2.3 bereits bekannte TMR-Redundanzstruktur kann analog zur Darstellung durch die aussagenlogische Strukturfunktion

$$
\phi_{TMR} \ = \ x_1 x_2 \ \vee \ x_1 \neg x_2 x_3 \ \vee \ \neg x_1 x_2 x_3
$$

auch temporallogisch spezifiziert werden:

$$
\chi_{TMR} \ = \ \Box X_1 \Box X_2 \ \vee \ \Box X_1 \Diamond\neg X_2 \Box X_3 \ \vee \ \Diamond\neg X_1 \Box X_2 \Box X_3 \ .
$$

Definition 5.4.2.4: Zuweilen läßt sich die Systemzuverlässigkeit durch *Kannibalisierung* erhöhen. Darunter versteht man eine Vorgehensweise, bei der bedingt durch gewisse Ereignisse noch intakte Komponenten aus dem System entfernt werden.

Das bekannteste Beispiel für die erfolgreiche Kannibalisierung ist eine Variante der TMR-Redundanzstruktur. Um eine möglichst hohe Intaktwahrscheinlichkeit bei langen Missionszeiten zu erreichen, kann man zu einem Zeitpunkt zum nicht redundanten *Simplex-System* übergehen, das aus einer einzigen Komponente besteht.

TMR-Simplex-Verfahren: Ein ursprünglich als TMR-Konfiguration gestartetes System arbeitet nach dem ersten Komponentenausfall mit nur einer der beiden intakten Komponenten als nicht redundantes System weiter, statt mit allen beiden wie beim gewöhnlichem TMR-System. Dadurch verliert das TMR-Simplex-System nach dem Ausfall seiner ersten Komponente, da es dann nur mit einer einzigen Komponente weiterarbeitet, die Fähigkeit, Fehler zu erkennen, während das TMR-System, das mit seinen beiden verbleibenden Komponenten weiterarbeitet, weiterhin eine fehlerhafte Komponente durch Vergleich erkennen, wenn auch nicht lokalisieren kann.

Ein TMR-Simplex-System wird also zunächst als TMR-Struktur in Betrieb genommen, so daß ein Fehler durch Abstimmung unter den drei Komponenten entdeckt werden kann. Wird der erste Fehler oder Ausfall festgestellt, so wird außer dieser defekten Komponente auch noch eine weitere, d.h. eine der beiden intakten, ausgeschaltet, so daß das System weiterhin als nicht redundante Struktur aus einer einzigen Komponente besteht, d.h. als Simplex-System weiterarbeitet. Fällt beispielsweise zunächst Komponente 2 oder 3 aus, so besteht das System lediglich aus Komponente 1. Fällt die erste Komponente aus während die beiden anderen (2 und 3) noch intakt sind, so wird beispielsweise Komponente 3 ebenfalls ausgeschaltet und das System besteht lediglich noch aus Komponente 2.

Diese Strategie kann folgendermaßen mit Hilfe der temporalen Strukturfunktion spezifiziert werden, während eine Beschreibung in kombinatorischer bzw. aussagenlogischer Weise ohne temporale Operatoren, nicht ohne weiteres möglich ist.

$$\chi_{TS} = \Box X_1 \wedge \Box X_2 \Diamond(\neg X_1 \blacksquare X_3)$$

Der Vergleich dieses Ausdrucks mit der temporalen Strukturfunktion des TMR-Systems zeigt die zusätzlichen Bedingungen des letzteren (in fetten Buchstaben), welche für die reduzierte Zuverlässigkeit verantwortlich sind.

$$\chi_{TMR} = \Box X_1 (\Box \mathbf{X_2} \vee \Diamond\neg \mathbf{X_2} \Box \mathbf{X_3}) \vee \Box X_2 \Diamond(\neg X_1 \blacksquare X_3 \Box X_3)$$

Man kann ebenfalls leicht die Differenz beider temporaler Strukturfunktionen ableiten.

$$\chi_D = \chi_{TS} \vee \neg \chi_{TMR} = \Box X_1 \Diamond\neg X_2 \Diamond\neg X_3 \vee \Box X_2 \Diamond(\neg X_1 \Diamond\neg X_3).$$

Die probabilistische Auswertung dieser Funktion χ_D quantifiziert die Zuverlässigkeitsdifferenz zwischen der TMR- und TMR-Simplex-Redundanzstruktur, und sie ist in Abschnitt 5.6 zu finden.

Ein andere Methode zur Verbesserung der Zuverlässigkeit bei langer Missionsdauer besteht in der Hinzufügung zusätzlicher warmer bzw. kalter Reserve.

Definition 5.4.2.5: Die Kombination von aktiver und kalter oder warmer Redundanz wird auch als *hybride Redundanz* bezeichnet. Man unterscheidet zwischen *früher* und *später Ersetzung*. Letztere erfolgt erst, nachdem die aktive Redundanz erschöpft ist, und das System ohne diese Ersetzung ausfallen würde. Bei der frühen Ersetzung werden die passiven Reservekomponenten substituiert, sobald aktive Komponenten ausfallen ohne Rücksicht darauf, wieviel aktive Redundanz noch vorhanden ist.

Hybride Redundanz bedeutet, daß nach einem Komponentenausfall beispielsweise innerhalb der aktiven TMR-Konfiguration diese solange wiederhergestellt werden kann, bis keine intakten warmen oder kalten Reservekomponenten mehr vorhanden sind, unabhängig davon in welcher Reihenfolge letztere eventuell ausfallen. Sobald die Menge der warmen oder kalten Reservekomponenten erschöpft ist, funktioniert das System noch solange, wie die verbleibende k-von-n Struktur intakt ist. Im Falle von TMR also bleibt das System intakt, solange zwei der drei verbleibenden aktiven Komponenten funktionieren. Anders ausgedrückt wird bei der diskutierten Strategie jede ausgefallene aktive Komponente sofort ersetzt bzw. maskiert, solange der Vorrat an intakten Reservekomponenten reicht.

Beispiel 5.4.2.6: Als erstes Beispiel wird ein hybrides System mit TMR-Redundanzstruktur und einer warmen Reservekomponente 4 spezifiziert. Mit $N=\{1,2,3\}$ und $k\in N-\{i,j\}$ erhält man bei früher Ersetzung, wobei Komponente j als erste aktive Komponente ausfällt, folgende temporale Strukturfunktion:

$$\chi_{12} = \chi_{TMR} \vee \bigvee_{i\in N} (\Box X_i \bigvee_{j\in N-\{i\}} \Diamond(\neg X_j \blacksquare Y_4 \Box X_4 \Diamond\neg X_k)).$$

Betrachtet man ein hybrides System aus einem 1-von-2 System aus den Komponenten 1 und 2 als aktiver Konfiguration sowie zwei warmen Reservekomponenten 3 und 4, so gilt bei früher Ersetzung:

$$\chi_{hf} = \Box X_1 \vee \Box X_2$$
$$\vee\Diamond((\neg X_1 \vee \neg X_2)(\blacksquare Y_3(\Box X_3 \vee \Diamond(\neg X_3 \blacksquare Y_4 \Box X_4))\vee\neg\blacklozenge Y_3 \blacksquare Y_4 \Box X_4)).$$

Bei der zweiten Vorgehensweise mit hybrider Redundanz und später Ersetzung werden die warmen bzw. kalten Reservekomponenten solange zurückgehalten bis die aktive Konfiguration aufgrund mangelnder Redundanz ausfallen würde. Erst die nicht mehr redundante aktive Konfiguration wird jeweils beim Ausfall einer weiteren Komponente mit dem Einsatz jeweils einer warmen oder kalten Reservekomponente intakt gehalten.

Beispiele 5.4.2.7: Dies bedeutet für TMR-Systeme mit einer warmen Reservekomponente 4, daß erst die als zweite ausgefallene aktive Komponente k ersetzt wird.

$$\chi_{13} = \chi_{TMR} \vee \bigvee_{i\in N} (\Box X_i \bigvee_{j\in N-\{i\}} \Diamond(\neg X_j (\Diamond\neg X_k \blacksquare Y_4 \Box X_4))$$

Bei später Ersetzung im zweiten Beispielsystem von 5.4.2.6 wird die erste innere Klammer durch die Konjunktion $\neg X_1 \neg X_2$ ersetzt, da die Substitution erst nach dem Ausfall beider aktiven Anfangskomponenten stattfindet.

$$\chi_{hs} = \Box X_1 \vee \Box X_2$$
$$\vee \Diamond((\neg X_1 \neg X_2)(\blacksquare Y_3(\Box X_3 \vee \Diamond(\neg X_3 \blacksquare Y_4 \Box X_4)) \vee \neg \blacklozenge Y_3 \blacksquare Y_4 \Box X_4)).$$

Vergleicht man nun alle drei Systemstrukturen mit der 1-von-2 Anfangskonfiguration und keine bzw. zwei Reservekomponenten, so erhält man

$$\chi_{1\text{-von-2}} \Rightarrow \chi_{hs} \Rightarrow \chi_{hf} \cdot$$

Vor- und Nachteile heißer Reserve hängen auch von der Betriebszeit ab, genauer vom Verlauf der Lebensdauerverteilung.

5.5 Probabilistische Auswertung temporallogischer Spezifikationen

Ein wesentlicher Vorteil der logischen Darstellung eines Systems besteht in der Möglichkeit, den logischen Ausdruck den jeweiligen Bedürfnissen entsprechend nach wohldefinierten Regeln (möglichst mit Rechnerunterstützung) korrekt umformen zu können. Dies erleichtert die probabilistische Auswertung, weil man den logischen Ausdruck so umformen kann, z.B. in disjunkte Terme, daß er einer probabilistischen Behandlung leichter zugänglich wird. Erfahrungsgemäß treten beim Umgang mit den bisherigen Darstellungen der Systemstruktur, z.B. als komplexe Kombination von Lebensdauern, die nicht durch einen entsprechenden Formalismus unterstützt werden, immer wieder Fehler auf. Die übersichtliche, einfache und intuitive logische Darstellung einer Redundanzstruktur kann sich wesentlich von der für die probabilistische Auswertung geeigneten unterscheiden. Der logisch Formalismus bietet einem also beide Möglichkeiten: Zunächst eine möglichst einfache Systembeschreibung, z.B.

$$\bigvee_{i \in N} \Box X_i \, ,$$

und später eine für die probabilistische Auswertung geeignete Darstellung, z.B. mit disjunkten Konjunktionstermen.

$$\bigvee_{i=1}^{n} \Box X_i \bigwedge_{j=1}^{i-1} \Diamond \neg X_j$$

Nun werden wie in Abschnitt 3.5 für die Spezifikation mit Intakt- und Defektmengen, die temporallogischen Aussagen in Beziehung gesetzt zu den Lebensdauern.

Die *Komponentenzuverlässigkeit* $r_i(t)$ für $i \in N$ wurde bereits früher definiert als die Wahrscheinlichkeit dafür, daß die Komponente i vom Startzeitpunkt 0 bis zum Zeitpunkt t ununterbrochen intakt ist. Man kann auch sagen, daß die Komponentenzuverlässigkeit die Wahrscheinlichkeit dafür ist, daß die Komponente den Zeitpunkt t überlebt, d.h. $L_i > t$.

$$r_i(t) \;=\; P\{L_i > t\} \;=\; Pr\{\Box X_i = \text{wahr}\}$$

Das entsprechende Komplement, die *Unzuverlässigkeit*, ist die Wahrscheinlichkeit dafür, daß die Komponente bzw. das System irgendwann innerhalb des Zeitintervalls [0,t] defekt bzw. seine Lebensdauer kleiner oder gleich t ist.

$$u_i(t) \;=\; P\{L_i \leq t\} \;=\; P\{\Diamond \neg X_i = \text{wahr}\} \;=\; P\{\neg \Box X_i = \text{wahr}\}$$
$$=\; P\{\Box X_i = \text{falsch}\} \;=\; 1 - P\{\Box X_i = \text{wahr}\} \;=\; 1 - r_i(t)$$

Ferner bezeichne $f_i(t)$ die Dichte von $u_i(t)$.

Falls Ereignisse oder deren logische Repräsentanten in Form von Konjunkionstermen (Produkten) disjunkt sind, kann die Wahrscheinlichkeit ihrer Vereinigung als Summe der Wahrscheinlichkeiten der einzelnen Ereignisse berechnet werden, z.B.

$$P\{\Box X_1 \vee \Box X_2 \Diamond \neg X_1 = \text{wahr}\} = P\{\Box X_1 = \text{wahr}\} + P\{\Box X_2 \Diamond \neg X_1 = \text{wahr}\}.$$

Bei statistisch unabhängigen Ereignissen kann die Wahrscheinlichkeit ihrer Schnittmenge als Produkt der Wahscheinlichkeiten der einzelnen Ereignisse berechnet werden, z.B.

$$P\{\Box X_2 \Diamond \neg X_1 = \text{wahr}\} \;=\; P\{\Box X_2 = \text{wahr}\}\, P\{\Diamond \neg X_1 = \text{wahr}\} \;=\; r_2(t) u_1(t).$$

Die Auswertung geschachtelter temporallogischer Ausdrücke ist komplizierter.

Beispiele 5.5.8: Es folgt als Beispiel eine kalte Reservekomponente. Zu dem Zeitpunkt, an dem Komponente 1 ausfällt, wird Komponente 2 eingeschaltet und löst die defekte Komponente ab. Dies geschehe zum Zeitpunkt τ zwischen 0 und t. Der Ausfall von Komponente 1 wird wiedergegeben durch $f_1(\tau)$, und die Wahrscheinlichkeit, daß Komponente 2 während der restlichen Missionszeit des Systems, also von τ bis t, intakt ist, ist gegeben durch $r_2(t-\tau)$. Insgesamt erhält man

$$P\{\lozenge(\neg X_1\,\square X_2) = \text{wahr}\} \;=\; \int_0^t f_1(\tau)\,r_2(t-\tau)d\tau \;\;.$$

Nun werden die beiden letzten Formeln kombiniert, um ein warme Reservekomponente 2 mit einer anderen Lebensdauerverteilung r_{p2} in ihrem Wartezustand Y_2 zu beschreiben. Für die Verteilung der Restlebensdauer $L_2-\tau$ der Komponente 2, die zum Zeitpunkt τ vom Warte- in den aktiven Zustand wechselt, sei folgende Bezeichnung gewählt.

$$r_{\tau 2}(\theta) \;=\; P\{L_2-\tau > \theta\,|\,L_2 > \tau\}$$

Nun kann die Wahrscheinlichkeit für den zweiten Term von χ_c folgendermaßen angegeben werden:

$$P\{\lozenge(\neg X_1\,\blacksquare Y_2\square X_2) = \text{wahr}\} \;=\; \int_0^t f_1(\tau)\,\Pr\{L_2 > \tau\}\,\Pr\{L_2-\tau > t-\tau\,|\,L_2 > \tau\}\,d\tau$$

$$=\; \int_0^t f_1(\tau)\,r_{p2}(\tau)\,r_{\tau 2}(t-\tau)d\tau \;\;.$$

Satz 5.5.9: Der probabilistische Ausdruck wird nun folgendermaßen aus dem logischen abgeleitet:

1. Zunächst müssen Adjunktionen innerhalb der gleichen Klammer auf der gleichen Klammerebene paarweise disjunkt gemacht werden, damit die Adjunktion in die Addition transformiert werden kann.

2. Man numeriere durch Klammern ineinander geschachtelte Operatoren $\lozenge$ und $\blacklozenge$ mit entsprechenden aufeinanderfolgenden Zeitpunkten.

3. Ersetze die Operatoren $\lozenge$ und $\blacklozenge$ durch Integrale, die anschließenden punktuellen Ereignisse durch die Dichte an dieser Stelle unter dem Integral, die Operatoren $\square$ und $\blacksquare$ durch die entsprechenden Verteilungsfunktionen über die durch den jeweiligen Operator gegebene Zeitdauer und die Adjunktion durch die Addition.

Beispiel 5.5.10: Als Beispiel soll aus folgendem temporallogischen Ausdruck der entsprechende probabilistische nach obigem Verfahren abgeleitet werden:

$$\lozenge(\neg X_1(\square X_2 \vee \square X_3)\lozenge(\neg X_4\,\blacksquare X_5\square X_6\blacklozenge\neg X_7)).$$

1. Zunächst müssen die beiden Ausdrücke $\square X_2$ und $\square X_3$ disjunkt gemacht werden:

$$\Diamond(\neg X_1(\square X_2 \vee \square X_3 \,\Diamond\neg X_2)\Diamond(\neg X_4\blacksquare X_5\square X_6\blacklozenge\neg X_7)).$$

2. Nun werden die aufeinanderfolgenden Zeitpunkte markiert, wobei $\tau_{2,1}$ und $\tau_{2,2}$ bzgl. der Zeit auf derselben Klammerebene liegen:

$$\Diamond(\neg X_1(\square X_2 \vee \square X_3 \,\Diamond\neg X_2) \;\Diamond(\neg X_4\blacksquare X_5\square X_6\blacklozenge\neg X_7)).$$

$$\downarrow \tau_1 \qquad\qquad \downarrow \tau_{2,1} \quad \downarrow \tau_{2,2} \qquad\qquad \downarrow \tau_3$$

3. $$\int_0^t f_1(\tau_1)(r_2(t-\tau_1)+r_3(t-\tau_1)\int_{\tau_1}^t f_2(\tau_{2,1}-\tau_1)d\tau_{2,1})\int_{t_1}^t f_4(\tau_{2,2}-\tau_1)r_5(\tau_{2,2})r_6(t-\tau_{2,2})$$

$$\int_0^{\tau_{2,2}} f_7(\tau_3)d\tau_3 d\tau_{2,2}\, d\tau_1$$

Dafür läßt sich auch vereinfacht schreiben:

$$\int_0^t f_1(\tau_1)\,(r_2(t-\tau_1)+r_3(t-\tau_1)u_2(t-\tau_1)) \qquad \int_{\tau_1}^t f_4(\tau_{2,2}-\tau_1)r_5(\tau_{2,2})r_6(t-\tau_{2,2})$$

$$u_7(\tau_{2,2})d\tau_{2,2}\, d\tau_1\;.$$

5.6 Probabilistische Zuverlässigkeitsanalyse dynamischer Systeme

Die *Systemzuverlässigkeit* $\mathcal{J}(t)$ wurde bereits definiert als die Wahrscheinlichkeit dafür, daß das System im Zeitintervall $[0,t]$ ununterbrochen intakt bzw. seine Lebensdauer L größer als t ist. Zwischen der probabilistischen Kenngröße der Zuverlässigkeit und der deterministischen Systemspezifikation mit der temporalen Strukturfunktion ergibt sich folgender Zusammenhang.

Folgerung 5.6.1: Die Systemzuverlässigkeit läßt sich mit Hilfe der temporalen Strukturfunktion folgendermaßen beschreiben:

$$\mathcal{J}(t) \;=\; P\{L>t\} \;=\; P\{\chi = \text{wahr}\}$$

$$\mathcal{U}(t) \;=\; P\{L\leq t\} \;=\; P\{\chi = \text{falsch}\} \;=\; 1 - \mathcal{J}(t)\;.$$

Für die in den vorangegangenen Abschnitten 5.3 und 5.4 modellierten Beispielsysteme ergibt sich somit die Systemzuverlässigkeit folgendermaßen aus den Zuverlässigkeiten der Komponenten, wobei die Exponentialverteilung mit der Ausfallrate λ besondere Berücksichtigung findet und die Disjunktheit der Ereignisse jeweils die Summation ihrer Wahrscheinlichkeiten (vgl. Heidtmann, 1989) erlaubt sowie die Unabhängigkeit der Komponenten die Multiplikation.

Beispiel 5.6.2: Die in den Beispielen des Abschnitts 5.3 hergeleiteten temporalen Strukturfunktionen zu den zweikomponentigen Systemen mit verschiedenen Redundanzarten werden nun probabilistisch ausgewertet, und zwar zunächst das System mit heißer Reserve.

$$\begin{aligned}
r_a(t) &= P\{\chi_a = wahr\} \\
&= P\{\Box X_1 \lor \Box X_2 \Diamond \neg X_1 = wahr\} \\
&= P\{\Box X_1 = wahr\} + P\{\Box X_2 \Diamond \neg X_1 = wahr\} \\
&= r_1(t) + r_2(t)u_1(t)
\end{aligned}$$

Im Falle exponentialverteilter Komponentenlebensdauern gilt:

$$r_a(t) = e^{-\lambda_1 t} + e^{-\lambda_2 t}(1 - e^{-\lambda_1 t}) .$$

Für das Beispielsystem mit kalter Reserve erhält man folgendes:

$$\begin{aligned}
r_b(t) &= P\{\chi_b = wahr\} \\
&= P\{\Box X_1 \lor \Diamond(\neg X_1 \Box X_2) = wahr\} \\
&= P\{\Box X_1 = wahr\} + P\{\Diamond(\neg X_1 \Box X_2) = wahr\} \\
&= r_1(t) + f_1 * r_2(t) = r_1(t) + \int_0^t f_1(\tau) r_2(t-\tau)d\tau
\end{aligned}$$

und bei exponentialverteilten Lebensdauern ist

$$r_b(t) = \frac{\lambda_2 e^{-\lambda_1 t} - \lambda_1 e^{-\lambda_2 t}}{\lambda_2 - \lambda_1} .$$

Das System mit warmer Reserve besitzt folgende Zuverlässigkeit:

$$\begin{aligned}
r_c(t) &= P\{\chi_c = wahr\} \\
&= P\{\Box X_1 \lor \Diamond(\neg X_1 \blacksquare Y_2 \Box X_2) = wahr\} \\
&= P\{\Box X_1 = wahr\} + P\{\Diamond(\neg X_1 \blacksquare Y_2 \Box X_2) = wahr\} \\
&= r_1(t) + (f_1 r_{d2})^* r_{\tau 2}(t) = r_1(t) + \int_0^t f_1(\tau) r_{d2}(\tau) r_{\tau 2}(t-\tau)d\tau .
\end{aligned}$$

Dies ergibt im Exponentialfall

$$r_c(t) \;=\; e^{-\lambda_1 t} + \frac{\lambda_1 \left(e^{-(\lambda_1+\delta_2)t} - e^{-\lambda_2 t}\right)}{\lambda_2 - \lambda_1 - \delta_2}.$$

Dabei ist im Exponentialfall die Restlebensdauer genauso verteilt wie die Lebensdauer,

$$r_{\tau i}(t) \;=\; e^{-\lambda_i t},$$

und für die Überlebenswahrscheinlichkeit in der Wartezeit wurde folgendes angenommen:

$$r_{di}(t) \;=\; e^{-\delta_i t},$$

wobei δ_i die Ausfallrate der Komponente i im Wartezustand darstellt.
Für kalte Reserve mit Reparatur ergibt sich

$$r_d(t) \;=\; P\{\chi_d = \text{wahr}\}$$
$$=\; P\{\chi_b \vee \Diamond(\neg X_1 \Diamond(Z_1 \Diamond(\neg X_2 \Box X_1))) = \text{wahr}\}$$
$$=\; r_b(t) + f_1 * (f_2 H_1) * r_1(t)$$

und bei exponentialverteilten Ausfall- und Reparaturdauern

$$r_d(t) \;=\; r_b(t) + \lambda_1 \lambda_2 \frac{e^{-\lambda_1 t}(t(\lambda_2-\lambda_1)-1)+e^{-\lambda_2 t}}{(\lambda_2-\lambda_1)^2}$$

$$-\lambda_1\lambda_2 \frac{e^{-\lambda_1 t}(t(\mu_1+\lambda_2-\lambda_1)-1)+e^{-(\mu_1+\lambda_2)t}}{(\mu_1+\lambda_2-\lambda_1)^2},$$

wobei $H_1(t)$ die Verteilungsfunktion der Reparaturzeit und im Falle der Exponentialverteilung μ_1 die Reparaturrate von Komponente 1 bezeichnet, d.h.

$$H_1(t) = 1 - e^{-\mu_1 t}.$$

Die verschiedenen Funktionen werden in der folgenden Abbildung 39 veranschaulicht.

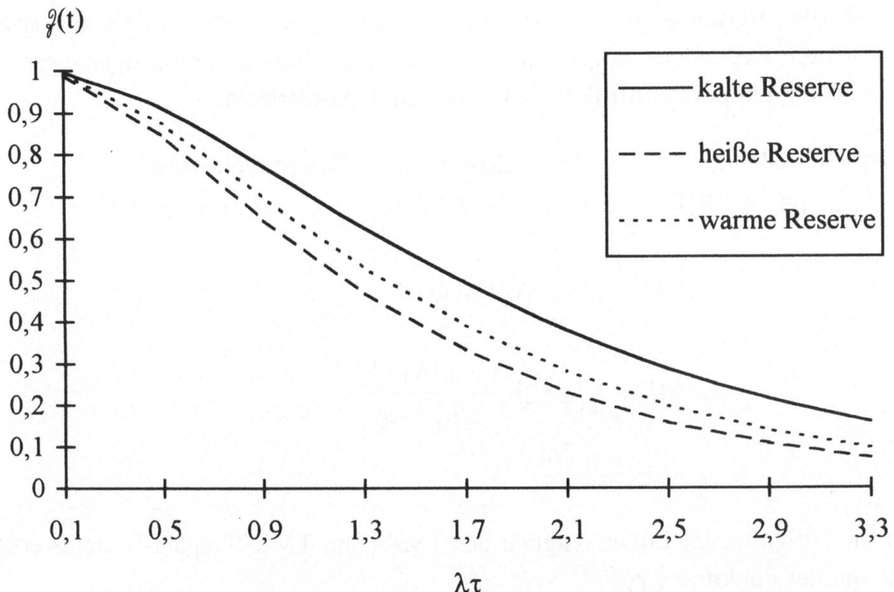

Abb. 39: Zuverlässigkeit des Beispielsystems bei verschiedenen Redundanzarten
und halber Ausfallrate im Wartezustand

Die probabilistische Auswertung der temporalen Strukturfunktionen aus Beispiel
5.4.2.2 kann mit den bisher besprochenen Mitteln vorgenommen werden. Interessant ist, wie sich der Unterschied zwischen der frühen und der späten Ersetzung
mit den Termen

$$\Diamond(\neg X_1 \; \Diamond \neg X_2 \; \Box X_3),$$

$$\Diamond(\neg X_1 \; \Diamond(\neg X_2 \; \Box X_3)),$$

in den Funktionen χ_{fp} und χ_{sp} und den entsprechenden Integralen

$$\int_0^t f_1(\tau)\, \hat{y}_3\,(t\text{-}\tau) \int_\tau^t f_2(\theta)\, d\theta\; d\tau,$$

$$\int_0^t f_1(\tau) \int_\tau^t f_2(\theta)\, \hat{y}_3\,(t\text{-}\theta)\, d\theta\; d\tau,$$

letztendlich bei den Zahlenwerten auswirkt.

Nun werden Beispiele mit verschiedenen Kombinationen von aktiver und warmer bzw. kalter Redundanz vorgestellt, um die Möglichkeiten der probabilistischen Auswertung temporaler Strukturfunktionen zu demonstrieren.

Beispiel 5.6.3: Zunächst wird das TMR-Simplex-System betrachtet.

$$z_{TS}(t) \;=\; P\{\Box X_1 = \text{wahr}\} \;+\; P\{\Box X_2 \Diamond(\neg X_1 \,\blacksquare\, X_3) = \text{wahr}\}$$

$$= \; z_1(t) + z_2(t) \int_0^t f_1(\tau)\, z_3(\tau)\, d\tau$$

$$= \; e^{-\lambda_1 t} + \lambda_1 e^{-\lambda_2 t}\, \frac{1 - e^{-(\lambda_1 + \lambda_3)t}}{\lambda_1 + \lambda_3}$$

$$= \; e^{-\lambda t}\, \frac{3 + e^{-2\lambda t}}{2}$$

Für die Differenz der Zuverlässigkeit des TMR- und TMR-Simplex-Systems erhält man mit der Funktion χ_D :

$$z_{TS}(t) - z_{TMR}(t) \;=\; P\{\chi_D = \text{wahr}\}$$

$$= \; z_1(t)\, u_2(t)\, u_3(t) \;+\; z_2(t) \int_0^t f_1(\tau)\, (u_3(t) - u_3(\tau))\, d\tau \, .$$

$$= \; e^{-\lambda t}\, \frac{3 - e^{-\lambda t}(6 - 5\, e^{-\lambda t})}{2} \, .$$

Im folgenden Beispiel werden die Systeme mit hybrider Redundanz probabilistisch analysiert. Dazu werden die im Abschnitt 5.4.2 hergeleiteten temporalen Strukturfunktionen χ_m für $m = 12, 13$ ausgewertet.

Beispiel 5.6.4: Aus den temporalen Strukturfunktionen für die Systeme mit hybrider Redundanz aus Beispiel 5.4.2.6 ergeben sich für die Zuverlässigkeit folgende Ausdrücke:

$$z_m(t) \;=\; z_{TMR}(t) + \sum_{i \in N} z_i(t) \sum_{j \in N-\{i\}} \int_0^t f_j(\tau)\, h_m(\tau)\, d\tau$$

mit

$$h_{12}(\tau) \;=\; z_{p2}(\tau)\, z_{\tau 2}(t-\tau)\, (u_k(t) - u_k(\tau))\, ,$$

$$h_{13}(\tau) = \int_{\tau}^{t} f_k(\theta)\, r_{p4}(\theta)\, r_{t4}(t-\theta)\, d\theta$$

und mit gleichen Exponentialverteilungen

$$v_{12}(t) = v_{TMR}(t) + 6\lambda^2 e^{-2\lambda t}\, \frac{1 - e^{-\lambda t}(\lambda+\delta-1 e^{-\delta t})\delta^{-1}}{\lambda+\delta},$$

$$v_{13}(t) = v_{TMR}(t) + 6\,\lambda^2 e^{-2\lambda t}\, \frac{e^{-\delta t}(\delta-\delta\, e^{-\lambda t}-\lambda) + \lambda}{\lambda+\delta}.$$

Dies Verfahren kann auch auf größere hybride Systeme angewendet werden mit *NMR*- oder k-von-n Struktur und s warmen oder kalten Reservekomponenten für $n>3$ und $s>1$.

Während die Kenngröße Zuverlässigkeit lediglich den ersten Systemausfall berücksichtigt, geht man bei der Verfügbarkeit davon aus, daß sich innerhalb des betrachteten Zeitraums Betriebs- und Ausfallzeiten des Systems (z.B. für Reparaturen) abwechseln. Werden beispielsweise ausgefallene Komponenten nicht ersetzt oder repariert, so sind beide Kenngrößen identisch.

Folgerung 5.6.5: Die *Verfügbarkeit* $v(t)$ eines Systems wurde bereits definiert als die Wahrscheinlichkeit dafür, daß es zu einem bestimmten Zeitpunkt t intakt ist, wobei auch zwischenzeitlich, d.h. innerhalb des Zeitintervalls [0,t], Ausfallzeiten auftreten können. Mit der temporalen Evolutions- bzw. Strukturfunktion kann man nun definieren

$$v(t) = P\{\rho = wahr\}.$$

Beispiel 5.6.6: Für das Beispiel mit zwischenzeitlichem Systemausfall gilt

$$v_e(t) = P\{\rho_e = wahr\}$$
$$= P\{\chi_d = wahr\} + P\{\Diamond(\neg X_1 \Diamond(\neg X_2 \Diamond(Z_1 \Box X_1))) = wahr\}$$
$$= v_d(t) + \int_0^t f_1(t) \int_\tau^t f_2(\theta-\tau) \int_\theta^t h_1(\zeta-\tau) r_1(t-\zeta)\, d\zeta\, d\theta\, d\tau$$

Hierbei ist $h_1(t)$ die Verteilungsdichte der Reparaturzeit für Komponente 1.

Symbole und Abkürzungen

A	Ereignis: Das System ist defekt (ausgefallen)
$\mathcal{A}, \mathcal{A}_i$	Zufallsvariable der Ausfalldauer des Systems bzw. der Komponente i
α	Koordinaten der Eckpunkte des Einheitswürfels, n-dimensionaler Vektor aus Nullen und Einsen
ACM	Association for Computing Machinery
a(t)	Ausfallrate
AI, AD	Menge aller minimalen Intakt- bzw. Defektkombinationen eines Systems
ARPA	Advanced Research Project Agency, erstes größere Weitverkehrsrechnernetze, das dann weiter zum heutigen Internet ausgebaut wurde
AT&T	Betreiberfirma des größten Telekommunikationsnetzes der USA (1.1)
a_J	Ereignis: Alle Komponenten j mit $j \in J$ und $J \subseteq N$ sind defekt
a_j	Ereignis: Komponenten j defekt, $j \in N$
AK	Menge der Anschlußknoten eines Subgraphen
AZ	disjunkte Zerlegung eines Ereignisses nach Abraham, 1979
AZM	Spezialisierung von AZ für monotone Systeme
B	Ereignis: Das System ist intakt (in Betrieb)
$\mathcal{B}, \mathcal{B}_i$	Zufallsvariable der Betriebsdauer des Systems bzw. der Komponente i
B_i^+, B_i^-	Ereignis: Das System ist bei intakter (+) bzw. defekter (-) Komponente i intakt.
b_J	Ereignis: Alle Komponenten j mit $j \in J$ und $J \subseteq N$ sind intakt
b_j,	Ereignis: Komponente j ist intakt (in Betrieb) , $j \in N$
BCMP	nach Baskett, Chandy, Muntz und Palacios benannter Typ von Wartenetzen
c	(Knoten-) Konnektivität eines Graphen (Netzes)
CAREL	Computer Aided Reliability Estimator (an der Louisiana State University entwickeltes Softwarepaket zur Zuverlässigkeitsanalyse mittels unterschiedlicher disjunkter Zerlegungen)
CCITT	Comité Consultatif International Télégraphique et Téléphonique (Internationales Komitee für Empfehlungen zur Telegraphie und Telephonie)
CMU	Carnegy Mellon University
cov	Überdeckungsfaktor (coverage)
$\chi(X)$	temporale Strukturfunktion
c(z)	Konnektivitätsfunktion

δ	Ausfallrate im Wartezustand
$d, d(z)$	Diameter bzw. Diametersequenz
DIN	Deutsches Institut für Normung
$Dom(G)$	Domination des K-Graphen G
$\mathcal{D}$	Menge aller Defektmengen eines Systems
DZ	direkte Zerlegung des Ereignisses B
DZM	Spezialisierung von DZ für monotone Systeme
E	Ereignis
E	Erwartungswert
EI, ED	Menge aller elementaren Intakt- bzw. Defektmengen eines Systems
FA	Abkürzung für das Verfahren der Faktorisierung
$f(t)$	Verteilungsdichte von F(t) bzw. u(t)
$F(t)$	Verteilungsfunktion der (ersten) Betriebszeit
$\phi(x)$	Strukturfunktion eines Systems
$\Phi(x)$	arithmetische Transformierte der Strukturfunktion
$\phi_D(x)$	Strukturfunktion des dualen Systems
$F_0(t)$	Verteilungsfunktion der Restlebensdauer
g	lokale Komplexität eines Graphen, $g=\min\{i:\, g_i \in V\}$
g_i	Grad des Knotens i eines Graphen
G	Graph mit der Knotenmenge V und der Kantenmenge L, $G=(V,L)$
γ	temporale Leistungsfunktion
G_{+i}	Graph, der durch Entfernen der Kante i und Zusammenfassen der Endknoten dieser Kante zu einem Knoten aus G entsteht
G_{-i}	Graph, der durch Entfernen der Kante i aus G entsteht
G_i	Modul (Teilgraph) des Graphen G
h	Kantenkonnektivität oder Kohäsion eines Graphen
$h(x)$	Kohäsionsfunktion
$H_j(t), h_j(t)$	Verteilungsfunktion bzw. -dichte der Reparaturzeit für Komponente j
HZ	kompakte disjunkte Zerlegung eines Ereignisses nach Heidtmann, 1989
HZM	Spezialisierung von HZ für monotone Systeme
(I,D)	Intakt- oder Defektkombination eines Systems mit $I,D \subseteq N$
$\mathcal{I}$	Menge aller Intaktkombinationen eines Systems
IE	Abkürzung für das Überdeckungsverfahren der Inklusion-Exklusion
IEEE	Institute of Electrical and Electronics Engineers
IFIP	International Federation for Information Processing
$int(r)$	gleiche oder nächst kleinere ganze Zahl von r

ISDN	Integrated Services Digital Network
k	Mindestanzahl intakter Komponenten bei k-bis-n-Systemen
K	Menge der (Kommunikations-) Teilnehmer eines K-Graphen, $G=(V,L,K)$ mit $K \subseteq V$
KD	kleinste Menge von Defektkombinationen eines Systems
KI	kleinste Menge von Intaktkombinationen eines Systems
λ	Ausfallrate bei exponentialverteilter Lebens- bzw. Betriebsdauer
L	Menge der Kanten eines Graphen $G=(V,L)$
ℓ, ℓ_i	Zufallsvariable der Lebensdauer des Systems bzw. der Komponente i
ℓ_i	Kante i eines Netzes (Graphen) $G=(V,L)$ $(\ell_i \in L)$
m	Anzahl der Minimalkombinationen eines Systems oder relevanter Ereignisse
M	Menge von Indizes (z.B. von Ereignissen)
μ	Reparaturrate bei exponentialverteilter Reparaturzeit
m_D	Anzahl der minimalen Defektkombinationen eines Systems
MD	minimale Menge von Defektkombinationen eines Systems
MDM	Menge minimale Defektmengen eines monotonen Systems
MDS	Menge minimaler Defektkombinationen
m_I	Anzahl der minimalen Intaktkombinationen eines Systems
MI	minimale Menge von Intaktkombinationen eines Systems
MIM	minimale Intaktmenge eines monotonen Systems
MIS	Menge minimaler Intaktmengen
MSDOS	Disc Operating System der Firma Microsoft (Betriebssystem für PCs)
MTTF	mittlerer Ausfallabstand (mean time to failure)
MTTR	mittlerer Zeitabstand zwischen dem Ende aufeinanderfolgender Reparaturen (Wiederinbetriebnahme) (mean time to repair)
n	Anzahl der Systemkomponenten, $n=|N|$,
N	Menge der Komponentenindizes eines Systems, meist auch als Komponentenmenge selbst verwendet
n_k	Anzahl der Stationen bzw. Subnetze eines Rings der Stufe k
n"	Gesamtzahl der an ein Netz angeschlossenen Arbeitsstationen
IN	Menge der natürlichen Zahlen
NMR	n modular redundant, aus n Modulen bestehendes redundantes System
NTG	Nachrichtentechnische Gesellschaft
$p(k)$	Näherungswert für die Wahrscheinlichkeit eines Ereignisses bei der Inklusions- Exklusionsmethode

$P\{\}$	Wahrscheinlichkeitsmaß
$\wp\,(N)$	Potenzmenge (Menge aller Teilmengen) der Menge N
Q, Q_1, Q_2	beliebige temporallogische Aussagen bzw. Ausdrücke
R	Intaktwahrscheinlichkeit eines Systems
IR	Menge der reelen Zahlen
$R'^{(k)}$	Näherungswert für die Intaktwahrscheinlichkeit eines Systems berechnet nach einer Variante der Inklusions-Exklusionsmethode
$R(G)$	Intaktwahrscheinlichkeit eines Netzes (Graphen) G
$R(K)$	Intaktwahrscheinlichkeit eines Netzes (Graphen) mit Kommunikationsteilnehmern K
$R^{(k)}$	Näherungswert für die Intaktwahrscheinlichkeit eines Systems bei der Inklusions-Exklusionsmethode
$\rho(X)$	temporale Entwicklungsfunktion
r_j	Intaktwahrscheinlichkeit der Komponente i, $r_j=P\{a_j\}$
s	Stufenzahl hierarchischer Ringnetze, maximale Anzahl intakter Komponenten intakter k-bis-s-von-n Systeme
SHARPE	Symbolic Hierarchical Automated Reliability and Performance Evaluator (an der Duke University entwickeltes Softwarepaket zur Zuverlässigkeits- und Leistungsbewertung)
s_I	Koeffizient der arithmetischen Transformierten bzw. Komponente des arithmethischen Spektrums AS für $I\subseteq N$
Simplex	Redundanzstruktur aus einer einzigen nichtredundanten Komponente
T	Auftragslänge
t, τ, ϑ	Variablen (für die Zeit)
TMR	2-von-3-Redundanz (triple modular redundancy)
U	Defektwahrscheinlichkeit eines Systems (Komplement der Intaktwahrscheinlichkeit, U=1-R)
$\mathcal{U}$	Systemunzuverlässigkeit, $\mathcal{U}(t)=P\{A$ zum Zeitpunkt $t\}=1-\mathcal{V}(t)$
UCSB	University of California Santa Barbara
$U'^{(k)}$	Näherungswert für die Defektwahrscheinlichkeit eines Systems berechnet nach einer Variante der Inklusions-Exklusionsmethode
$U^{(k)}$	Näherungswert für die Defektwahrscheinlichkeit eines Systems bei der Inklusions-Exklusionsmethode
u_j	Defektwahrscheinlichkeit der Komponente i, $u_j=P\{a_j\}=1-r_j$
V	Menge der Knoten eines Graphen G=(V,L)
$\mathcal{V}$	Systemverfügbarkeit, $\mathcal{V}(t)=P\{B$ zum Zeitpunkt $t\}=1-\mathcal{U}(t)$

v_0, v_m	Anfangs- und Endknoten von Wegen und Ketten
v_i	Knoten i eines Graphen $G=(V,L)$ ($v_i \in V$)
v_i	Komponentenverfügbarkeit, $\mathit{v}_i(t)=P\{b_i$ zum Zeitpunkt $t\}$
Ω	Zustands- und Ereignisraum aller Systemzustände (2.3.2)
$\mathcal{W}$	Systemunverfügbarkeit, $\mathcal{W}(t)=P\{A$ zum Zeitpunkt $t\}=1-\mathcal{V}(t)$
w_i	Komponentenunverfügbarkeit, $\mathit{w}_i(t)=P\{a_i$ zum Zeitpunkt $t\}$
x	$(x_1,x_2,...,x_n)$ (Vektor der Indikatorvariablen eines Systems)
x	$(x_1,x_2,...,x_n)$
X	$(X_1,X_2,...,X_n)$
x_i	Indikatorvariable der Komponente i
x_i	numerische Variable zu x_i
X_i	temporallogische Aussage: Komponente i ist zum gegenwärtigen Zeitpunkt intakt
Y	$(Y_1,Y_2,...,Y_n)$
Y_i	temporallogische Aussage: Komponente i ist zum gegenwärtigen Zeitpunkt im Wartezustand intakt
$\mathcal{J}, \mathit{r}_i$	System-, $\mathcal{J}(t)=P\{\mathcal{L}>t\}$, bzw. Komponentenzuverlässigkeit, $\mathit{r}_i(t)=P\{\mathcal{L}_i>t\}$
ZDS	disjunkte Zerlegung von $\mathcal{D}$ (bzw. des Ereignisses A) (s. AZ, DZ, HZ)
Z_i	temporallogische Aussage: Komponente i ist zum gegenwärtigen Zeitpunkt repariert
ZIS	disjunkte Zerlegung von $\mathcal{I}$ (bzw. des Ereignisses B) (s. AZ, DZ, HZ)
$\mathcal{J}_0(t)$	bedingte Zuverlässigkeit (bedingte Überlebenswahrscheinlichkeit)
$=$	Identität zwischen Zahlen, Mengen, logischen Ausdrücken, Ereignissen
$\leq$	kleiner oder gleich zwischen Zahlen
$[,]$	abgeschlossenes Intervall der reellen Zahlen
$\{,...,\}$	Mengenklammern
$\{\}$	die leere Menge
$|I|$	Anzahl der Elemente einer Menge I
$\neq$	ungleich
$\cap, \cup$	Schnitt bzw. Vereinigung von Mengen und Ereignissen
$\in$	Elementrelation
$\subset$	echte Teilmengenrelation (schließt die Identität aus)
$\subseteq$	Teilmengenrelation (enthält die Identität, $=$)
$\neg, \wedge, \vee, \Rightarrow$	logische Operatoren (Negation, Konjunktion, Adjunktion, Implikation)
$\square, \lozenge, \blacksquare, \blacklozenge$	temporallogische Operatoren (immer (fortan), irgendwann, immer in der Vergangenheit, irgendwann in der Vergangenheit)

Literaturverzeichnis

AboElFoto H.M., Colbourn C.J., Series-parallel bounds for the two-terminal reliability problem, ORSA J. Computing 1, 1989, 201-222

Abraham J.A., An improved algorithm for network reliability, IEEE Trans. Reliability 28, 1, 1979, 58-61, auch in: Rai, Agrawal, 1990b, 89-92

Adam A., Truth Functions, Akademiai Kiado, Budapest, 1968

Aggarwal K.K., Misra K.B., Gupta J.S, A fast algorithm for reliability evaluation, IEEE Trans. Reliability 24, 1, 1975, 83-85

Aggarwal K.K., Rai S., Reliability evaluation in computer-communication networks, IEEE Trans. Reliability 30, 1, 1981, 32-35, auch in: Rai, Agrawal, 1990a, 75-78

Agrawal A., Barlow R.E., A survey of network reliability and domination theory, Operations Research 32, 3, 1984, 478-492,

Alsmeyer G., Erneuerungtheorie, Teubner, Stuttgart, 1991

Andernacht M., Algorithmen zur Erzeugung einer disjointen, disjunktiven Normalform einer Booleschen Funktion, unveröffentl. Studienarbeit, Fachbereich 14 Sicherheitstechnik, Bergische Universität -GH-, Wuppertal, 1990

Anders J.M., A new disjoint sum algorithm and its application to reliability analysis of binary systems, Report Nr. 265, Humboldt-Universität, Berlin, 1990

Anders J.M., Methods for the reliability analysis of complex systems, Dissertation, Fachbereich Mathematik, Humboldt-Universität, Berlin, 1992

Anderson T., Lee P.A., Fault tolerance terminology proposals, Dig. 12th Annual Intern. Symp. Fault-Tolerant Computing Systems FTCS 12, 1982, 29-33

Arnold T.F., The concept of coverage and its effect on the reliability model of a repairable system, IEEE Trans. Computers 22, 3, 1973, 251-254

Avizienis A., The four-univers information system model for the study of fault tolerance, Dig. 12th Annual Intern. Symp. Fault-Tolerant Computing Systems FTCS 12, 1982, 6-13

Avizienis A., Ein kurzer Abriß der Geschichte der fehlertoleranten Systeme, Informationstechnik IT 30, 3, 1988, 162-167

Bajenescu T., Zuverlässigkeit elektronischer Komponenten, VDE Verlag, Berlin, 1985

Balakrishnan M., Raghavendra C.S., On reliability modeling of closed fault-tolerant computer systems, IEEE Trans. Computers 39, 4, 1990, 571-575

Balakrishnan M., Raghavendra C.S., An analysis of a reliability model for repairable fault-tolerant systems, IEEE Trans. Computers 42, 3, 1993, 327-339

Ball M.O., Computational complexity of network reliability analysis: an overview, IEEE Trans. Reliability 35, 3, 1986, 230-239, auch in: Rai, Agrawal, 1990b, 288-297

Ball M.O., Nemhauser G.L., Matroids and a reliability analysis problem, Mathematics of Operations Research 4, 2, 1979, 132-143

Ball M.O., Provan J.S., Disjoint products and efficient computation of reliability, Operations Research 36, 5, 1988, 703-715

Banieqbal B., Barringer H., Pnueli A., Temporal Logic in Specification, Lecture Notes in Computer Science 398, Springer, Berlin, 1987

Bär M., Fischer K., Hertel G., Leistungsfähigkeit, Qualität, Zuverlässigkeit, Transpress Verlag für Verkehrswesen, Berlin, 1988

Barlow R.E., Fussell J.B., Singpurwalla N.D., Reliability and Fault Tree Analysis, SIAM Philadelphia, 1975

Barlow R.E., Heidtmann K.D., Computing k-out-of-n structure reliability, IEEE Trans. Reliability 33, 1984, 322-323

Barlow R.E., Proschan F., Statistical Theory of Reliability and Life Testing, Holt, Rinehart and Winston, New York, 1975

Barlow R.E., Proschan F., Statistische Theorie der Zuverlässigkeit, Harri Deutsch, Frankfurt/M, 1978, deutsche Übersetzung von Barlow, Proschan, 1975

Barlow R.E., Wu A.S., Coherent systems with multistate components, Math. Operations Research 3, 1978, 275-281

Baskett F., Chandy K.M., Muntz R.R., Palacios G.F., Open, closed and mixed networks of queues with different classes of customers, J. ACM 22, 2, 1975, 248-260

Bauer F.L., Wirsing M., Elementare Aussagenlogik, Springer, Berlin, 1991

Beaudry M., Performance related reliability for computer systems, IEEE Trans. Computers 27, 6, 1978, 540-547, auch in: Rai, Agrawal, 1990a, 176-183

Beichelt F., Zuverlässigkeit strukturierter Systeme, Verlag Technik, Berlin, 1988

Beichelt F., Zuverlässigkeits- und Instandhaltungstheorie, Teubner, Stuttgart, 1993

Beichelt F., Franken P., Zuverlässigkeit und Instandhaltung, Verlag Technik, Berlin, 1983

Beichelt F., Sproß L., An improved Abraham-method for generating disjoint products, IEEE Trans. Reliability 36, 1, 1987, 70-74

Beichelt F., Sproß L., Bounds on the reliability of binary coherent systems, IEEE Trans. Reliability 38, 4, 1989, 425-427

Beichelt F., Stark A., Optimum layout of communication networks, Microelectronics and Reliability 29, 1989, 387-391

Beichelt F., Tittmann P., A combined decomposition-reduction approach to the k-terminal reliability of stochastic networks, Optimization 21, 1990, 409-420

Beichelt F., Tittmann P., Reliability analysis of communication networks by decomposition, Microelectronics and Reliability 31, 1991, 869-872

Beichelt F., Tittmann P., A generalized reduction method for the connectedness probability of stochastic networks, IEEE Trans. Reliability 40, 2, 1991, 198-204

Beichelt F., Tittmann P., Eine Zerlegungsformel für die Zuverlässigkeit komplizierter technischer Systeme, Automatisierungstechnik AT 40, 3, 1992, 100-103

Beichelt F., Tittmann P., A splitting formula for K-terminal reliability of stochastic networks, Communications in Statistics 8, 1992, 307-327, 1992, 100-103

Belli F., Echtle K., Görke W., Methoden und Modelle der Fehlertoleranz, Informatik-Spektrum 9, 2, 1986, 68-81

Benthem J., The Logic of Time, 2nd Edition, Kluwer, London, 1991

Beyaert B., Florin G., Lonc P., Natkin S., Evaluation of computer systems dependability using stochastic Petri nets, Dig. 11th Annual Intern. Symp. Fault-Tolerant Computing Systems FTCS 11, 1981, 79-81

Ben-Ari M., Manna Z., Pnueli A., The temporal logic of branching time, Acta Informatica, 20, 1983, 207-226

Billington R., Allan R.N., Reliability Evaluation of Engineering Systems: Concepts and Techniques, Pitman, London, 1983

Birman K.P., Joseph T.A., Exlpoiting replication in distributed systems, in: Mullender, 1993, 319-367

Birnbaum Z.W., Esary J.D., Modules of coherent binary systems, J. Soc. Indust. Appl. Math. SIAM 13, 2, 1965, 444-462

Birnbaum Z.W., Esary J.D., Saunders S.C., Multi-component systems and structures and their reliability, Technometrics, 3, 1, 1961, 55-77

Birolini A., Qualität und Zuverlässigkeit technischer Systeme, Springer, Berlin, 1991

Bochmann G.V., Hardware specification with temporal logic: an example, IEEE Trans. Computers 31, 3, 1982, 223-231

Bodson D., When the lines go down, IEEE Spectrum 29, 3, 1992, 40-44

Boland P.J., Proschan F., The reliability of k-out-of-n systems, Annals of Prob. 11, 1983, 760-764

Bonatti M., Teletraffic Science, North-Holland, Amsterdam, 1989

Boole G., An Investigation of the Laws of Thought on which are founded the Mathematical Theories of Logic and Probabilities, Dover, New York, 1958, Nachdruck der Originalausgabe von 1854

Borghoff U.M., Fehlertoleranz in verteilten Dateisystemen, Informatik-Spektrum 14, 1, 1991, 15-27

Bouricius W.G. et al., Reliability modeling for fault-tolerant computers, IEEE Trans. Computers 20, 11, 1971, 1306-1311

Boyd M.A., Converting fault trees to Markov chains for reliability prediction, Master's thesis, Dept. Computer Science, Duke University, Durham, USA, 1986

Boyd M.A., Dynamic Fault-Tree Models: Techniques for Analysis of Advanced Fault Tolerant Computer Systems, PhD Thesis, Dept. Computer Science, Duke University, Durham, USA, 1991

Boyd M.A., Iverson D.I., Digraphs and fault trees: a tale of two combinatorial modeling methods, Proc. Reliability and Maintainability Symp., 1993, 220-226

Boyd M.A., Tuazon J., Fault tree models for fault tolerant hypercube multiprocessors, Proc. Reliability and Maintainability Symp., 1991, 610-614

Brecht T.B., Colbourn C.J., Lower bounds for two-terminal network reliability, Discrete Appl. Math 21, 1988, 183-198

Brecht T.B., Colbourn C.J., Multiplicative improvements in network reliability bounds, Networks 19, 1989, 521-530

Buchholz P., Dunkel J., Müller-Clostermann B., Sczittink M., Zäske S., Quantitative Systemanalyse mit Markovschen Ketten, Teubner, Stuttgart, 1994

Camarda P., Gerla M., Reliability ranking of communication networks, Computer Communications 13, 8, 1990, 487-493

Castillo X., McConnel S.R., Siewiorek D.P., Derivation and calibration of a transient error reliability model, IEEE Trans. Computers 31, 7, 1982, 658-671

Chen D., Lin M., On distributed computing systems reliability analysis under program execution constrains, IEEE Trans. Computers 43, 1, 1994, 87-97

Chu T.L., Apostolakis G., Methods for probabilistic analysis of noncoherent fault trees, IEEE Trans. Reliability 29, 1980, 354-360

Ciardo G., Muppala J.K., Manual for the Stochastic Petri Net Package (SPNP), Version 3.1, 1993

Ciardo G., Trivedi K.S., A decomposition approach for stochastic reward net models, Performance Evaluation 18, 1993, 37-59

Colbourn C.J., The Combinatorics of Network Reliability, Oxford University Press, Oxford, 1987

Colbourn C.J., A note on bounding K-terminal reliability, Algorithmica 7, 1992, 303-307

Colbourn C.J., Analysis and synthesis problems for network resilience, Math. Comput. Modelling 17, 1993, 43-48

Comtet L., Advanced Combinatorics, D. Reidel, Dodrecht, 1974

Dal Cin M., Fehlertolerante Systeme: Modelle der Zuverlässigkeit, Verfügbarkeit, Diagnose und Erneuerung, Teubner, Stuttgart, 1979

Dal Cin M., Availability analysis of a fault-tolerant computer system, IEEE Trans. Reliability 29, 3, 1980, 265-268

Dal Cin M., Zuverlässigkeitsanalyse fehlertoleranter Rechnersysteme an Hand von Warteschlangennetzwerk-Modellen, Elektronische Rechenanlagen 24, 2, 1982a, 61-67

Dal Cin M., Graphentheoretische Modelle zur Selbstdiagnose fehlertoleranter Mehrprozessor- und Mehrrechnersysteme, Inf.-Spektrum 5, 2, 1982b, 97-106

Dal Cin M., Großpietsch K.E., Trautwein M., Methoden der Fehlerdiagnose, Inf.-Spektrum 9, 2, 1986, 82-94

Debany W.H., Varshney P.K., Hartmann C.R.P., Network reliability evaluation using probability expressions, IEEE Trans. Reliability 35, 1986, 161-166

Deo N., Medidi M., Parallel algorithms and implementations, in: Misra, 1993, 165-183

Dilger E., Maehle E., Systemarchitektur und Fehlertoleranz, Informatik-Spektrum 9, 2, 1986, 110-118

DIN 40041, Zuverlässigkeit: Begriffe, 1990

DIN 25424, Fehlerbaumanalyse: Methoden und Bildzeichen, Teil 1, 1981; Handrechenverfahren zur Auswertung eines Fehlerbaums, Teil 2, 1990

Doyle S.A., Dugan J.B., Fault tress and imperfect coverage: a combinatorial approach, Proc. Reliability and Maintainability Symp., 1993, 214-226

Dugan J.B., Fault-trees and imperfect coverage, IEEE Trans. Reliab. 38, 2, 1989, 177-185

Dugan J.B., Automated analysis of phased-mission reliability, IEEE Trans. Reliability 40, 1, 1991, 45-55

Dugan J.B., Bavuso S.J., Boyd M.A., Fault trees and sequence dependencies, Proc. Reliability and Maintainability Symp., 1990, 286-293

Dugan J.B., Bavuso S.J., Boyd M.A., Dynamic fault-tree models for fault-tolerant computer systems, IEEE Trans. Reliability 41, 3, 1992, 363-377

Dugan J.B., Trivedi K.S., Geist R.M., Nicola V.F., Extended stochastic Petri nets: applications and analysis, in: Gelenbe E., Proc. 10th Intern. Symp. Models of Computer Systems, Performance 84, Paris, North Holland, Amsterdam, 1984, 507-519

Dugan J.B., Trivedi K.S., Coverage modeling for dependability analysis of fault-tolerant systems, IEEE Trans. Computers 38, 6, 1989, 775-787

Dugan J.B., Veeraraghavan M., Boyd M., Mittal N., Bounded approximate reliability models for distributed systems, Proc. 8th Symp. on Reliable Distributed Systems, 1989, 137-147

Echtle K., Fehlertoleranzverfahren, Springer, Berlin, 1990

Elmallah E.S., Algorithms for K-terminal reliability problems with node failures, Networks 22, 1992, 369-384

Emerson E.A., Temporal and modal logic, in: van Leeuwen J., Handbook of Theoretical Computer Science, Vol. B., Formal Methods and Semantics, MIT Press, 1990, 997-1072

Everling W., Temporal Logic, Informatik-Spektrum 10, 1987, 99-102

Feller W., An Introduction to Probability Theory and Its Applications, Bd. 1; 3. Auflage, Wiley, New York, 1968

Fiol M.A., The connectivity of large digraphs and graphs, J. Graph Theory 17, 1, 1993, 31-45

Fischer K., Zuverlässigkeits- und Instandhaltungstheorie, Transpress Verlag, Berlin, 1984

Fishman G.S., A comparison of four Monte Carlo methods for estimating the probability of s-t connectedness, IEEE Trans. Reliability 35, 2, 1986, 145-155

Fratta L., Montanari U.G., Boolean algebra method for computing the terminal reliability in a communications network, IEEE Trans. Circuit Theory, CT-20, 1973, 203-211

Fratta L., Montanari U.G., A recursive method based on case analysis for computing network reliability, IEEE Trans. Communications 26, 1978, 1166-1177

Fussell J.B., Aber E.F., Rahl R.G., On the quantitative analysis of priority-AND failure logic, IEEE Trans. Reliability 25, 1976, 324-326

Gaede K.H., Zuverlässigkeit: Mathematische Modelle, Hanser, München, 1977

Galton A., Temporal Logics and their Applications, Academic Press, London, 1987

Garey M.R., Johnson D.S., Computers and Intractability, San Francisco, 1979

Gavish B., Sheng O.R.L., Dynamic file migration in distributed computer systems, Communications of the ACM 33, 2, 1990, 177-189

Geist R.M., Extended behavioral decomposition for estimating ultrahigh reliability, IEEE Trans. Reliability 40, 1, 1991, 22-28

Geist R.M., Smotherman M.K., Trivedi K.S., Dugan J.B., The reliability of life-critical computer systems, Acta Informatica 23, 1986, 621-642

Geist R.M., Trivedi K.S., Ultra-reliability prediction for fault-tolerant computers, IEEE Trans. Computers 32, 12, 1983

Geist R.M., Trivedi K.S., Reliability estimation of fault-tolerant systems: tools and techniques, IEEE Computer 23, 7, 1990, 52-61

Gelenbe E., Finkel D., Tripathi S.K., Availability of a distributed computer system with failures, Acta Informatica 23, 1986, 643-655

Gertsbakh I.B., Statistical Reliability Theory, New York, 1989

Giloi W.K., Rechnerarchitektur, 2. Auflage, Springer, Berlin, 1993

Görke W., Zuverlässigkeit von Rechensystemen, Oldenbourg, München, 1979

Görke W., Fehlertolerante Rechensysteme, Oldenbourg, München, 1989

Gotzhein R., Temporal logic and applications - A tutorial, Computer Networks and ISDN Systems 24, 1992, 203-218

Grassi V., Dependability evaluation of hierarchical systems, Acta Informatica 31, 1994, 207-233

Gray J., Siewiorek D.P., High availability computer systems, IEEE Computer 24, 9, 1991, 39-48

Griffith W.S., Multistate reliability models, J. Applied Probability, 17, 1980, 735-744

Grnarov A., Gerla M., Multiterminal reliability analysis of distributed processing systems, Proc. Intern. Conf. on Parallel Processing, 1981, 76-86, auch in: Rai, Agrawal, 1990a, 89-96

Großpietsch K.E., Voges U., Methoden der Fehlerbehandlung, Informatik-Spektrum 9, 2, 1986, 95-109

Günter W., Dal Cin M., Verteilte Systemdiagnose und Fehlermaskierung, in: Wedekind, 1994, 162-176

Gumm H.P., Poguntke W., Boolesche Algebra, Bibliographisches Institut, Mannheim, 1981

Halpern J.Y., Shoham Y., A propositional modal logic of some intervals, Proc. 1st Annual IEEE Symp. on Logic in Computer Science, 1986, 279-292

Hargesheimer E., Sichere DV-Verarbeitung: Wenn Mäuse an den Kabeln knabbern, Computermagazin 9, 1989, 30-32

Hariri S., Raghavendra C.S., SYREL: a symbolic reliability algorithm based on path and cutset methods, IEEE Trans. Computers 36, 10, 1987, 1224-1232, auch in: Rai, Agrawal, 1990b, 112-120

Harms D.D., Colbourn C.J., Renormalization of two-terminal reliability, Networks 23, 1993, 289-297

Haverkort B.R., Performability Modeling Tools, Evaluation Techniques, and Applications, PhD thesis; University of Twente, Niederlande, 1990

Haverkort B.R., Approximate performability and dependability analysis using generalized stochastic Petri nets, Performance Evaluation 18, 1993, 61-78

Heidtmann K.D., Synthesis and number of all series-parallel structures with n components, IEEE Trans. Reliability 29, 4, 1980, 315-319

Heidtmann K.D., A class of noncoherent systems and their reliability analysis, Dig. 11th Annual Intern. Symp. Fault-Tolerant Computing Systems FTCS 11, 1981, 96-98

Heidtmann K.D., Bounds on reliability of a noncoherent system using its length and width, IEEE Trans. Reliability 31, 5, 1982a, 424-427

Heidtmann K.D., Time redundancy with application to electronic devices, Proc. 5th Europ. Conf. on Electrotechnics EUROCON, Copenhagen/Denmark, 1982b, 188-191

Heidtmann K.D., Improved method of Inclusion-Exclusion applied to k-out-of-n systems, IEEE Trans. Reliability 31, 1, 1982c, 36-40

Heidtmann K.D., Inverting paths and cuts of two-state systems, IEEE Trans. Reliability 32, 5, 1983a, 469-471

Heidtmann K.D., Optimale Testintervalle, Elektronische Rechenanlagen eR 25, 5, 1983b, 205-210

Heidtmann K.D., A priori error estimates for the method of Inclusion-Exclusion, SIAM J. Appl. Math. 44, 1984a, 443-450

Heidtmann K.D., Time consumption of fault-tolerant communication and control systems for retry, Proc. 6th Europ. Conf. on Electrotech. EUROCON, Brighton/UK, 1984b, 326-328

Heidtmann K.D., Reliability analysis of sequential two-state systems, J. Information Processing and Cybernetics EIK 21, 10/11, 1985, 547-555

Heidtmann K.D., Minset splitting for improved reliability computation, IEEE Trans. Reliability 35, 5, 1986a, 563-565

Heidtmann K.D., Domination of Binary Systems, Arbeitsbericht 6, Fachbereich IV - Mathematik, Universität Trier, 1986b

Heidtmann K.D., Arithmetic spectrum applied to stuck-at fault detection for combinational networks, Proc. 2nd Intern. Workshop on New Directions in IC Testing, Winnipeg/Canada, 1987a, 403-413

Heidtmann K.D., Hierarchische Ringnetzarchitekturen, 3. GI-Fachtagung über Kommunikation in verteilten Systemen, in: Gerner, Spaniol, 1987b, 351-362

Heidtmann K.D., Smaller sums of disjoint products by subproduct inversion, IEEE Trans. Reliability 38, 3, 1989, 305-311

Heidtmann K.D., Arithmetic spectrum applied to fault detection for combinational networks, IEEE Trans. Computers 40, 3, 1991a, 320-324

Heidtmann K.D., Temporal logic applied to reliability modelling of fault-tolerant systems, Proc. 2nd Intern. Symp. on Formal Techniques in Real-Time and Fault-Tolerant Systems, Nijmegen/Netherlands, February 1992, in: Vytopil J., Formal Techniques in Real Time and Fault-tolerant Systems, Lecture Notes in Computer Science 571, Springer, Berlin, 1991b, 271-289

Heidtmann K.D., Deterministic reliability modeling of dynamic redundancy, IEEE Trans. Reliability 41, 3, 1992a, 378-385

Heidtmann K.D., Reliability and performance of multi-level loop computer networks, Proc. 11th Annual Intern. Joint Conf. IEEE Computer and Communications Societies INFOCOM 92, Florenz/Italy, 1992b, 1089-1095

Heidtmann K.D., Zuverlässigkeitsanalyse fehlertoleranter Architekuren mit temporaler Logik, Informationstechnik und Technische Informatik it+ti 35, 1, 1993a, 8-17

Heidtmann K.D., Bewertung der Zuverlässigkeit und Leistung fehlertoleranter Systeme mit Hilfe temporaler Logik, J. Information Processing and Cybernetics EIK 29, 3, 1993b, 145-165

Heidtmann K.D., Methoden zur Zuverlässigkeitsanalyse von Rechnernetztopologien, Informatik-Spektrum 17, 4, 1994, 232-244

Heidtmann K.D., Methoden zur Zuverlässigkeitsanalyse unter besonderer Berücksichtigung von Rechnernetzen, Habilitationsschrift, Fachbereich Informatik, Universität Hamburg, 1995

Heimann D.I., Mittal N., Trivedi K.S., Availability and reliability modeling of computer systems, in: Advances in Computers 31, Academic Press, Orlando, 1990, 175-233

Heimann D.I., Mittal N., Trivedi K.S., Dependability modeling for computer systems, Proc. Annual Reliability and Maintainability Symp., 1991, 120-127

Henziger T.A., The Temporal Specification and Verification of Real-time Systems, PhD thesis, Stanford University, USA, 1991

Höfle-Isphording U., Zuverlässigkeitsrechnung, Einführung in ihre Methoden, Springer, Berlin, 1978

Höfle-Isphording U., Mathematische Modelle zur Zuverlässigkeitsuntersuchung von Systemen (Teil 1), in: Görke, 1979

Hopcroft J.E., Tarjan R.E., Dividing a graph into triconnected components, SIAM J. Computing 2, 1973, 135-158

Hu X.D., Hwang F.K., Li W.W., Most reliable double loop networks in survival reliability, Networks 23, 1993, 451-458

Hughes G.E., Cresswell M.J., An Introduction to Modal Logic, Methuen, London, 1974

Hughes G.E., Cresswell M.J., Einführung in die Modallogik, Walter de Gruyter, Berlin, 1978, (deutsche Übersetzung von Hughes, Cresswell, 1974)

Hughes G.E., Cresswell M.J., A Companion to Modal Logic, Methuen, London, 1984

Hura G.S., Use of Petri-nets for system reliability evaluation, in: Misra K.B., 1993, 339-368

Hurst S.L., The interrelationship between fault signatures based upon counting techniques, in: Miller, 1987, 83-114

Huseby A.B., On regularity, amenability and optimal factoring strategies for reliability computations, Research report, University of Oslo, 1987

Hwang C.L., Tillman F.A., Lee M.H., System reliability evaluation techniques for complex/large systems - A review, IEEE Trans. Reliability 30, 5, 1981, 416-423, auch in: Rai, Agrawal, 1990b, 32-40

Hwang F.K., Li W.W., Reliabilities for double loop networks, Prob. Eng. Inf. Sci. 5, 1991, 255-272

Hwang K., Chang T., Combinatorial reliability analysis of multiprocessor computers, IEEE Trans. Reliability 31, 5, 1982, 469-473, auch in: Rai, Agrawal, 1990a, 38-42

Inagaki T., Henley E.J., Probabilistic evaluation of prime implicants and top-events of non-coherent fault-trees, IEEE Trans. Reliability 29, 1980, 361-367

Iverson D.L., Automatic translation of digraph to fault tree models, Proc. Reliability and Maintainability Symp., 1992, 21-24

Jablonski S.W., Einführung in die Theorie der Funktionen der k-wertigen Logik, in: Jablonski, Lupanow, 1980, 13-70

Jablonski S.W., Lupanow O.B., Diskrete Mathematik und mathematische Fragen der Kybernetik, Birkhäuser, Stuttgart, 1980

Jain S., Gopal K., Reliability of k-to-l-out-of-n systems, Reliability Engineering 17, 1985a, 175-179

Jain S., Gopal K., Recursive algorithm for reliability evaluation of k-out-of-n:G system, IEEE Trans. Reliability 34, 2, 1985b, 144-147

Janan X., On multistate system analysis, IEEE Trans. Reliability 34, 1985, 329-337

Jasmon G.B., Kai O.S., A new technique in minimal path and cutset evaluation, IEEE Trans. Reliability 34, 1985, 136-143

Jeffrey R.C., Formal Logic: Its Scope and Limits, 2nd Ed., McGraw-Hill, New York, 1989

Jessen E., Schoen O., Performability, Informatik-Spektrum 8, 6, 1985, 340-341

Jessen E., Valk R., Rechensysteme-Grundlagen der Modellbildung, Springer, Berlin, 1987

Johnson A.M., Malek M., Survey of software tools for evaluating reliability, availability and serviceability, ACM Computing Surveys 20, 4, 1988, 227-269

Jungmann D., Stange H., Einführung in die Rechnerarchitektur, Hanser, München, 1992

Kantz H., Zuverlässigkeitsmodellierung von verteilten Echtzeitsystemen, Dissertation, Technisch-Naturwissenschaftliche Fakultät, Technische Universität, Wien, 1992

Kantz H., Zuverlässigkeitsanalyse von verteilten, fehlertoleranten Echtzeitsystemen, Informatik Forschung und Entwicklung 8, 1993, 173-185

Kantz H., Trivedi K.S., Reliability modeling of the MARS system: a case study in the use of different tools and techniques, 4th Intern. Workshop on Petri Nets and Performance Models, Melbourne, Australien, 1991, 268-277

Katoen J.P., Langerak R., Latella D., Modeling systems by probabilistic process algebra: an event structure approach, in: Tenney R.L., Amer P.D., Uyar M.Ü., Formal Description Techniques VI, IFIP Transactions C-22, 1994, 253-268

Kemp P., Das Unersetzliche, Eine Technologie-Ethik, Wichern-Verlag, Berlin, 1992

Kochs H.D., Zuverlässigkeit elektrotechnischer Anlagen, Springer, Berlin, 1984

Kohlas J., Zuverlässigkeit und Verfügbarkeit, Mathematische Modelle, Methoden und Algorithmen, Teubner, Stuttgart, 1987

Koslow B.A., Usakov I.A., Handbuch zur Berechnung der Zuverlässigkeit, Akademie-Verlag, Berlin, 1978

Krämer B., Formale Spezifikationstechniken - Stand von Methoden und Anwendungsumgebungen, Informatik Forschung und Entwicklung 7, 2, 1992, 62-72

Krishnamoorthy M.S., Krishnamurthy B., Fault diameter of interconnection networks, Comput. Appl. Math. 13, 5/6, 1987, 577-582

Krishnamoorthy V., Thulasiraman K., Swanny M.N.S., Incremental distance and diameter sequences of a graph, IEEE Trans. Computers 39, 2, 1990, 230-237

Kumamoto H., Henley J.E., Top-down-algorithm for obtaining prime implicant sets of non-coherent fault-trees, IEEE Trans. Reliability 27, 1978, 242-249

Kumar A., Rai S., Agrawal D.P., Reliability evaluation algorithms of distributed systems, Proc. 7th Annual Intern. Joint Conf. IEEE Computer and Communications Societies INFOCOM, 1988, 851-860, auch in: Rai, Agrawal, 1990a, 120-130

Kumar A., Rai S., Agrawal D.P., On computer communication network reliability under program execution constrains, IEEE J. Selected Areas Communications 6, 8, 1988, 1393-1399

Kumar S.K., Breuer M.A., Probabilistic aspects of Boolean switching functions via a new transform, J. ACM, 28, 1981, 502-520

Kumar V.K.P., Hariri S., Raghavendra C.S., Distributed program reliability analysis, IEEE Trans. Software Engineering 12, 1, 1986, 42-50, auch in: Rai, Agrawal, 1990a, 112-120

Koymans R., Specifying Message Passing and Time-Critical Systems with Temporal Logic, PhD thesis, Technical University of Eindhoven, 1989

Lafiti S., Combinatorial analysis of the fault-diameter of the n-cube, IEEE Trans. Computers 42, 1, 1993, 27-33

Lalement R., Computation and Logic, Masson, Paris, 1993

Lamport L., Sometime is sometimes not never - On the temporal logic of programs, J. ACM, 1980, 174-185

Laprie J.C., Dependable computing and fault tolerance: concepts and terminology, Dig. 15th Annual Intern. Symp. Fault-Tolerant Computing FTCS 15, 1985, 2-11

Laprie J.C., Dependability evaluation: hardware & software, in: Anderson T., 1989, 44-67

Laprie J.C., Dependability for the future of computing and communication technologies, 1st European Dependable Computing Conf. EDCC 1, 1994, 407-408

Laprie J.C., Costes A., Dependability: a unifying concept for reliable computing, Dig. 12th Annual Intern. Symp. Fault-Tolerant Computing Systems FTCS 12, 1982, 18-21

Leue S., Das Paradigma der Realzeitspezifikation auf der Basis der Intervall-Logik, unveröffentl. Diplomarbeit, Fachbereich Informatik, Universität Hamburg, 1990

Lewis H.R., A logic of concrete time intervals, Proc. 5th Annual Symp. on Logic in Computer Science, IEEE Computer Society Press, 1990, 380-389

Lin N., Silio C.B., A reliability comparison of single and double rings, Proc. 9th Annual Intern. Joint Conf. IEEE Computer and Communications Societies INFOCOM, 1990, 504-511

Lin P.M., Leon B.J., Huang T.C., A new algorithm for symbolic reliability analysis, IEEE Trans. Reliability 25, 1976, 2-15.

Locks M.O., Inverting and minimalizing path sets and cut sets, IEEE Trans. Reliability 27, 2, 1978, 107-109

Locks M.O., The fail-safe feature of the Lapp&Powers fault tree, IEEE Trans. reliability 29, 5, 1980, 368-371

Locks M.O, Recursive disjoint products: a review of three algorithms, IEEE Trans. Reliability 31, 1, 1982, 33-35

Locks M.O., A minimizing algorithm for sum of disjoint products, IEEE Trans. Reliability 36, 4, 1987, 445-453

Lopez-Benitez N., Dependability analysis of distributed computing systems using stochastic Petrie nets, 11th Symp. Reliable Distributed Computing, Houston/USA, 1992

Losq J., A highly efficient redundancy scheme: self-purging redundancy, IEEE Trans. Computers 25, 6, 1976, 569-578

Losq J., Effects of failures on gracefully degradable systems, Dig. 7th Annual Intern. Symp. Fault-Tolerant Computing FTCS 7, 1977, 29-34,

Maehle E., Architektur fehlertoleranter Systeme, Informationstechnik it 30, 3, 1988, 169-179

Maehle E., Fehlertolerante Multiprozessortopologien, Informationstechnik it 31, 1, 1989, 39-49

Malhotra M., Trivedi K.S., Reliability analysis of redundant arrays of inexpensive disks, J. Parallel and Distributed Computing 17, 1993, 146-151

Malhotra M., Trivedi K.S., Power-hierarchy of dependability-model types, IEEE Trans. Reliability 43, 3, 1994, 493-502

Malhotra M., Trivedi K.S., Dependability Modeling using Stochastic Petri-Nets, IEEE Trans. Reliability 44, 3, 1995, 428-440

Manthei E., Zusammenhangswahrscheinlichkeit und Möbiusinversion, J. Information Processing and Cybernetics EIK 25, 7, 1989, 351-359

Manthei E., Domination theory and network reliability analysis, J. Information Processing and Cybernetics EIK 27, 2, 1990, 129-139

Marsan A.M., Stochastic Petri nets: An elementary introduction, in: Advances in Petri Nets 1989, Lecture Notes in Computer Science 424, Springer, Berlin, 1990, 1-29

Marsan A.M. et al., Modelling with generalized stochastic Petri nets, Wiley, New York, 1995 de Meer H., Transiente Leistungsbewertung und Optimierung rekonfigurierbarer fehlertoleranter Rechensysteme. Dissertation. Arbeitsbericht des IMMD 25, 10, Universität Erlangen Nürnberg, 1992

Melliar-Smith P.M., Extending interval logic to real time systems, in: Banieqbal, Barringer, Pnueli., 1987, 224-242

Melliar-Smith P.M., A graphical representation of interval logic, in: Vogt, 1988, 106-120

Meyer J.F., On evaluating the performability of degradable computing systems, IEEE Trans. Computers 29, 8, 1980, 720-731, auch in: Rai, Agrawal, 1990a, 184-195

Meyer J.F., Closed form solutions of performability, IEEE Trans. Computers 31, 7, 1982, 648-657

Meyer J.F., Performability modelling of distributed real-time systems, in: Iazeolla G., Coutois P.J., Hordijk A., Mathematical Computer Performance and Reliability, North Holland, Amsterdam, 1984, 361-372

Meyer J.F., Performability: a retrospective and some pointers to the future, Performance Evaluation 14, 1992, 139-156

Meyer F.J., Pradhan D.K., Flip-trees: fault-tolerant graphs with wide containers, IEEE Trans. Computers 37, 4, 1988, 472-478

Miller D.M., Developments in Integrated Circuit Testing, Academic Press, London, 1987

Misra K.B., Reliability Analysis and Prediction, A Methodology Oriented Approach, Elsevier, Amsterdam, 1992

Misra K.B., New Trends in System Reliability Evaluation, Elsevier, Amsterdam, 1993

Misra K.B., Rao T.S.M., Reliability analysis of redundant networks using flow graphs, IEEE Trans. Reliability 19, 1970, 19-24

Moeller M., IEEE definiert Fehlertoleranz, Computer Zeitung 8, Februar 1994, 6

Moore E.F., Shannon C.E., Reliable circuits using less reliable relays, J. Franklin Institute 262, 1956, Teil I, S. 191-208, Teil II, 281-297

Moszkowski B., A temporal logic for multilevel reasoning about hardware, IEEE Computer 18, 2, 1985, 10-19

Moszkowski B., Executing Temporal Logic Programs, University Press, Cambridge, 1986

Mullender S., Distributed Systems, ACM Press, 2nd Edition, New York, 1993

Muzio J.C., Miller D.M., Spectral techniques for fault detection, Dig. 12th Annual Intern. Symp. Fault-Tolerant Computing Systems FTCS 12, 1982, 297-302

Najjar W., Gaudiot J., Network resilience: a measure of network fault tolerance, IEEE Trans. Computers 39, 2, 1990, 174-181

Nakashima K., Hattori Y., An efficient bottom-up algorithm for enumerating minimal cut sets of fault trees, IEEE Trans. Reliability 28, 5, 1979, 353-357

Nehmer J., Softwaretechnik für verteilte Systeme, Springer, Berlin, 1985

Nelson V.P., Fault-tolerant computing: fundamental concepts, IEEE Computer 23, 7, 1990, 19-25

Neumann J.v., Probabilistic logics and the synthesis of reliable organisms from unreliable components, Annals of Mathematics Studies, 1952, auch in: Automata Studies, Princeton University Press, 1956, 43-98, deutsche Übersetzung: Wahrscheinlichkeitslogik und der Aufbau zuverlässiger Organismen aus unzuverlässigen Bestandteilen, in: Shannon C.E., McCarthy J., Studien zur Theorie der Automaten, Rogner & Bernhard, München, 1978, 57-122

NTG 3004, Zuverlässigkeitsbegriffe im Hinblick auf komplexe Software und Hardware, in: Nachrichtentechnische Zeitschrift 35, 1982, 327-333

Ng Y.W., Avizienis A.A., A reliability model for gracefully degrading and fault tolerant systems, Dig. 7th Annual Intern. Symp. on Fault-Tolerant Computing FTCS 7, 1977, 22-28

Ng Y.W., Avizienis A.A., A unified model for fault-tolerant computers, IEEE Trans. Computers 29, 11, 1980, 1002-1011

Osaki S., Nishio T., Reliability Evaluation of some Fault-Tolerant Computer Architectures, Lecture Notes in Computer Science 97, Springer, Berlin, 1980

Osaki S., Performance/reliability measures for fault-tolerant computing systems, IEEE Trans. Reliability 33, 4, 268-271

Ostroff J.S., Temporal Logic for Real Time Systems, Wiley & Sons, New York, 1989

Page L.B., Perry J.E., A practical implementation of the factoring theorem for network reliability, IEEE Trans. Reliability 37, 3, 1988, 259-267

Patterson-Hine F.A., Dugan J.B., Modular techniques for dynamic fault-tree analysis, Proc. Reliability and Maintainability Symp., 1992, 363-369

Pattipati K.R., Li Y., Blom H.A.P., A unified framework for the performability evaluation of fault-tolerant computer systems, IEEE Trans. Computers 42, 3, 1993, 312-326

Pecht M., Reliability predictions: their use and misuse, Proc. Ann. Reliability and Maintainability Symp., 1994, 386-389

Perrow C., Normale Katastrophen: Die unvermeidbaren Risiken der Großtechnik, Campus, Frankfurt/M, 1987

Pham H., Optimal design for a class of noncoherent systems, IEEE Trans. Reliability 40, 3, 1991, 361-363

Pham H., Upadhyaya S., The efficiency of computing the reliability of k-out-of-n systems, IEEE Trans. Reliability 37, 5, 1988, 521-523

Pnueli A., Applications of temporal logic to the specification and verification of reactive systems: a survey of current trends, in: de Roever, Rozenburg, 1986, 510-584

Poguntke W., On the design of communication networks using restricted message routing, Proc. IEEE Intern. Conf. on Communications ICC, 1993, 681-685

Poguntke W., On reliable graphs with static routing plans, Disc. Appl. Math. 51, 1994, 137-146

Politof T., Satyanarayana A., Efficient algorithms for reliability analysis of planar networks - A survey, IEEE Trans. Reliability 35, 3, 1986, 252-259, auch in: Rai, Agrawal, 1990b, 150-157

Prior A.N., Time and Modality, Oxford University Press, Oxford, 1957

Provan J.S., Bounds on the reliability of networks, IEEE Trans. Reliability 35, 3, 1986, 260-268, auch in: Rai, Agrawal, 1990b, 307-315

Provan J.S., The complexity of reliability computations in planar and acyclic graphs, SIAM J. Computing 15, 1986, 694-702

Provan J.S., Ball M.O., The complexity of counting cuts and of computing the probability that a graph is connected, SIAM J. Computing 12, 1983, 777-778

Pullum L.L., Dugan J.B., Fault Tree Models for the Analysis of Complex Computer-Based Systems, Proc. Ann. Reliability and Maintainability Symp., 1996, 200-207

Quine W.V., The problem of simplifying truth functions, Amer. Math. Monthly 59, 9, 1952, 521-531

Quine W.V., A way to simplify truth functions, Amer. Math. Monthly 62, 11, 1955, 627-631

Quine W.V., On cores and prime implicants of truth functions, Amer. Math. Monthly 66, 1959, 755-760

Raabe U., Lobjinski M., Horn M., Verbindungsstrukturen für Multiprozessoren, Informatik-Spektrum 11, 4, 1988, 195-206

Radke G.E., Evanoff J., A recursive algorithm to compute the probability of m-out-of-n events, IEEE Proc. Ann. Reliability and Maintainability Symp., 1994, 114-117

Raghavendra C.S., Kumar V.K., Hariri S., Reliability analysis in distributed systems, IEEE Trans. Computers 37, 3, 1988, 352-358

Rai S., Agrawal D.P., Advances in Distributed System Reliability, IEEE Computer Society Press, Washington, 1990a

Rai S., Agrawal D.P., Distributed Computing Network Reliability, IEEE Computer Society Press, Washington, 1990b

Rai S., Sarje A.K., Prasad E.V., Kumar A., Two recursive algorithms for computing the reliability of k-out-of-n systems, IEEE Trans. Reliability 36, 2, 1987, 261-265

Rai S., Veeraraghavan M., Trivedi K.S., A survey of efficient reliability computation using disjoint products approach, Networks 25, 3, 1995, 147-163

Rakowsky U., Theorie und Anwendung mehrwertiger Modelle in der technischen Zuverlässigkeit, VDI-Verlag, Reihe 8, Nr. 286, Düsseldorf, 1992

Rautenberg W., Klassische und nichtklassische Aussagenlogik, Vieweg, Braunschweig, 1979

Reibman A.L., Modeling the effect of reliability on performance, IEEE Trans. Reliability 39, 3, 1990, 314-320

Reibman A.L., Trivedi K., Numerical transient analysis of Markov models, J. Comput. Operations Research 15, 1, 1988, 19-36

Reibman A.L., Veeraraghavan M., Reliability modeling: an overview for system designers, IEEE Computer 24, 4, 1991, 49-57

Reinschke K., Zuverlässigkeit von Systemen, Verlag Technik, Berlin, 1973

Reinschke K., Ermittlung der Zuverlässigkeit für monotone mehrwertige Systeme, Z. Elektr. Inform. Energietech. 11, 1981, 549-562

Reinschke K., Klinger M., Monotone mehrwertige Modelle für die Zuverlässsigkeits-analyse komplexer Systeme, messen steuern regeln 24, 1981, 422-428

Reinschke K., Usakov I.A., Zuverlässigkeitsstrukturen: Modellbildung, Modellauswertung, Oldenbourg, München, 1988, auch erschienen im Verlag Technik, Berlin, 1987

Rescher N., Urquhart A., Temporal Logic, Springer, Berlin, 1971

Risse T., On the evaluation of the reliability of k-out-of-n systems, IEEE Trans. Reliability 36, 4, 1987, 433435

Risse T., Symbolical Expressions for the Reliability of Complex Systems, in: Valk, 1988, 434-445

Rosenthal A., A computer scientist looks at reliability computations, in: Barlow, Fussell, Singpurwalla, 1975, 133-152

Rushdi A.M., Utilization of symmetric switching functions in the computation of k-out-of-n system reliability, Microelectronics and Reliability 26, 5, 1986, 973-987

Rushdi A.M., Efficient computation of k-to-l-out-of-n systems, Reliability Engineering 17, 1987, 157-163

Rushdi A.M., Comment on: efficient non-recursive algorithm for computing the reliability of k-out-of-n systems, IEEE Trans. Reliability 40, 1, 1991, 60-61

Rushdi A.M., Reliability of k-out-of-n systems, in: Misra K.B., 1993, 185-227

Rushdi A.M., Dehlawi F., Optimal computation of k-to-l-out-of-n system reliability, Microelectronics and Reliability 27, 5, 1987, 857-896

Ruth S.R., Performance available to users soars, IEEE Spectrum 27, 2, 1990, 25-26

Sahner R.A., Trivedi K.S., SHARPE User's Guide, Duke University, Durham/USA, 1986

Sahner R.A., Trivedi K.S., Reliability modeling using SHARPE, IEEE Trans. Reliability 36, 2, 1987, 186-193, auch in: Rai, Agrawal, 1990b, 158-166

Sahner R.A., Trivedi K.S., A software tool for learning about stochastic models, IEEE Trans. Education 36, 1, 1993, 56-61

Sahner R.A., Trivedi K.S., SHARPE: symbolic hierarchical automated reliability and performance evaluator, in: Walke B., Spaniol O., Messung, Modelierung und Bewertung von Rechen- und Kommunikationssystemen, Kurzberichte und Werkzeugvorstellungen, 7. ITG/GI-Fachtagung Aachen, Aachner Beiträge zur Informatik ABI, Band 2, 1993, 155-157

Sanders W.H., Meyer J.F., Performability evaluation of distributed systems using stochastic activity networks, Proc. 2nd Intern. Workshop on Petri Nets and Performance Models, 1987, 111-120

Sarje A.K., Prasad E.V., An efficient non-recursive algorithm for computing the reliability of k-out-of-n systems, IEEE Trans. Reliability 38, 2, 1989, 234-235

Satyanarayana A., A unified formula for analysis of some network reliability problems, IEEE Trans. Reliability 31, 1, 1982, 23-32

Satyanarayana A., Chang M.K., Network reliability and the factoring theorem, Networks 13, 1983, 107-120

Satyanarayana A., Hagstrom J.N., A new algortihtm for the reliability analysis of multiterminal networks, IEEE Trans. Reliability 30, 4, 1981, 325-334, auch in: Rai, Agrawal, 1990a, 79-88

Satyanarayana A., Prabhakar A., New topological formula and rapid algorithm for reliability analysis of complex networks, IEEE Trans. Reliability 27, 2, 1978, 82-100

Satyanarayana A., Wood R.K., A linear-time algorithm for computing K-terminal reliability in series-parallel networks, SIAM J. Computing 14, 4, 1985, 818-832, auch in: Rai, Agrawal, 1990a, 97-111

Schäbe H., Reliability of used components, J. Information Processing and Cybernetics EIK 29, 4, 1993, 233-240

Schmitter E., Seifert M., Einsatz fehlertolerierender Rechensysteme, Informatik-Spektrum 9, 2, 1986, 119-128

Schnieder E., Prozeßinformatik, Einführung mit Petrinetzen, Vieweg, Braunschweig, 1986

Schoen O., Verkehrs-\Zuverlässigkeits-Modelle auf der Basis von BCMP-Netzen, Bericht Nr. 108, Fachbereich Informatik, Universität Hamburg, 1984

Schoen O., On a class of integrated performance/reliability models based on queuing networks, Dig. 16th Annual Intern. Symp. on Fault-Tolerant Computing Systems FTCS 16, 1986, 90-95, auch in: Rai, Agrawal, 1990a, 210-215

Schroetter M., de Meer H., Tools und Expertensysteme zur Modellierung von Rechenanlagen - Ein Überblick, Wirtschaftsinformatik 35, 6, 1993, 562-574

Schwartz R.L., Melliar-Smith P.M., From state machines to temporal logic: specification methods for protocol standards, IEEE Trans. Communications 30, 12, 1982, 33-43

Schwartz R.L., Melliar-Smith P.M., Vogt F.H., An interval based temporal logic, ACM Workshop on Logic of Programming, Lecture Notes in Computer Science 164, Springer, Berlin, 1983a, 443-457

Schwartz R.L., Melliar-Smith P.M., Vogt F.H., An interval logic for higher-level temporal reasoning, Proc. 2nd ACM Symp. on Principles of Distributed Computing, Montreal/Canada, 1983b, 173-186

Schwartz R.L., Melliar-Smith P.M., Vogt F.H., Interval logic: a higher-level temporal logic for protocol specification, Proc. IFIP WG 6.1 3rd Intern. Workshop on Protocol, Specification and Verification, 1983c, 3-18

Sengupta A., Joshi P.D., Bandyopadkyay S., A synthesis approach to design optimally fault-tolerant network architectures, IEEE Trans. Computers 40, 1, 1991, 94-106

Shamsi U.M., Computerized evaluation of water-supply reliability, IEEE Trans. Reliability 39, 1, 1990, 35-41.

Shier D.R., Network Reliability and Algebraic Structures, Clarenton Press, Oxford, 1991

Shooman A.M., Exact Graph-Reduction Algorithms for Network Reliability Analysis, PhD thesis, Polytechnic University, Brooklyn, New York, USA, 1991

Shooman A.M., Kershenbaum A., Methods for communication-network reliability analysis: probabilistic graph reduction, Proc. Reliability and Maintainability Symp., 1992, 441-448

Shooman A.M., Probabilistic graph reduction techniques, in: Misra K.B., 1993, 117-164

Shurawlew J.I., Algorithmen zur Konstruktion minimaler alternativer Normalformen für Boolesche Funktionen, in: Jablonski S.W., Lupanow O.B., 1980, 71-99

Siewiorek D.P., Fault tolerance in commercial computers, IEEE Computer. 23, 7, 1990, 26-37

Siewiorek D.P., Swarz R., The Theory and Practice of Reliable System Design, Digital Press, Bedford, 1982

Skillicorn D.B., A global measure of network connectivity, J. Parallel and Distributed Computing, 7, 1989, 165-177

Smith R.M., Trivedi K.S., The analysis of computer systems using Markov reward models, in: Takagi H., Stochastic Models of Computer and Communication Systems, Elsevier, Amsterdam, 1989

Smith W.L., Doty L.L., On the construction of optimally reliable graphs, Networks 20, 1990, 723-729

Soh S., Rai S., CAREL: computer aided reliability estimator for distributed computing networks, IEEE Trans. Parallel and Distributed Systems 2, 2, 1991a, 199-213

Soh S., Rai S., Experimental results on preprocessing of path/cut terms in disjoint products technique, Proc. 10th Annual Joint Conf. IEEE Computer and Communications Societies INFOCOM. Bal Harbour/USA. 1991b, 533-542

Soh S., Rai S., Experimental results on preprocessing of path/cut terms in sum of disjoint products technique, IEEE Trans. Reliability 42, 1, 1993, 24-33

Soi I.M., Aggarwal K.K., Reliability indices for topological design of computer communication networks, IEEE Trans. Reliability 30, 1981, 438-443

Spargins J.D., Sinclair J.C., Kang Y.J., Jafari H., Current telecommunications network reliability models: a critical assessment, IEEE J. on Selected Areas in Communications 4, 7, 1986, 1168-1173, auch in: Rai, Agrawal, 1990a, 11-16

Sperschneider V., Antoniou G., Logic: A Foundation for Computer Science, Addison-Wesley, Reading, 1991

Spies P.P., Grundlagen stochastischer Modelle, Hanser, München, 1982

Sproß L., Effektive Methoden der Zuverlässigkeitsanalyse stochastischer Netzstrukturen, Dissertation, Ingenieurhochschule, Mittweida, 1988

Störmer H., Mathematische Theorie der Zuverlässigkeit, Oldenbourg, München, 1983

Stoll J.J., Fehlertoleranz in verteilten Realzeitsystemen - Anwendungsorientierte Techniken, Springer, Berlin, 1990

Susskind A.K., Testing by verifying Walsh coefficients, Dig. 11th Annual Intern. Symp. on Fault-Tolerant Computing Systems FTCS 11, 1981, 206-208

Szczerbicka H., A combined queueing network and stochastic Petri-net approach for evaluating the performance of fault-tolerant computer systems, Performance Evaluation 14, 1992, 217-226

Takacs L., On the method of inclusion-exclusion, J. Am. Stat. Assoc. 62, 1967, 102-112

Tang D., Iyer R.K., Dependability measurement and modeling of a multicomputer system, IEEE Trans. Computers 42, 1, 1993, 62-75

Tarjan R.E., Depth-first search and linear graph algorithms, SIAM J. Computing 1, 1972, 146-160

Tittmann P., Dekompositions- und Reduktionsmethoden zur Zuverlässigkeitsanalyse stochastischer Netzstrukturen, Dissertation, Ingenieurhochschule, Mittweida, 1990

Tittmann P., Blechschmidt A., Reliability bounds based on network splitting, J. Information Processing and Cybernetics EIK 27, 5/6, 1991, 317-326

Tucker A., Applied Combinatorics, Wiley, New York, 1980

Traldi L., On the star-delta transformation in network reliability, Networks 23, 1993, 151-157

Trivedi K.S., Probability Statistics with Reliability Queueing and Computer Applications, Englewood Cliffs, Prentice Hall, 1982

Trivedi K.S., Geist R., Decomposition in reliability analysis of fault-tolerant systems, IEEE Trans. Reliability 32, 5, 1983, 463-468

Trivedi K.S., Haverkort B.R., Rindos A., Mainkar V., Techniques and tools for reliability and performance evaluation: problems and perspectives, in: Haring G., Kotsis G., Computer Performance Evaluation, Modelling Techniques and Tools, Lecture Notes in Computer Science 794, Springer, Berlin, 1994, 1-24

Trivedi K.S., Malhotra M., Reliability and performability techniques and tools: a survey, 27-48 in: Walke B., Spaniol O., Messung, Modellierung und Bewertung von Rechen- und Kommunikationssystemen, Springer, Berlin, 1993

Trivedi K.S., Muppala J.K., Woolet S.P., Haverkort B.R., Composite performance and dependability analysis, Performance Evaluation 14, 1992, 197-215

Upadhyaya J.S., Pham H., Analysis of noncoherent systems and an architecture for the computation of the system reliability, IEEE Trans. Computers 42, 4, 1993, 484-493

Valiant L.G., The complexity of enumeration and reliability problems, SIAM J. Computing 8, 1979, 410-421

Valk R., Vernetzte und komlexe Informatik-Systeme, Proc. zur 18. Jahrestagung der GI in Hamburg, Bd. II, Informatik-Fachbericht 188, Springer, Berlin, 1988

Veeraraghavan M., Trivedi K.S., An improved algorithm for symbolic reliability analysis of networks, Proc. 9th Symp. Reliable Distributed Systems, Huntsville/USA, 1990, 34-43

Veeraraghavan M., Trivedi K.S., An improved algorithm for symbolic reliability analysis, IEEE Trans. Reliability 40, 3, 1991, 347-358

Veeraraghavan M., Trivedi K.S., Multiple variable inversion techniques, in: Misra K.B., 1993, 39-74

Veeraraghavan M., Trivedi K.S., An approach for combinatorial performance and availability analysis, Proc. 12th Symp. Reliable Distributed Systems, Princeton/USA, 1993a, 24-33

Veeraraghavan M., Trivedi K.S., A combinatorial algorithm for performance and reliability analysis using multistate models, IEEE Trans. Computers 43, 2, 1994, 229-234

Vogt F.H., Entwurf eines ereignisorientierten Modells zur Spezifikation von verteilten Systemen mittels Temporaler Logik, Dissertation, Technische Universität Wien, 1982

Vogt F.H., Concurrency 88, Lecture Notes in Comp. Science 335, Springer, Berlin, 1988

Vogt F.H., Ladkin P., Temporal and Real-Time Specification, Technical Report TR-90-060, Intern. Computer Science Inst., Berkeley/USA, 1990

Vogt F.H., Leue S., The paradigma of real-time specification based on interval logic, Proc. of the Workshop on Temporal and Real-Time Specification, Berkeley/USA, August, 1990, in: Vogt, Ladkin, 1990

Volmberg B., Senghaas-Knobloch E., Technikgestaltung und Verantwortung, Westdeutscher Verlag, Opladen, 1992

Waldschmidt E.H., Walter H.K.G., Grundzüge der Informatik I, II, Bibliographisches Institut, Mannheim, 1984, 1986

Wassiljew J.I., Glagolew W.W., Metrische Eigenschaften alternativer Normalformen, in: Jablonski, Lupanow, 1980, 100-144

Wedekind H., Verteilte Systeme, Grundlagen und zukünftige Entwicklung, Bibliographisches Institut, Mannheim, 1994

Wein A., Sathaye A., Validating complex computer system availability models, IEEE Trans. Reliability 39, 4, 1990, 468-479

Weizenbaum J., Wer erfindet die Computermythen? Herder, Freiburg, 1993

Welsh D.J.A., Matroid Theory, Academic Press, New York, 1976

Werner G., Teure Netzstörungen, Online 2, 1994, 22

Wetuchnowski F.J., Graphen und Netze, in: Jablonski, Lupanow, 1980, 145-197

Wittie L.D., Computer networks and distributed systems, IEEE Comp. 24, 9, 1991, 67-76

Wood R.K., Polygon-to-chain reductions and extensions for reliability evaluation of undirected networks, Report of the Operations Research Center No. ORC-82-12, University of California, Berkeley/USA, 1982

Wood R.K., Factoring algorithm using polygon-to-chain reductions for computing K-terminal network reliability, Networks 15, 1985, 173-190

Wood R.K., Multistate block diagrams and fault trees, IEEE Trans. Reliability 34, 1985, 236-240

Wood R.K., Factoring algorithm for computing K-terminal network reliability, IEEE Trans. Reliability 35, 3, 1986, 269-278

Worrell R.B., Stack D., Hulme B.L., Prime implicants of non-coherent fault-trees, IEEE Trans. Reliability 30, 1981, 98-100

Zhang Q., Mei Q., Reliability analysis for a real non-coherent system, IEEE Trans. Reliability 36, 4, 1987, 436-439

Sachwortverzeichnis